【秘密宇宙プログラム：SSP】のすべて

Dr.マイケル・E・サラ
高島康司［監訳／解説］

「銀河の宇宙存在たち」と
「古代の文明離脱者たち」による
人類救出大作戦

ヒカルランド

ＵＦＯや地球外生命、古代および現代の高度な航空宇宙テクノロジーを私たちは長いあいだ整合的に理解することができずにいた。だがそのジグソーパズルの完成に不可欠なピース「秘密宇宙計画」について、私たちはついに、証言者コーリー・グッドから驚くべき情報を入手した。本書はグッドおよび他の証言者たちの言葉を詳細に検討することによって、秘密宇宙計画と異星人同盟という異世界の全体像を明らかにする。

読者のみなさんにはぜひ次のことを知ってほしい。１９３０年代のブリル協会およびナチスの空飛ぶ円盤計画から「ダークフリート」が生まれた。「ペーパークリップ」作戦の科学者たちはアメリカ海軍の「ソーラーウォーデン（太陽系の監視人）」の発展を助けたり妨げたりした。「惑星間企業複合体（ＩＣＣ）」の背後にはＭＪ－12が存在する。

「銀河国際連合」宇宙計画の創設にはロナルド・レーガンが重要な役割を果たしていた。そしてこれらの計画と星間同盟やその他の異星人たちは相互に関係し合っている。これらの情報を全面開示することで、人類が銀河市民となるのをはばんでいる欺瞞《ぎまん》の鎖を解くことが可能になるだろう。

カバーデザイン　三瓶可南子
翻訳　中村安子
翻訳協力　株式会社トランネット
校正　麦秋アートセンター
本文仮名書体　文麗仮名（キャップス）

謝辞

以下の人々に感謝を捧げます。

まずはコーリー・グッドに。本書はグッドの証言なしには生まれなかった。収入の多い情報テクノロジーの仕事を犠牲にして秘密宇宙計画での経験を明かしてくれた彼のおかげで、数十年にわたる極秘宇宙テクノロジーの発展や地球・太陽系を訪れている地球外生命との秘密の関係を多くの人が知ることができた。

ロバート・ウッド博士、ライアン・ウッド、アルフレッド・リッシーニ、ロベルト・ピノッティ博士など、アメリカおよびイタリア政府の漏洩《ろうえい》文書が本物であることを証明した研究者たちに。また、情報公開法による資料の公開を求めてたゆみない努力を続けた多くの研究者たちに。本書ではそれら多くの資料を引用させていただいた。

空飛ぶ円盤計画を直接目にし、あるいはそれを説明することで重要な歴史資料を提供してくれた証言者たち、クラーク・マクレランド、ラルフ・リング、ボブ・ラザー、デレク・ヘネシー（別名コナー・オライアン）、スタイン（別名クーパーあるいはアノニマス）、エドガー・フーシェに。

秘密宇宙計画における新兵補充の土台である極秘の「20年軍務」の経験を話してくれたマイケル・レルフとランディー・クラーマー（別名キャプテン・ケイ）には特別な感謝を捧げたい。

校正をし、締め切りに間に合うよう力を貸してくれたアイリーン・ヒューズに感謝。

最後に、本書の出版計画を最初から支えてくれた親愛なる我が妻アンジェリカ・ホワイトクリフに。賢明な校訂者を必要としているときにその役目を果たして私を励まし続けてくれた。そしてまた、考えを明確にし、冗長な部分を削り、発表するにふさわしい形にまとめるのを助けてくれた。かくも才能に溢《あふ》れ、私を鼓舞してくれるパートナーと人生を共にしていることに変わらぬ感謝を捧げる。

日本語版への序文

2015年9月に出版された『Insiders Reveal Secret Space Programs & Extraterrestrial Alliances』の英語版では、3人の証言者による驚くべき証言を明らかにした。彼らはいずれもアメリカ海軍の極秘部門が直接関与する秘密宇宙計画に関わっていたと述べている。そしていずれも火星の秘密基地を実際に訪れ、惑星間を飛行できる反重力宇宙船で移動し、ときに自らそれを操縦したとも証言した。

しかも彼らは、自分たちが任じられた秘密宇宙計画に程度の違いはあれ異星人たちが関わっていたとも語っている。そして3人とも、各々の20年間の任務期間ののちに最初の出発時点に戻されて記憶を消されたという似たような経験を詳細に語った。

3人の中でも主要な証言者であるコーリー・グッドはさらに、現在も5つの秘密宇宙計画が進行中であり、その一部は高度な「時間ドライブ」テクノロジー〔訳注：時空を超えて移動するテクノロジー〕を用いて星間移動を行なうことができるとも述べている。彼は任務期間中（1987〜2007年）に「スマート・グラスパッド」（今の iPad のようなもの）にアクセスすることができ、その時点の作戦や秘密宇宙計画の歴史に関する機密情報を読むことができたとも語る。

グッドによると、最初の秘密宇宙計画はナチスが権力を握る以前のドイツで空飛ぶ円盤の試作品が設計・製造されて始まった。ナチスは権力掌握後の1930年代末、2つの異なる秘密宇宙計画に国家予算を支出し、科学面の支援も行なった。計画の1つは民間の秘密結社（この組織はヒトラーの権力掌握に重要な役割を果たした）によるもので、もう1つはナチス親衛隊（SS）によるものだった。しかし空飛ぶ円盤の高度なテクノロジーを戦争に利用しようとするSSの試みは失敗に終わった。

グッドによると、秘密結社とナチスは第二次世界大戦終結前にその最先端のテクノロジーを南極大陸と南アメリカに移した。そして南極にあるナチス基地の場所を突きとめて制圧あるいは破壊しようとしたアメリカ海軍の「ハイジャンプ」作戦は失敗に終わった。ナチス基地の防衛にあたっていた反重力宇宙船がアメリカ海軍に手ひどい反撃を加えたのだ。その後アメリカ海軍は自身の秘密宇宙計画――のちに「ソーラーウォーデン」と呼ばれる――の開発に密かに多額の資金をつぎ込むことになる。

本書はグッドおよび他の証言者たちの証言を検討するが、彼らはその驚くべき話の内容を裏づける資料を所持していなかった。航空宇宙産業の高度の機密性を考えれば驚くにはあたらない、と英語版の序文で述べた。「超トップシークレット」に分類される計画（別名「認知されていない特殊アクセス計画」〔第8章参照〕）を明かす証拠資料を許可なく保持するのは厳罰を科される犯罪だからだ。そのため、グッドの証言の信憑性を確かめ、秘密宇宙計画についての彼と他の証言者の話の真実性を判断できる公開資料を見つける必要があった。

ところが2015年12月、新たな証人が出現して事態が大きく変化した。この人物は秘密宇宙計画の存在についての自身の証言を裏づける資料を所持していたのだ。彼の名前はウィリアム・トムキンズ。その自叙伝『Selected by Extraterrestrials（異星人に選ばれて）』には、第二次大戦中アメリカ海軍の諜報機関に属していた彼の仕事を実証する証拠資料が含まれている。トムキンズには1942年から45年にかけてアメリカ海軍のスパイたちの報告を聞く機会がたびたびあった。スパイたちはナチスの空飛ぶ円盤の部品を作るナチスドイツの航空宇宙企業に潜入していた。彼の仕事はスパイがもたらす重大な情報をアメリカ国内の航空宇宙企業や大学に流し、情報を吟味・研究できるようにすることだった。

トムキンズによれば、彼は「ソーラーウォーデン」後の数年間、いくつかの航空宇宙企業で働き、1950年にダグラス社に職を得た。1951年には海軍情報部での経験を買われてダグラス社内の「アドバンスト・デザイン」と呼ばれる秘密シンクタンクに配属され、そこで長さ数キロメートルに及ぶ反重力宇宙船の設計にあたった。その宇宙船はのちに海軍のソーラーウォーデン宇宙計画のために実際に建造されることになる。

40年以上にわたる航空宇宙産業でのキャリア（トムキンズは2017年5月で94歳になる）の中で蓄積された彼の証拠資料は、コーリー・グッドの証言の多くを裏づける。とりわけ戦前のドイツでの秘密宇宙計画と、それに対抗するためにアメリカ海軍が自身の秘密宇宙計画を進めたというグッドの証言に資料的裏づけを与えてくれる。

この序文のあとに本書のオリジナルの序文と本文が続く。さらにそのあとに新たな「あとがき」を加えた。そこではトムキンズが明かしたばかりの新事実と彼の証言を裏づける重要な資料を吟味し、彼の述べることとグッドが以前に証言したこととの比較を試みる。本書が扱っている分野の証言や証拠は増えているが、それでも本書に述べた事柄は私たちが宇宙の他の知的生命との間で将来果たすべき役割について、人類社会の認識を変える第一歩になることだろう。

２０１７年2月2日

Dr.マイケル・E・サラ

序文

秘密宇宙計画：これが今、私たちが知って受け入れるべき宇宙の重大な事実！

1985年6月11日の大統領日記にレーガン大統領は驚くべきことを記している。

トップレベルの宇宙科学者5人と昼食。彼らの話に引き込まれた。宇宙はまさに最後のフロンティアだ。天文学等で分かってきていることはまるでSFのようだが事実なのだ。わが国のスペースシャトルは宇宙飛行士300人に地球を周回させるだけのキャパシティーがあると分かった。[*1]

当時のNASAのスペースシャトル計画ではシャトル1機の収容可能人数は最大11人で、宇宙飛行用シャトルは当時5機しか建造されていなかった。たとえ5機すべてに11人を乗せたとしても、300人が地球を周るのは不可能だ。レーガンが『The Reagan Diaries（レーガン日記）』の出版で公にしたこの文章は驚くべきことを含意していると言わなければならない。NASAのスペースシャトル計画とはまったく別の計画――数百人の宇宙飛行士が地球を周回できる計画――が存在することを彼が知らされたということだ。

しかもレーガンは、公にされていない300人の宇宙飛行士が、期限をもうけることなく地球を周回し続けられることも明かしている。これが意味するのは、地球を回っている宇宙ステーションが1つかあるいはそれ以上あるということだ。その宇宙ステーションはNASAのスカイラブ宇宙ステーションよりはるかに大きくなければならない。なぜなら、スカイラブが配備された6年間（1973～79）の間、そこに同時に収容できる人数は3人だけだったからである。限られた予算と既知の宇宙空間推進テクノロジーしか持たず、文民が管轄するNASAには、レーガンが語ったことを1985年に実現するのは不可能だ。だがNASAが関与していないとするなら第2のスペースシャトル計画の背後にいたのは誰なのか？　容易に推測できるのは、軍あるいは企業の秘密の宇宙計画だ。

高度な推進技術を使って1つ（あるいはそれ以上）の地球周回宇宙ステーションへ向かう秘密宇宙計画があるのではないかという考えが生まれたのは、アメリカ司法省がイギリス人ハッカー、ゲーリー・マッキノンを告発したことがきっかけだった。マッキノンはUFOの存在隠蔽の証拠を探すためにアメリカ政府とアメリカ軍のコンピューターにハッキングしていた人物だ。その罪でアメリカへの身柄引き渡しを要求されていたが、なんとかそれを免れた。司法省による犯人引き渡し要求の訴状は、マッキノンの機密保護違反によって引き起こされた被害は回復不能とし、同省はこれを「軍のコンピューターへの過去最大のハッキング」[*2]と述べた。BBCはアメリカ司法省の検察官の言葉として司法省の主張を詳しく報道した。

米政府の主張によれば、２００１年2月から２００２年3月にかけて40歳のコンピューターおたくがロンドン北部からアメリカの陸軍、海軍、空軍、国防総省の数十台のコンピューターおよびＮＡＳＡの16台のコンピューターに侵入した。同政府の主張では政府のシステムに生じた被害額は70万ドルに及ぶ。さらに同政府は、マッキノン氏は２００１年9月11日のテロから間もない時期にアメリカ海軍航空基地のファイルの改変や削除を行ない、それによって重要なシステムが実行不能になったとしている。さらに米政府によればマッキノン氏はアメリカ軍の２０００のコンピューター・ネットワークの内容を消し去った。彼の目的は機密情報にアクセスすることだったと同政府は述べている。[*3]

重要なのは、マッキノンがＮＡＳＡとペンタゴンの多数のコンピューターへのハッキングで機密ファイルへのアクセスに成功したと司法省が認めていることだ。

マッキノンはハッキングの事実を認めたうえで、自分は人類を援助する高度なＵＦＯテクノロジーを政府が隠蔽している証拠を見つけようとしたのだと述べた。彼は、「地球外オフィサー」のリストと「飛行隊から飛行隊への移動」[*4]を列挙するスプレッドシートを含むペンタゴンとＮＡＳＡのファイルを偶然発見したと述べる。さらには、地球の軌道上に秘密の宇宙ステーションとも考えられる大きな葉巻型の物体が存在する写真を見たとも主張した。彼は次のように語っている。

それは地球の半球の上に浮かんでいた。衛星の一種のように見えた。葉巻の形をしていて、上と下、左と右、そして両端にジオデシックドーム［訳注：三角形のパネルを組み合わせて作る半球形の構造］が付いていた。解像度の低い写真だったが細部も見えた。宙に浮かんでいてその下に地球の半球が見えた。それには鋲も継ぎ目もなく、人間が作る物に普通あるようなものはまったく見あたらなかった。[*5]

マッキノンはアメリカ司法省との長年にわたった身柄引き渡し訴訟に最終的に勝利した。[*6]ペンタゴンとNASAのコンピューターにある、地球軌道上の大きな葉巻型のUFO、「地球外オフィサー」、そして「飛行隊から飛行隊への移動」についてのファイルを見たという主張は、彼が機密情報に**実際に**アクセスしたというアメリカ司法省による訴訟で裏づけられた。マッキノンがアクセスした機密ファイルが、宇宙飛行士と地球を周回する宇宙ステーションを含む秘密宇宙計画の存在を明かしている可能性は非常に高い。

宇宙飛行士の秘密部隊の存在は十分考えられる。というのは、かつてアメリカ空軍がその部隊をひそかに編成していた事実があるからだ。1963年12月10日、ジョンソン政権は有人軌道実験室計画を公式に明らかにした。ジョンソンはテレビでこう述べている。

私は今日、有人軌道実験室の開発をただちに開始するよう国防総省に指示した。この計画は人類が宇宙で何ができるかについて新たな知識をもたらすだろう。*7

それはジェミニ宇宙船を使って地球軌道上に有人宇宙ステーションを建設する計画だったが、空軍は監視という軍事的目的にジェミニ宇宙船を利用する考えを持っていた。しかしジェミニ計画は1969年6月に公式に廃棄される。最初の公式のフライトの3年前のことだ。理由は、無人スパイ衛星を軌道に乗せるほうが安くつくというものだった。

有人軌道実験室（Manned Orbiting Laboratory：MOL）の発表で触れられなかったのは、空軍が1964年1月にMOL計画のために軍のパイロットの訓練をひそかに開始したことだった。一方、軍と無関係のNASAの計画でもパイロットの訓練が行なわれていた。PBS（全米公共放送網）テレビのある番組記録には、同時に行なわれていた飛行士の秘密軍事訓練計画についての記述がある。

ナレーター：初めて音速の壁を破ったチャック・イェーガー［アメリカ空軍の将校で1947年に音速を超える飛行に成功した］が運営するARPSは軍のパイロットもNASAのシビリアン宇宙計画の宇宙飛行士になる訓練が受けられる学校だった。しかしこの年は違っていた。

リチャード・トルーリー：秋が近づくにつれ、私たち学生は何か妙なことが起きているのに気がつきました。ひそかに乗組員の選抜のようなことが行なわれていたのです。

ジェームズ・バンフォード：軍のパイロットたちは彼ら自身も知らぬ間に実はこの計画のために競い合っていたのです。彼らは、誰がベストな宇宙飛行士になれるか、その人々によって観察され評価されていました。その計画は極秘のものだったため宇宙飛行士候補にも秘密にされていました。*8

空軍の有人軌道実験室計画は、軍のパイロットが極秘の宇宙任務に向けて――のちにNASAの宇宙飛行士になる同僚と共に――1964年に秘密裡に訓練を受け始めていたことを示している。秘密のスペースシャトル計画の真の能力に関して報告を受けたことをレーガンが1985年の日記に記したときには、1つかそれ以上の秘密宇宙計画が有人軌道実験室（MOL）計画に取って代わっていた。秘密の計画のための空軍および海軍のパイロットの訓練はMOLと同じプロセスを用いた可能性が高い。そこではパイロットたち自身はNASAの宇宙飛行士になるべく訓練されていると思っていたにもかかわらず、知らされぬまま極秘の宇宙計画にリクルートされていたのだ。レーガンが書いているように、ＭＯＬに取って代わった計画で１９８５年までには地球を周回する１つかそれ以上の秘密の宇宙ステーションが最大３００人の宇宙飛行士を収容することができた。

レーガン日記の驚くべき記述とマッキノンのハッキングをめぐる主張は、極秘の航空宇宙計画という影の濃い世界に踏み込むことを私たちに求めている。それを行なう際に問題になるのは、公的な記録がきわめて乏しく、かつそのような計画の証拠記録を保持するのは違法行為になりかねないことだ。アメリカには機密のレベルが大きく分けて3つある。「コンフィデンシャル」、「シークレット」、「トップシークレット」で、国家の安全に関わるとみなされる情報やテクノロジー、プロジェクトに適用される。特に機密度の高い「トップシークレット」については法律で次のように規定されている。

「トップシークレット」は、その漏洩が国の安全にきわめて重大な損害をもたらすことが明らかな情報に適用されるものとする。その権限を持つ者がこれを定めることができる。[*9]

アメリカその他の主要な国は、機密文書を許可なく所持したり公にしたりすることに厳しい罰則をもうけている。このいい例が、許可されていない第三者に情報を伝えたブラッドリー（別名チェルシー）・マニングとエドワード・スノーデンである。マニングは軍刑務所での35年の服役刑に処され[*10]、スノーデンは告発を避けるためにロシアに逃れている。[*11] ウェブサイトを通して機密ファイルを公開した第三者も告発の対象になり得る。ジュリアン・アサンジは彼の「ウィキリークス」サイトを通じてマニングのファイルを公開した罪でアメリカに引き渡される恐れが強いためロンドンのエクアドル大使館に庇護されている。*12

極秘の航空宇宙計画を知らされている役人は、それについて尋ねられた場合は法律上、作り話をするか虚偽の説明をしなければならない。*13 したがって、議員や役人に機密の計画の存在を尋ねる人間はみな作り話や嘘を聞かされることになる。

機密航空宇宙計画を漏らした人間は容赦ない反撃――政府による監視や金銭的打撃、悪評の流布、告発、投獄等々――を受ける。また機密計画に関わっている間は、受けた教育やその職業、業績など個人的バックグラウンドに関係する文書も機密扱いになり、のちにその文書は社会の表面から消え去る。インテリジェンスの世界ではこれを「シープ・ディッピング」と呼び、極秘の計画に関わる人間にとっては安全のための標準的な方法でもある。*14 ボブ・ラザーがいい例だ。彼がロスアラモス国立研究所で働いていた記録は「エリア51」［ネバダ州にある空軍基地で正式名称はグルーム・レイク空軍基地］でのさらに機密性の高い仕事に就くために消去された。報道記者のジョージ・ナップは「エリア51」で仕事をしている科学者を載せている電話帳でラザーを見つけ、ついに彼がロスアラモスに勤務していたことを証明することができた。*15

機密扱いの航空宇宙計画を知っている人間がそれについて語るのは勇気が要る。ましてレーガンとマッキノンが言及している秘密宇宙計画——これは国家の安全に関わる重大事の中でもきわめて高いランクにある——となればそうだ。にもかかわらず、その内容を精密に明かす証言者たちが存在してきた。自分は秘密宇宙計画に加わった、あるいは計画について説明を受けたという人々だ。だがこの証言者たちの証言を裏づけるものはない。その場合、彼らの主張について調べようと思う人間はどうすればいいのか？

カール・セーガンは「並はずれた主張には並はずれた証拠が求められる」と言ったが、秘密宇宙計画についての証言者の主張に関してはそれは当てはまらない。この計画は国家の安全に関わる重大事として機密扱いになっており、その存在を示す記録を世間に示した場合には先に述べたように厳しい刑罰が科されるからだ。セーガンが求める「並はずれた証拠」は、第三者に伝えられないだけでなく、その所持が法的にも禁じられているのだ。議会の議員に調査を進めてもらう目的で「並はずれた証拠」を伝えることにも効果はないだろう。なぜなら、議員はそのあと国家の安全についてのブリーフィングを受け、その証拠についての議論を法律的に禁じられ、それに関して嘘を言わざるを得ない事態になるからだ。

したがって研究にとってより適切な言葉は、「並はずれた主張には並はずれた調査が求められる」ということになるだろう。ここでまず認識する必要があるのは、証言者たちは秘密宇宙計画の詳細を明かす出来事や記録を目撃しているということだ。この調査手法は科学的調査よりも法律的調査に向いている。裁判所では裏づけ資料や確かな証拠がない場合、現実の出来事や経験についての目撃証人の直接的な記憶を重視し、裁判官や陪審員団は証人の適格性や性格、誠実さ、証言内容の一貫性などを判断の基準に置く。それに対して科学的調査の場合は、同じ出来事や経験について証拠資料や科学機器が示すものに焦点を当てる。目撃証人の目にした記憶は科学的調査では証拠として採用されない。

本書は秘密宇宙計画に関して並々ならぬ主張をする複数の証言者を紹介する。彼らは秘密宇宙計画で現に仕事をしたか、あるいは詳しい説明を受けた人々だ。だが彼らの主張を裏づける証拠書類はない。彼らの知るところのものが国家の安全に関わる重大事であることを考えれば当然だ。であるならば、私たちは彼ら個人の目撃証言──裁判で証拠として認められる──に加え、その主張を裏づける状況証拠についても検討する必要があるだろう。

裁判では直接証拠がない場合、状況証拠が証拠として認められる。[*16] 目撃者の証言と状況証拠がそろえば陪審は有罪あるいは無罪を評決できる。本書で紹介する証言者の言葉に関してはこの種の証拠を吟味する。

この本では特に5つの秘密宇宙計画についてのコーリー・グッドの驚くべき証言を検討する。彼はそれらの計画に直接関係したり、あるいはその詳しい説明を受けた、と語っている。彼は「直感エンパス」［「エンパス」とは他人の感情を読み取る能力のある人間のこと］として訓練を受け、1987年から2007年にかけていくつかの計画に加わったのち20年間の任務を終えたという。そのうちの1つが「ソーラーウォーデン」計画である。任務の期間中、秘密宇宙計画と接触を持つ異なる異星人集団や異星人同盟とじかに交わりを持ったとグッドは証言する。その証言によると、彼は３人の直感エンパスと共に地球外からの訪問者との交渉の場でごまかしを見抜く任務に就いていた。その立場にあった彼は「スマート・グラスパッド」を自由に使うことができたが、そこには機密指定の歴史や科学、医学、そして秘密宇宙計画と地球外生命に関連する広範な情報が含まれていた。*17

グッドの証言はさらに続く。２０１５年の初め、彼は新たに訪れた異星人の同盟の代表委員になった。彼が出席したさまざまな秘密宇宙計画と他の異星人グループ間のミーティングの進行役を務めたのは「ブルー・エイビアンズ」と呼ばれるグループだった。このときやって来た訪問者たちはそれ以前に出会ったどの異星人よりも優れたテクノロジーを持っていて、全宇宙計画と他の異星人グループに直接影響を及ぼす太陽系全域の「隔離」［詳しくは第11章参照］を実行した。

これだけでも信じがたいことに思えるが、さらにグッドはこう証言する。２００７年に任務を終えると彼は年齢を逆行させられ、１９８６年に家族から連れ出された時点――グッド16歳――の直後に送り返された。つまり１９８６年から２００７年までグッドは普通の市民として暮らしてきたが、その同じ期間、彼は秘密宇宙計画の宇宙飛行士だったことになる。そしてまた彼は記憶を消し去られた――つまり「白紙」に戻された。そして今は民間人であるグッドは、再び軍関係の任務に戻ることのないよう仕向けられている。軍勤務があの20年間の任務を思い出すきっかけになるのを防ぐためである。この時点で読者の中にはロッド・サーリング制作の『トワイライト・ゾーン』を思い出し、ここまでの話は単なるフィクションではないかと思い始めた人もいるかもしれない。

しかしグッドの驚くべき証言を調査した研究者や組織は、これまでのところその証言をきわめてまともなものと受け止めている。その中にはニューヨーク・タイムズのベストセラー本の著者デービッド・ウィルコックもいる。彼は２０１４年に最初にグッドにインタビューした１人で、グッドの証言が世界に対して持つ意味を明らかにした。[*18] ウィルコックによれば、グッドの語る内容を綿密に調べた結果、その証言は過去に秘密計画の内容について信頼できる証言をした人々のそれと一致することが判明した。[*19] ウィルコックはグッドをガイアム・テレビ（Gaiam TV）のオーナーとプロデューサーに紹介。そして彼らもグッドの証言にうなった。彼らはウィルコックのものとは異なる独自の情報を基にグッドについて調査をし、グッドの言葉を受け入れることを決めた。そしてウィルコックに1年間に及ぶオンラインＴＶシリーズ『Cosmic Disclosure : Inside the Secret Space Program with Corey Good and David Wilcock（コズミック・ディスクロージャー：コーリー・グッド&デービッド・ウィルコックによる秘密宇宙計画の真実）』[*20]をスタートさせた。かなりの資金を要し、かつ既存のものに代わる革新的なテレビ番組への評価がかかるこの試みにはリスクが伴った。それを考えれば彼らの決断は多大なる支援だったと言っていい。

私の独自の調査でも、秘密宇宙計画で20年間任務に就いたと述べる他の証言者の話とグッドの証言は一致する。他の証言者の場合も秘密宇宙計画は彼らを普通の市民の暮らしに戻すために年齢復帰とタイムトラベルのテクノロジーを用いていた。これらの証言者とグッドの証言の比較は第13章で行なう。また私は地球規模の出来事が説明できる大きな状況証拠も発見したが、これはグッドの

コーリー・グッドのタイムライン

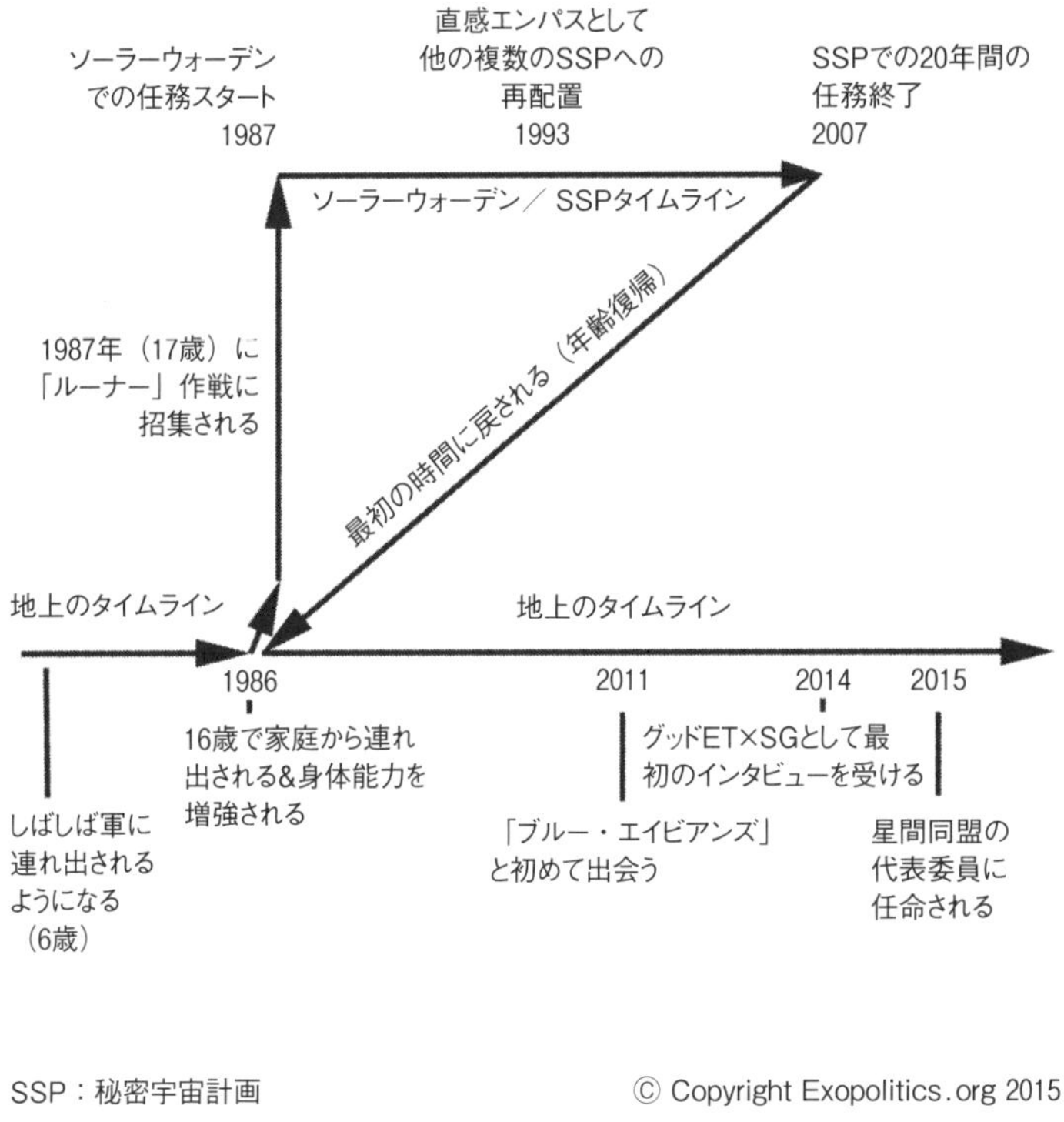
ソーラーウォーデン
での任務スタート
1987
直感エンパスとして
他の複数のSSPへの
再配置
1993
SSPでの20年間の
任務終了
2007
ソーラーウォーデン／ SSPタイムライン
1987年（17歳）に
「ルーナー」作戦に
招集される
最初の時間に戻される（年齢復帰）
地上のタイムライン
地上のタイムライン
1986
2011
2014
2015
しばしば軍に
連れ出される
ようになる
（6歳）
16歳で家庭から連れ
出される&身体能力を
増強される
「ブルー・エイビアンズ」
と初めて出会う
グッドET×SGとして最
初のインタビューを受ける
星間同盟の
代表委員に
任命される
SSP：秘密宇宙計画
Ⓒ Copyright Exopolitics.org 2015

図1　コーリー・グッドのタイムライン

驚くべき証言に説得力を与えている。

本書のあとのほうで2015年6月に秘密宇宙計画の会議に出席したというグッドの証言を検討するが、その証言は同時期に起きた地球規模の出来事と結びつけて考えることができる。その出来事を次に挙げよう。

［1］2015年6月15日、「宇宙資源探査及び利用法」案が下院総会に提出された。宇宙での資源採掘を法的に保護し、かつ秘密宇宙計画に携わっている者が資源採掘において行なう犯罪行為［強制労働など］を保護する法律である。〈第14章〉

［2］秘密宇宙計画の人員への「人道に対する罪」に関する裁判を起こすのに使用できる連邦正職員および契約職員の詳しい人事情報記録2100万件へのハッキングが2015年6月4日以降公表された。〈第14章〉

［3］火星に**あると推測される植民地**で権力をふるう非道な団体（企業）――「人道に対する罪」を犯している――の幹部を罷免する方法を議論する英国惑星間協会のメンバーによる2015年6月11日の会議。〈第14章〉

［4］２０１５年５月初めのウィキリークスのデジタル・ドロップボックス・システムの復活。これによって証言者たちは匿名で大量のドキュメントをアップロードし、一般公開することが可能になっている。〔第11章〕

これらの状況証拠がグッドの証言を決定的に証明するわけではない。だがグッドの証言の核心部分を裏づける説得力のある状況証拠であるのは確かだ。証言の核心部分とは、秘密宇宙計画や地球外生命の存在がやがて明かされ、さらに宇宙で非人道的な罪を犯している人々の裁判につながる地球規模の出来事が起きるだろうということだ。

最後に、２０１５年の3月から8月まで4カ月間、メールによるグッドへの徹底的なインタビューを行なったことを述べておこう。そのインタビューでの彼の証言は首尾一貫しており、その語り口にも偽りは感じられなかった。最も印象的だったのは、彼の仕事――6桁の給与を与えられていた――にマイナスの影響を及ぼし、妻と2人の子どもの安全と幸福が脅かされているにもかかわらず、自分の知る情報の公開に多くの時間とリソースを割こうとしている彼の意志だった。

以上に述べたことはすべて、コーリー・グッドの「並はずれた」証言が「並はずれた」調査に値することを示している。本書ではグッドの証言への私の調査内容を明らかにした。利用したのは、入手可能な公文書と秘密宇宙計画の証言者の証言である。

最初の3つの章ではアメリカ、ナチスドイツ、ムッソリーニ時代のイタリアにおける

「電気重力《エレクトログラビティクス》推進力」と「磁気重力解除」テクノロジーを利用した極秘航空宇宙計画について検討する。各種の資料と証言者の証言が、これらの高度なテクノロジーが開発された極秘計画の始まりを明らかにしてくれる。ここでの情報は秘密宇宙計画の始まりについてのグッドの証言と興味深い一致を見せている。

第4章から第8章ではグッドが証言する現代の5つの秘密宇宙計画を取り上げる。グッドはその1つを自ら体験している。ここではそれぞれの計画に光を投げかける情報を紹介した。ただし入手可能な情報はもっともらしい体裁を整えてはいるが、グッドの証言を証明してくれるわけではない。

第9章と第10章は、それぞれ軍以外の手による3つの宇宙計画の運命と古代の支配層による宇宙計画の証拠について述べる。グッドによると、後者の活動は今も続いており、現代の宇宙計画および世界中の普通の市民と接触を持っている。

第11章では、異星人の22のグループが長期にわたる遺伝子実験のために地球人と直接関わってきたという証言を検討する。またその異星人グループが各秘密宇宙計画と外交関係を持っているというグッドの証言を分析する。第12章では、月が異星人グループと各秘密宇宙計画との外交関係において中立地帯とされているという証言を、NASAのアポロ計画の乗組員たちと関連させて詳しく調べる。

第13章ではグッドと2人の証言者の証言を比較検討する。2人の証言者はグッドと同じように秘密宇宙計画での20年の任務を終えたあと年齢復帰し、タイムトラベルで普通の市民生活に戻ったと述べている。比較分析の結果分かったのは、彼らは互いに交わることなく別々の活動をしていたにもかかわらず同じ内容の証言をしているということだ。

第14章では、火星での秘密宇宙計画と強制労働についてのグッドの証言に関係する情報に焦点を当てる。こういった奴隷的労働を、秘密宇宙計画に関わっている航空宇宙企業に対するナチス親衛隊の影響と関連させて分析する。

最後の第15章では異星人の「星間同盟」の役割を探究する。グッドによれば、彼は２０１５年３月に始まった「情報の全面開示イベント」に関する秘密宇宙計画会議の出席者に任命された。このイベントがもたらす影響は広範囲にわたり、プラス方向へ向かう未来の実現にとってきわめて大きな支えを提供するだろう。

入手可能な公文書はグッドの証言の多くを確証し、彼が明かしたことの全体像を理解するための総合的な文脈を提供してくれる。グッドの証言は、秘密宇宙計画に関して１９８５年にレーガンに説明された事柄や、２００２年にマッキノンが目にしたものへの明確な答えを提供する。これらの計画は、長いあいだ整合的な理解を拒み続けてきたＵＦＯや地球外生命、古代社会、高度な航空宇宙テクノロジーの複雑なジグソーパズルにとって不可欠なピースである。ついに私たちはすべてのピースを組み立てるための土台を手にした。グッドおよび他の証言者の証言は地球外に基地を持つ秘密宇宙計画と異星人のパラレルワールドの全体像を明らかにする。それを全面的に公開することは、人類が最高の可能性に到達するのを妨げている欺瞞の鎖を解くことになるだろう。

2015年8月8日

ハワイ、カラパナにて

Dr.マイケル・E・サラ（文学修士、哲学博士）

目次

第13章 火星をめぐる証言の比較 356

第1章　電気で作動する円盤テクノロジー［電気重力＝反重力］はこうして隠蔽された

レーガン大統領は1985年6月11日の日記[*1]で宇宙飛行士300人を配備できる秘密宇宙計画の存在にそれとなく言及していた。しかしそのような計画で使われるロケットの推進力には、NASAのスペースシャトル計画――公式発表では1981年から2011年まで実施――よりもはるかに高度なテクノロジーが必要になる。NASAのスペースシャトルには固体燃料を積んだ2つの補助ロケットが付いていて、それらは発射の2分後に切り離される。そのあと3つのメーンエンジン(Rocketdyne RS-25)が、外部燃料タンクに積まれた液体水素と液体酸素を使って必要な推進力を供給する。スペースシャトル本体（オービター）が軌道に乗ると、メーンエンジンと外部燃料タンクは切り離される。

スペースシャトルのペイロード（搭載可能重量）は最大25トンで、最大収容人員は11人である。現在、国際宇宙ステーションを組み立てるためにスペースシャトルはこれまで26回打ち上げられた。現在、宇宙ステーションに滞在するクルーは6人である。[*2] 国際宇宙ステーションの大きさは約1エーカーだが、300人の宇宙飛行士を地球周回軌道まで運び、ひそかにそこに滞在させるためにはそれよりはるかに大きな宇宙ステーションが必要となる。そのような宇宙ステーションを建設するには、大規模な人員・資材を運ぶスペースシャトル隊を必要とし、シャトル推進のための高度なシステムも必要となるだろう。マッキノンがペンタゴンのファイルの中にあったと述べている「非地球人将校」と「艦隊から艦隊への移動」の機密ファイルは秘密宇宙計画のスケールを説明してくれる。そこではNASAの宇宙計画は子どもだましのようなものに見えたに違いない。

レーガン大統領が1985年に説明を受けたこととゲーリー・マッキノンが2000年から2002年の間に発見した事柄に従うなら、NASAのスペースシャトル計画は、より機密度の高い別の宇宙計画を隠すためのきわめて高価な隠蔽手段だったことになる。その高度な宇宙計画は、秘密の宇宙飛行士数百人を宇宙に運び、彼らを巨大な宇宙ステーションに収容するためにきわめて強力な推進システムを必要とするだろう。そのような推進システムが克服しなければならない問題は、重力である。

レーガンの「わが国のスペースシャトルは宇宙飛行士300人に地球を周回させるだけのキャパシティーがある」という記述への疑問に関してコーリー・グッドはこう書いている。

　人員輸送専用のシャトルがありました。貨物があるときの輸送人数は300人で、人員だけのときは600人近くを乗せました。レーガンが書いているのは、300人以下の特殊要員とその装備品を世界中どこでも1時間以内に輸送できるように設計された軍事要員輸送機のことだと思います。それはミリタリー・ブラック・オペレーションのSDI（戦略防衛構想 Strategic Defense Initiative）の一部でした。非常事態の際にすばやく配備するためのステルス・シャトルで、静電気《エレクトロスタティック》／磁気重力解除《マグネティック・グラビティ・キャンセレーション》機能を備えていました。今もそれが使われているかは分かりません。[*3]

グッドの言う「静電気《エレクトロスタティック》／磁気重力解除《マグネティック・グラビティ・キャンセレーション》」推進テクノロジーは重要な意味を持つ。NASAの計画を子どもだましのように感じさせる機密の軍事宇宙計画で使われた推進システムを知るカギは、「重力解除」や「静電気」、つまり「反重力」推進システムにある。

宇宙の真の土台を利用する電気重力《エレクトログラビティクス》推進はビーフェルド＝ブラウン効果としてすでに半世紀以上も前に存在していた

秘密の反重力テクノロジーが軍事企業によって70年以上にわたって開発されているという噂がある。そのテクノロジーの基礎になっているのは、トーマス・タウンゼンド・ブラウンが開拓したビーフェルド＝ブラウン効果だ。１９２９年の論文でブラウンは、アインシュタインの統一場理論に影響され、物質と重力と電気の根本的なつながりを発見しようと思い立ったと書いている。

科学には、大きな基本原理を統一し、個々の現象――重力や電気力学、物質そのものなど――を1つの体系あるいはメカニズムに結びつけようとするはっきりした傾向がある。物質と電気が構造的に密接に関係していることは明らかになっている。そして物質にはそれまで考えられていたような個体性――分割不可能性――はなく、単なる「電気的状態」であることが最終的に分かった。実際のところ、この世界の有形物は、それ自体は無形であるところのエネルギーの組み合わせといってもいいかもしれない。むろん物質は重力と結びついている。したがって電気も同じように重力と結びついているという理屈になる。これらのつながりは純粋なエネルギーの領域内に存在し、それゆえに本来きわめて基本的なことである。実際、**それらは宇宙の真の土台を構成しているのである**。言うまでもないがその関係は単純ではない。また重力の真の性質についての情報と研究がきわめて不足しているため、それらの概念を完全に理解するのは簡単ではない。[*4]

1924年、ブラウンは自身の理論を初めて応用したときのことも書いている。

筆者と共同研究者たちは1923年の初めには現在の状況を予想しており、当時はそれぞれ独立した現象とされていた2つのもの――電気と重力――をつなげるのに必要な理論の構築を始めた。最初の立証実験を行なったのは1924年である。45㎝離して吊り下げた鉛の重いボールの個々の運動と、それらを結合させた場合の運動を観察した。２つのボールには反対の電荷を加え、電荷をそのまま維持した。運動の計測には光学センサー方式を用いた。[*5]

この実験でブラウンは、電気と重力の相互作用がそれまでに「知られていなかった力（force）」を生み出すことを確認した。

新たに発見された力が、電気と重力の相互作用の結果であるのは明らかだった。それはきわめて基本的な関係を示す最初の事実上の証拠だった。その力には他にいい名前が見つからなかったので「重力作用（グラビテーター・アクション）」と名づけ、質量を用いた推力装置または制御系には「グラビテーター」と名づけた。[*6]

要するに、ブラウンは高電圧の静電気の電荷が強力な推力を生じさせることを理解したのだった。ブラウンは実験と計測法を改良したのちの１９２７年８月にイギリスで特許を申請し、１９２８年11月に認可された。[*7]

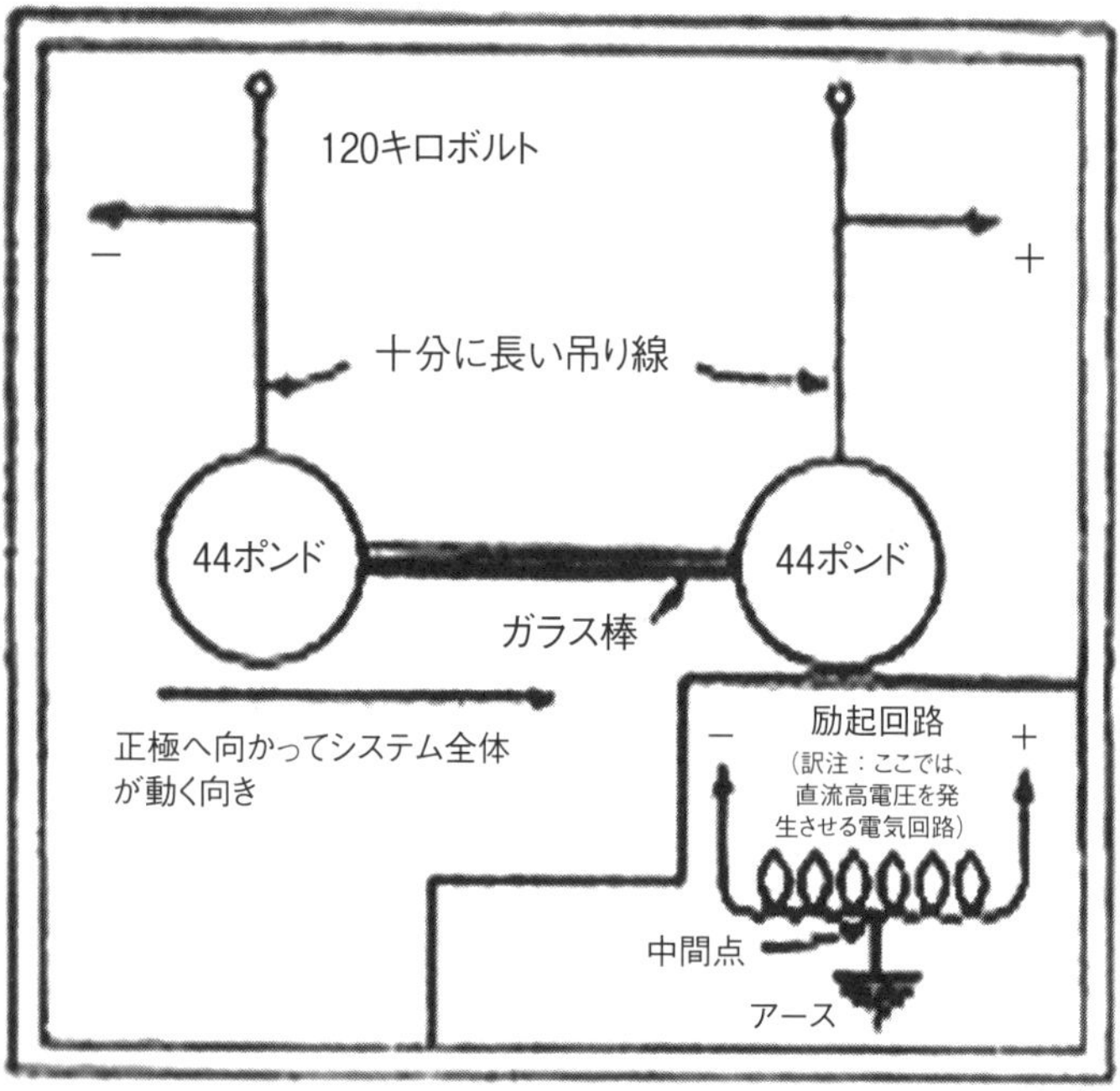

グラビテーターを単純化した図

図2　ブラウンの特許証に描かれたグラビテーター

彼の特許証のタイトルは「力あるいは運動を生み出す装置あるいは器械の方式」だった。それに添えた文章の中でブラウンは自分の考案した装置についてこう述べている。

この装置は、重力をコントロールしてそこから力を引き出す方式と、線形力あるいは線形運動を生み出す方式に関係する。この方式は基本的に電気的なものである。この装置はまた、重力場すなわち重力のエネルギーをコントロールする、あるいは重力場に影響する電気的エネルギーを使う。またこれは、宇宙全体に対して静止していることを除けばすべての座標系から独立していると考えられ、線形力あるいは線形運動の性質を示す電気的エネルギーを使う。また線形力あるいは線形運動は今日までの物理学で一般に認められているいかなる方式によっても観測され得るもので、大きさが異なり向きが逆の反応と考えられる電気的エネルギーを使う。*8

「大きさが異なり向きが逆の反応」を観測したというブラウンの言葉は、反重力テクノロジーが従来の推進システムといかに異なるものであるかを理解するうえで欠かせない。NASAのスペースシャトル計画で使われた固体および液体燃料による推進システムでは、シャトルのロケットから高速で噴射された燃料が「大きさが等しく向きが逆の反応」を提供してシャトルの推力となる。しかしブラウンの実験ではそれとはまったく異なることが起きていた。

ブラウンは続いて、彼が発案した重力装置がそれぞれプラスとマイナスの電荷を与えられた2つの部分でどのように働いたかを述べる。

この装置にはA、B2つの主要な部品がある。これは電荷を加えられるものであればどんな素材でもいい。AとBは電極A、電極Bと呼ぶことにする。電極Aは電極Bに対して負の電荷を持つ。ほぼ同様に電極Bは電極Aに対して正の電荷を持つ。言い換えれば、通常、電極Aは余分な電子を持ち、電極Bは余分な陽子を持つということである。[*9]

ブラウンのグラビテーターは、プラスの端子とマイナスの端子を持つ、家庭の一般的なバッテリーを考えると分かりやすい。バッテリーの2つの端子の間に働く力はA、B2つの端子の間の重力によってもたらされた力、およびバッテリーの正負の端子によって生じた電気的引力の合力である。重力の効果に変化を起こさせる付加力――「力x」――が生み出されるのは、A、B2つの部分の間の静電気の電荷(バッテリーの電圧に相当)が十分に大きくなったときだということにブラウンは気がついた。

このようにして充電されている間、AからBへの合力は、力g(通常の重力場による力)と力e(加えられた電場による力)および力x(負の電荷すなわち電極Aにおける余分な電子の存在、および正の電荷すなわち電極Ｂの余分な陽子の存在に起因する重力の不均衡の結果による力）の総和である。[*10]

次にブラウンは、相反する電荷を与えられた２つの物体ＡとＢによって生み出される推力について述べる。

類似した反対向きの力の打ち消しと、類似した結びつきの力によって２つの電極はＢの向きに合わせて力２×の力を持つ。両極で共有されるこの力２×は、力の向きに移動あるいは加速するこれらの電極の偏りとして存在する。つまりＡはＢへ向かい、ＢはＡから離れようとする。さらにＡ、Ｂの電極を持つ機械あるいは装置は、移動が自由であればみなそのような横向きの加速あるいは移動をしようとする。[*11]

普通のバッテリーを例にとれば、保持された静電気の電荷が十分大きくなればバッテリーが前に突き進むようなものだろう。

ポール・ラ・ビオレット博士は、「グラビテーター」を用いたブラウンの実験で発見された強力な推力の今日性と、この推力がジェットエンジンおよびＮＡＳＡのスペースシャトルとの間に持つ関連性についてこう述べている。

100グラムの推力を生み出すグラビテーターを合わせて2ニュートンの推力を持つブラウンの電気重力推進エンジンの推力対出力比は、計算上キロワット当たり2000ニュートンになる。これはジェットエンジンの推力対出力比の130倍で、スペースシャトルの主エンジンのそれの1万倍である。*12

もしラ・ビオレットの言葉が正しいとするなら、ブラウンのグラビテーターはジェット機や宇宙船の新型エンジンとして応用できるだろう。それはNASAのスペースシャトルや通常の航空機で使われるこれまでのような固体燃料や液体燃料による推進エンジンのどれをもはるかに凌《しの》ぐものになる。

ブラウンのグラビテーターの実験と理論が新たな推進システムとして実際に応用可能であることが1950年代初めにはすでに航空産業に理解されていた。それを示す証拠が公開文献中にある。1954年の『アビエーション・リポート』が当時の反重力研究の可能性とそれをめぐる秘密主義についてこう書いているのだ。

電気的反重力の基礎研究やテクノロジーはいまだ初期段階にあるため、その手法はもとよりアイデアもおそらく秘密にされている。そのため今のところ自由に議論できる材料はない。このテーマについての論文はほとんどなく、日の目を見た唯一の計画も限られた範囲内での単なる研究にとどまっている。[*13]

『アビエーション・リポート』はさらに、兵器システムや航空機設計への反重力の応用を研究できる大規模な研究所の必要性を述べている。

重力を無効にする装置──あるいは重力のない環境──の開発を試みているエンジニアたちはこう提案している。航空機メーカーに求められるのは、人間が扱う兵器から無人の兵器への長期計画よりむしろ電気機械プラント建設にもっと重点を置くことだ、と。したがって反重力研究は電気関係の大規模な研究所や施設のある企業が担うことになるだろう。また他の高度な科学と同様、反重力研究への支援も当初は兵器としての能力に対するものになるのは明らかだ。この科学を広く応用する道はおそらく2つある。1つは高度な発射体設計への利用。もう1つは──長期にわたる計画として──反重力の許容範囲内で機能する装置を持つまったく新しい環境を作り出す道だ。[*14]

主要な航空宇宙企業の幹部たちは反重力航空機の可能性に熱い思いを抱いた。航空機メーカーのグレン・マーティン社（1995年にロッキードと合併してロッキード・マーティン社となった）

の航空術および高度推力システム担当副社長だったジョージ・S・トリンブルは、1955年に『アソシエイティド・プレス』にこう語っている。「無限のパワー、重力からの解放、そしてきわめて短時間での旅行が可能になりつつある」[*15]

ラ・ビオレットはトリンブルが『アソシエイティド・プレス』に語ったことについてこう書いている。

彼はさらに、すべての民間航空輸送はこの素晴らしい原理で働く装置を搭載するだろうと付け加えた。思い出してほしいのは、ブラウンが16年前——第二次大戦が始まる前だが——ボルチモア・グレン・マーティンで短期間働いていたということだ。彼がそういう早い時期に電気重力の種を蒔《ま》いたのは疑いない。[*16]

ラ・ビオレットはその著書『Secrets of Antigravity Propulsion（反重力推力の秘密）』の中で、航空産業内で反重力研究が可能だと考えている航空関係企業や刊行物、そして科学者のことを書いている。[*17]

ブラウン自身は、彼の実験室でテストした小型のモデルを基に、独特の皿型をした新世代の航空機の開発に自分の電気重力研究が利用できると確信していた。1953年1月にブラウンはアメリカ海軍に対し、電気重力を動力とする空飛ぶ円盤を建造してはどうかという大胆な提案をしている。

ブラウンは政府の財政支援を得るため、１９５２年に、ある提案を海軍に書き送った。その内容は、マッハ３で飛ぶ能力のある迎撃機の基礎となる有人の空飛ぶ円盤を開発する極秘計画を開始すること、そしてこれをマンハッタン計画［アメリカ陸軍の原爆開発計画］の後に続くものにすることだった。このウィンターヘイブン計画では、ブラウンの研究所の模型円盤の推力を基に円盤のスピードを見積もっている。つまり、模型円盤の５万ボルトに対して５００万ボルトの大きな円盤なら、空気抵抗を受ける場合で時速１１５０マイル（約１８４０㎞：マッハ１・５）、それより上空では時速１８００マイル（約２８８０㎞：マッハ２・５）のスピードが出るというものだった。[*18]

１９５７年７月、ブラウンは従来存在しなかった動力を利用する有人の空飛ぶ円盤のアメリカでの特許を首尾よく申請することができた。[*19]

１９５０年代半ばにはブラウンの電気重力の可能性についての記事や論説が数多く世に出回った。だが１９５０年代の末までにそれは航空産業にとっての重大な情報だとして不意に表舞台から姿を消した。『ジェーンズ・ディフェンス・ウィークリー』誌のベテランライター、ニック・クックはこれについてこう書いている。

1960年までにこれはまったく存在しなかったかのような状況になった。航空宇宙開発は決められた道に沿って進められ、反重力について語ることはタブーになった。人々は私がそれについて語らないことを望んだ。[20]

複数の航空ライターが指摘してきたように、電気重力は極秘事項になった。[21]タウンゼンド・ブラウン自身の活動は以後誰にも分からなくなり、そのことが論議の的となった。ラ・ビオレットによれば、ブラウンは海軍の顧問という立場で秘密の空飛ぶ円盤研究に関与し続け、民間人としての反重力研究はその隠れみのに過ぎなかったという。

ブラウンは彼が提案して始まった秘密の航空宇宙研究に参加し続け、石油電気研究への転換は単なる見せかけに過ぎなかった。電気で作動する円盤テクノロジーにメディアが注目することで世に知られるようになったブラウンは、アメリカの安全保障上の潜在的な脅威となった。したがって軍が彼のアイデアに多額の資金投入を始めたとき、――その事業は航空宇宙関係の大企業が請け負った――計画への関与を明かさない限りブラウンが内々に軍の顧問でいられたというのは十分あり得ることだ。[22]

しかしニック・クックは、ブラウンは計画から外されたという別のシナリオを描く。

ブラウンの研究は軍に受け入れられなかった。それがインチキだとか非現実的だといった理由からではなく、その原理を軍はすでに分かっていた――そしてたぶんすでに開発計画の対象になっていた――という理由から。そうだとすれば、ベル・エアクラフトやコネア、マーティンなど多くの企業がこの計画の存在を知らずに何カ月ものあいだ反重力についての意見を公にし、その後どこかの誰かによって沈黙させられたことも説明がつく。[*23]

ラ・ビオレットとクックのシナリオが一致するのは、アメリカ軍はブラウンが1953年のウィンターヘイブン計画で提案していた内容と同じ手法ですでに電気重力研究を行なっていたということだ。ブラウンは海軍との長期にわたる関係から顧問におさまり、民間人として別の計画を行なっているように見せかけつつ海軍の極秘計画を手伝っていたのかもしれない。あるいは海軍から完全に手を切られ、1960年代まで民間でのエネルギー研究――軍や航空産業の支援を受けられなかったがために不成功に終わる研究――を続けたのかもしれない。

ブラウンのエネルギー研究と対照をなすのが、同時代の発明家、オーティス・カーである。カーはブラウンと違って軍との関係は皆無で、あまり知られた人物ではなかった。完全に独立した存在だった彼の反重力装置の開発は安全保障上の脅威だったためその研究は妨害され、1961年には罪をでっち上げられて彼は拘禁された。カーによるアメリカ初の民間反重力宇宙船開発については

第9章で詳しく述べる。

通常の推力と電気重力《エレクトログラビティクス》推力のハイブリッド機

ブラウンが1957年に空飛ぶ円盤の特許を申請したあと30年以上の間、一般の人々は軍が秘密の電気重力《エレクトログラビティクス》研究を大規模な軍用機プロジェクトに組み入れていることをほとんど知らなかった。事態が変わったのは、ノースロップ・グラマン社のB‐2スピリット爆撃機が1989年11月22日に世に知られてすぐの1990年だった。*24 軍用機のライターたちはB‐2スピリット爆撃機の分析を始め、それが電気重力《エレクトログラビティクス》という秘密のテクノロジーを利用していることを記事に書き始めた。

B－2爆撃機が翼と排気管に静電気帯電を利用していることが1992年までに確認されている。ラ・ビオレットと軍用機の専門家たちによれば、これはB－2がトーマス・タウンゼンド・ブラウンの初期の仕事に基づく電気重力《エレクトログラビティクス》原理を利用していることの確証となる。

長い間、アメリカはレーダーに捉えられない高度なテクノロジーによる航空機を開発しているという噂が流れていた。1988年にこの噂は現実のものとなった。アメリカ空軍が先進テクノロジー爆撃機B‐2を公表したのだ。（中略）数年後、B‐2に関する重要な秘密がリークされた。1992年3月2日号で『アビエーション・ウィーク＆スペー

図3　B-2スピリット爆撃機

ス・テクノロジー』誌はB－2の排気流と全翼の前縁（リーディング・エッジ）に静電気帯電があるという驚くべき事実を暴露したのだ。ブラウンの仕事を知っている人なら、B－2は反重力航空機として機能できるとすぐに分かるだろう。*25

ラ・ビオレットは『アビエーション・ウィーク&スペース・テクノロジー』のB－2の記事の情報源についても述べている。

情報源は、かつて秘密研究に携わっていた西海岸の科学者とエンジニアの裏切り者たちだった。（中略）彼らはあえて危険を冒したのだ。動機は経済的なものだった。秘密のテクノロジーを機密扱いから解き放ち、ビジネスに利用できるようにする必要があると彼らは考えたのである。このグループのうち2人は次のことも語った。自分たちの人権はセキュリティーの名のもとに露骨に侵害されている。つまり厳しい統制を敷くブラックな研究開発コミュニティーにとどまり続けるか、あるいは口を閉ざして秘密を守り続けるか、どちらかしか許されていない、と。*26

B-2爆撃機は、ビーフェルド=ブラウン効果が予測するように高電圧を利用して著しい推力を生み出す。B-2がその重量にもかかわらず通常のエンジン4基で十分である理由をこれが説明してくれる。ビル・ガンストンのような航空ライターはそのことに頭を悩ませていたのだが。ガンストンはこう書いている。

(B-2のエンジン)F118-100の離陸推力は、海抜ゼロ地点でノースロップ・グラマンによれば「1万9000ポンド(84・5キロニュートン)級」、USAF(アメリカ空軍)によれば「1万7300ポンド(77・0キロニュートン)級」である。これは離陸重量が33万6500ポンド(15万2635kg)——最近までは37万6000ポンド(17万550kg)とされていた——の航空機にとっては驚くほど低い数値だ。離陸重量は通常年を経るに従って重くなり、20トン(2万kg)[ママ]軽くなったりはしないのだが。仮に低い重量で計算したとしても、推力対重量の割合がたった0・2というのは戦闘機としては異常と言わざるを得ない。[27]

ここでガンストンが言わんとしているのは、「質量を減らすか、あるいは通常の空気力学手段による以上の揚力を与える手段が**ないとしたら**、Ｂ－２はあまりにもパワー不足だ」[28]ということだ。一部の航空機ライターはＢ－２の設計に電気重力《エレクトログラビティクス》が利用された大きな証拠として、Ｂ－２の大きな翼に使われている素材を挙げた。

巨大な黒い機体表面がＲＡＭ（レーダー吸収性素材：radar-absorbent material）であることがそのステルス性能を可能にしている。物理学者たちによれば、これは「帯電すれば巨大なエネルギー揚力を発生させられる高誘電率、高密度の誘電性セラミック」である。[29]

これまで挙げたライターたちに共通するのは、Ｂ－２は普通のジェットエンジンと秘密の電気重力《エレクトログラビティクス》テクノロジーを結合させ、その推力を効果的に高めることで必要な揚力を生み出しているという見方だ。

西海岸の科学者裏切り集団がＢ－２爆撃機の設計情報を明かした結果、航空宇宙企業は反重力テクノロジー研究を大きく刺激された。２００２年、「先端的宇宙推進システムのための重力研究

（GRASP）」と呼ばれるプロジェクトがボーイング社内部にあることが航空宇宙産業に明かされた。『ジェーンズ・ディフェンス・ウィークリー』が入手したGRASP関連文書はボーイングの考えをこう書いている。「もし重力の改変が現実的ならそれは航空宇宙ビジネス全体を変えるだろう」[*30]

ラ・ビオレットによると、ボーイングは2007年10月以前にアメリカ軍のための機密研究――電気重力《エレクトログラビティクス》推力の研究――を完了した。

ボーイングが軍のために今までなかったある特色を持つ秘密の電気重力推力計画を完成させたという情報を、2007年10月に私は信頼できる政府関係筋から得た。そのテクノロジーをジェット定期旅客機に使えば素晴らしい利益が得られると同社は考えた。そこでボーイングはその発明を商業利用できるよう機密扱いを解いてくれと求めたが、認められなかったという。[*31]

ボーイングはこのテクノロジーを機密リストから外し、公共的企業に公開することを求めたが拒絶された。このことは、軍産複合体のトップレベルが民間による電気重力《エレクトログラビティクス》航空機の開発を安全保障上の脅威とみなしていたことを示す。第9章で見るが、1961年にオーティス・カーに起きたのがまさにそのことだった。

通常の推進システムと結合させて電気重力《エレクトログラビティクス》を用いているのはＢ－２だけではない、と航空機の専門家は考えている。航空機ライターのマルコム・ストリートによると、２０００年代初めにイギリスの首相（トニー・ブレア）とオーストラリアの首相（ジョン・ハワード）は電気重力《エレクトログラビティクス》の秘密テクノロジーを使ってＦ－35ジョイント・ストライク・ファイター（ＪＳＦ）の最新機を共同で製造しようとアメリカ政府に持ちかけた。

私たちはＪＳＦ（ジョイント・ストライク・ファイター）／Ｆ－35はＢ－２同様に高度なステルス性能を組み込むだろうと知っている。もっとも国内の顧客と国外の顧客ではステルス性能の程度をどうやら違えるようだが。だがステルス性能はどちらかというと時代遅れになっている。最初のステルス機Ｆ１１７は航空ショーに必ず展示されるようになり、アメリカの70年代、80年代のステルス計画の多くは機密指定を解除されてステルス・テクノロジーの一般的原理は――もし特殊な応用の仕方をしないのであれば――すでによく知られている。イギリス、オーストラリアの両政府がこれのために失敗のリスクを冒すだけの価値があるとは思えない。ハワードとブレアは、ステルスより秘密度の高い、より重要な革命的な軍事テクノロジー――アメリカにしかないＢ－２で開発されている先端テクノロジー――に接近しようといちかばちかの勝負に出ているのではないか。ＪＳＦ／Ｆ35計画の選ばれた仲間だけが利用できる反重力テクノロジーのようなものへの接近を[*32]。

ストリートは意味ありげな書き方をしている。ＪＳＦ／Ｆ35は相手が「国内の顧客」か「国外の顧客」かによって異なるところがあり、その中には秘密の反重力テクノロジーが組み込まれているものがあるのではないか、と。

ストリートによれば、機密ステルス・テクノロジーは、それよりはるかに機密度の高い電気重力テクノロジー《エレクトログラビティクス》の存在を隠す手段として利用されている。彼は、「高誘電率、高密度の誘電性セラミック」でできた「秘密の」レーダー吸収性素材を使った航空機が「極秘の」電気重力《エレクトログラビティクス》を組み込んでいることを匂わせているのだ。

コストを問題にしない、従来のものとは根本的に異なる性能を持つ高機密の軍用機の先例がある。それは２つの重要なテクノロジーを使っていて、１つは機密で、もう１つは「極秘」だった。伝説的なロッキードＡ12／ＳＲ－71「ブラックバード」偵察機である。同機は70年代から80年代初めにかけてしだいに機密扱いを解かれていった。あの素晴らしい航空機にマッハ３で飛ぶ能力を与えたその構造や推力テクノロジーの詳細が公開されたのだ。しかし、Ｆ１１７ステルス戦闘機の存在が明かされてしばらく後まで機密指定を解かれなかったのは、**「ブラックバード」もまたステルス設計だった！**という事実だ。重要度においてステルス性はスピードの下位に置かれたものの、ステルス性は実は機体形状において主要な要素だった。そしてその設計は１９５０年代末――アメリカ政府がステルス・テクノロジーに言及するより20年前――までさかのぼることができるのだ。*33

１９５０年代へのストリートの言及は、次世代「ステルス機」の開発初期段階を語るものとして重要だ。前のほうでも述べたように、１９５０年代は航空企業やジャーナリズムが重大な推力テクノロジーとしての電気重力《エレクトログラビティクス》を自由に研究できた時代だった。だが１９５０年代末には電気重力《エレクトログラビティクス》は機密扱いになり、もはや自由に論じられる事柄ではなくなった。

もしストリートの言葉が正しければ、通常の推進システムと電気重力《エレクトログラビティクス》を結合させた次世代機の開発において、はるかに機密度の高い電気重力《エレクトログラビティクス》の隠れみのとしてステルスは利用されたことになる。これは電気重力《エレクトログラビティクス》の可能性と航空産業への直接的な関連性に気づかされたアメリカ軍からすれば当然のことである。電気重力《エレクトログラビティクス》が最初に利用されるとすれば、それはタウンゼンド・ブラウンのような航空機への夢追い人が望んだ民間の航空産業においてではなく、軍用機でということになるだろう。そして次世代軍用機への電気重力《エレクトログラビティクス》の利用は、機密ステルス・テクノロジーを隠れみのにしてひそかに行なわれただろう。このことは次の疑問につながる。すなわち、グッドが言うところの「エレクトロスタティック（静電気）」（電気重力《エレクトログラビティクス》のこと）と「磁気重力解除」テクノロジーを用いた――レーガンが明かしている――秘密の宇宙計画でアメリカ軍は通常のテクノロジーと反重力テクノロジーのハイブリッド宇宙船を使っていたのかどうかという疑問である。

極秘の「オーロラ」偵察機は反重力搭載のハイブリッド宇宙船だった！

一般に宇宙は高度62マイル（103km）のところから始まるとされていて、航空産業の多くはこれを受け入れている。[34] 民間による最初の有人宇宙飛行を競うコンテスト「アンサリ・X・プライズ」もこの数字を採用した。民間資金による最初の宇宙船「スペースシップ1」は2004年9月29日に62マイルの境界越えに成功し、1000万ドルの賞金を獲得した。

「スペースシップ1」はパイロット1人と乗員2人分に相当する重量物を乗せて飛んでいた。「Xプライズ」の規定は、乗員3名相当を弾道飛行させて宇宙に到達すべしというものだったのだ。[35]

「ブラックバード」SR-71はロッキード・マーティン社が製造し、空軍が1964年から98年にかけて使用。最速マッハ3・5で飛ぶことができた。航空機としてはきわめて高い8万8000フィート（16・7マイル、26・8km）の高さを飛ぶことができたが、宇宙との境界からみればかなり低い高度だった。しかし62マイル（103km）というこの恣意的な境界を越えられる秘密の軍用機が複数あり、それらは通常の推進システムと電気重力《エレクトログラビティクス》のハイブリッド推進システムを使っている、という証言がある。これが意味するのは、そのような乗り物は宇宙との境界の上下を飛ぶことができるハイブリッド推力宇宙船とみなすことができる、ということだ。

『ジェーンズ・ディフェンス・ウィークリー』誌のアナリスト、ニック・クックは著書『The Hunt for Zero Point（ゼロポイントを追う）』で、極秘の「オーロラ」偵察機についてこう書いている。「１９８０年代末から『オーロラ』と呼ばれる謎の飛行機が秘密裡に『ブラックバード』に置き換わり、『ブラックバード』の2倍と思われるスピードで宇宙との境界を飛んだと推測されている」[*36]。別の卓越した航空テクノロジーライター、ビル・スイートマンも、空軍が表向き否定している「オーロラ」は存在すると信じている。彼はネバダ州のグルーム・レイク航空機施設（別名「エリア51」）で製造されていた秘密の航空機の調査を行ない、２００６年にこう書いている。

「オーロラ」は存在するか？　何年もこの問題を追い続けてきた私はこう答えさせてもらう。イエス。近年の進歩によってテクノロジーは1世代前に計画に着手した大望に追いつき、「オーロラ」の開発は活発かつ急速に進められている、と私は考えている。[*37]

『アビエーション・ウィーク＆スペース・テクノロジー』誌によれば、航空産業内で「オーロラ計画」について議論が始まったのは１９９０年3月だった。

「オーロラ計画」は１９８５年のアメリカの国家予算でたまたま明らかになった。１９８

7年会計年度で「ブラック」航空機「製造」に4億5500万ドル配分するという項目があったのだ。注意してほしいのは、これは研究開発のための予算ではなく、航空機を製造するための予算であるという点だ。*[38]

『アビエーション・ウィーク&スペース・テクノロジー』誌はまたこうも書いている。

オーロラ計画は特定のある機体を言うのではなく、一連の新種の航空機を指している。『アビエーション・ウィーク』が入手した1986年の政府調達記録によると、この計画への支出は1987年度予算で23億ドルに達したという。*[39]

オーロラ計画については予算をめぐる『アビエーション・ウィーク&スペース・テクノロジー』誌のこの短い記事があるだけで、この計画の詳細が分かる公文書はない。オーロラ計画についてより深く知るためには、エリア51でSR-71「ブラックバード」に代わって製造されていた秘密の航空機に関する証言者の言葉に耳を傾ける必要がある。

エリア51の建設はCIAの権限の下で1955年に始まった。空軍およびロッキード等の企業が協力して次世代の偵察機を開発するという名目だった。施設は2つの地区にわたっていた。グルーム・レイクの存在が公式に認められたのは2013年8月。情報公開法を通じてCIAが記録を公開したのである。この記録が公開されたのは、U－2偵察機の歴史情報を調べるために文書請求をしたジョージ・ワシントン大学「ナショナル・セキュリティー・アーカイブ」上級フェローのジェフリー・リチェルソンに対してだった。*40

その文書でCIAは、エリア51が選ばれたのはグルーム・レイクの乾燥した砂の平原が秘密の偵察機のテストに適しているからだと認めている。しかしCIAの文書に記されていないものがある。そこから12マイルしか離れていない干上がった湖底パプース・レイクについてだ。証言者によるとここにはS－4と呼ばれる極秘の施設があり、極秘の航空宇宙計画のテストおよび開発が行なわれている。*41

エドガー・フーシェは航空産業に30年間身を置き、アメリカ空軍や国防総省、そしていくつかの企業で秘密の軍事計画に携わった人物だ。彼が最先端の航空宇宙テクノロジーについての情報を明かす「事実に基づいたフィクション」を書こうと決めたとき、同じように秘密の航空計画に携わったことのある5人の親しい友人に相談をした。*42 彼らは国内の複数の軍事施設で自分たちが関わった秘密の計画やテクノロジーについての情報を集めた。*43 彼らの1人はエリア51のグルーム・レイク施設に所属させられていた。

ジェラルドはかつて国家安全保障局（NSA）TREATチームのメンバーだった。TREATとはTactical Reconnaissance Engineering Assessment Team（戦術的

偵察工作評価チーム）のことだ。彼は国家安全調査官としてDEO（エネルギー省）に勤務していた。しかしそれは表向きの地位で、実際にはNSAのために働いていたのだ。彼の仕事は、ネバダ試験場とエリア51を含むネリス射撃場での極秘任務や「Q」クリアランス〔機密情報関係の職務と思われる〕で働く「被雇用者を監視」することだった。エリア51は世界で最高度の極秘航空宇宙試験が行なわれる場所だ。読者はエリア51を「グルーム・レイク航空基地」、「ウォータータウン」、「ザ・ランチ」、「ドリーム・ランド」などの名で知っているかもしれない。彼は最後のミーティングの1年後に心臓発作で死んでいるのが発見された。*44

ジェラルドやその友人たちの話を基に、フーシェは「ブラックバード」に置き換わったのは間違いなく「一連の新種の航空機」を含む「オーロラ」と呼ばれる計画だと主張する。彼によれば、「オーロラ」は宇宙飛行に使われる2種類の超音速機と、それよりさらに変わった航空機で構成されている。フーシェは言う。「オーロラにはマッハ5以上のスピードが出るSR-75と、マッハ18かそれ以上で宇宙へ飛んで衛星を打ち上げるSR-74があり、SR-75はSR-74の母機である」*45

フーシェはSR-75についてこう記す。

SR-75は、SR-71〔「ブラックバード」のこと〕――マッハ3・3のスピードで飛び、高度８万５０００フィートまで到達できた――の能力をはるかに超えている。マッハ５、つまり音速の５倍のスピードで12万フィートの高度に到達できるのだ。そのスピードは時速３３００マイルを超える。（中略）機体は全長１６２フィートで、98フィートの翼を持つ。機体の下面は地面から10フィート。乗員はパイロット３名、偵察将校１名、発射管制将校１名で構成され、管制将校は電子戦将校も兼ねる。メタンと液体酸素が燃料を供給する高バイパス・ターボ・ラムジェット（複合サイクル）エンジンがそれぞれの翼の下に収納され、約40フィートの隔室が翼の下を後縁まで走る。[*46]

通常の推力テクノロジーでは極超音速［音速の5倍以上］の航空機は最先端とされている。航空機が極超音速機に分類されるには音速の5倍以上（マッハ５・１）で飛べなければならない。フーシェによれば、ＳＲ‐75はアメリカ空軍が実戦配備した最初の極超音速機である。

さらにフーシェによれば、ＳＲ‐75はＳＲ‐74（別名「スクランプ」）を載せて高度10万フィートまで運び、そこでＳＲ‐74を発射する。

それ（ＳＲ‐74）は母機であるＳＲ‐75から高度10万フィートで発射されてはじめて80万フィート（１５１マイル）を超える軌道高度に到達できる。空軍は「スクランプ」を使って国家安全保障局のための極秘の小型フェレット衛星を打ち上げる。ＳＲ‐74は大きさ

6フィート×5フィート、重さ1000ポンドの人工衛星を少なくとも2基発射することができる。「スクランプ」はF－16戦闘機とほぼ同じサイズと重量がある。そして容易にマッハ15のスピードに達することができるが、これは時速1万マイルよりわずかに遅い程度である。*47

SR－74を発射できるのは高度10万フィートからだというフーシェの言葉からは、SR－74が通常の推力テクノロジーの一部にスクラムジェットを使用していることが推測できる。

公式には空軍は次世代の航空機と兵器に利用するための「スクラムジェット・エンジン」開発をDARPA（Defense Advanced Research Projects Agency：国防総省国防高等研究事業局）およびボーイング社と共同で行なっていることになっている。スクラムジェットは推力を発生させるために空気を高速で流すことが必須である。これを説明する文章を次に挙げる。

スクラムジェット（超音速燃焼ラムジェット）は、超音速気流の中で燃焼が起きるラムジェット空気吸入ジェットエンジンの一種だ。ラムジェット同様スクラムジェットも燃焼の前に吸入した空気を強く圧縮するために高速が要求される。ラムジェットは燃焼前に気流を音速以下に減速させるが、スクラムジェットは吸入から排気までエンジン全域にわたって気流を超音速に保つ。そのためスクラムジェットはすこぶる速いスピードで飛ぶことができる。理論的にはスクラムジェットの最高速度はマッハ12（時速８４００マイルあるいは１万４０００㎞）からマッハ24（時速１万６０００マイルあるいは２万５０００㎞）ということになる。[*48]

ＳＲ－74はマッハ15までスピードが出るというフーシェの言葉は、スクラムジェットテクノロジーを使った航空機のスピードについての公式の理論内に十分収まる。

２０１５年６月、空軍研究所の主任科学者のマイカ・エンズリーは、アメリカ空軍は２０２３年までに空軍初の極超音速機を製造すると発表した。彼女によると、計画されている極超音速機は２０１３年５月の試験飛行に成功したボーイングのＸ－51「ウェーブライダー」を基礎に置いている。[*49]

ただしクックやスイートマン、フーシェが正しければ極超音速機はすでに製造されていて、極秘扱いになっているだけということになる。それらは62マイルの宇宙境界の上を飛行できる高性能の航空機を開発したオーロラ計画の一部だ。ＳＲ－75が極超音速機である一方、ＳＲ－74は人工衛星を発射するために低地球軌道を回ることができる宇宙船である。

フーシェによると、ＳＲ－74とＳＲ－75は高度なステルス性能を備えている。先にも書いたが、このことはこれらがその推進システムの一部に電気重力《エレクトログラビティクス》を含んでいる可能性が高いことを示唆している。電気重力《エレクトログラビティクス》が使われていると考えれば、SR-75がどのようにしてSR-74をピギーバック方式で高度10万フィートまで運び、最低でもマッハ5・1の極超音速でSR-74を発射できるかが理解できる。理論的にSR-75には極超音速よりもはるかに速いスピードが求められるのだ。

スクラムジェットはラムジェットと同じく低スピードでも機能できる設計になっているが、マッハ5程度の高速にならなければ効率の良い推力を生み出せない。水平方向へ発進する航空機は、発進の際に重い航空機を動かせるだけの大きさを持つ通常のターボファンエンジンかロケットエンジンが必要だ。またエンジンのための燃料とエンジン関連の構造物、コントロール・システムも搭載しなければならない。ターボファンエンジンはその重さのゆえにマッハ2から3を超えるスピードを出すことはできない。従ってスクラムジェットのスピードに達するためには他の推進方式が必要となる。[*50]

また、電気重力《エレクトログラビティクス》を使っていると考えればSR-74がなぜマッハ18のスピードに達し、宇宙空間で人工衛星を配備できるのかも理解できる。スクラムジェットの理論を理解すれば、SR-74のような極超音速機が宇宙との境界をまたいで地球周回軌道に入る[*51]には他の推進システム（例えば電気重力《エレクトログラビティクス》）が必要であることが明らかになる。SR-74とSR-75は、通例の推進システム（SR-74ではスクラムジェット）と電気重力《エレクトログラビティクス》を結合していると思われる高性能の極超音速機の例を示している。

全重量の89％が減る⁉　磁場ディスラプターが搭載された秘密機ＴＲ－３とは？

フーシェによるとオーロラ計画にはＴＲ－３Ｂと呼ばれる３つ目の航空機があり、それはグルーム・レイクすなわちエリア51で働くフーシェその他の人々が知る中で最も機密度の高いものだった。

ＴＲ－３Ｂのコードネームは「アストラ」だった。ＴＲ－３Ｂが最初の偵察飛行を行なったのは90年代初めだ。原子力を動力源とするこの三角形の航空宇宙プラットホームは、極秘のオーロラ計画とＳＤＩ（戦略防衛構想：別名「スターウォーズ計画」）および闇予算のもとに開発された。１９９４年までには、少なくともその生産に30億ドルを費やした複数のＴＲ－３Ｂが空を飛んでいた。オーロラ計画は現在のところ最も機密度の高い航空宇宙開発計画である。そしてＴＲ－３Ｂはオーロラ計画によって生み出された最新型航空機だ。国家偵察局、ＮＳＡ、そしてＣＩＡが資金を出し、それらのために実際の任務に就いている。空飛ぶ三角形ＴＲ－３Ｂは決してフィクションではない。80年代半ばにすでに利用可能だったテクノロジーで製造されているのだ。[*52]

フーシェは三角の形をしたＴＲ‐３Ｂ「アストラ」で使われた従来型の推進テクノロジーのいくつかについてこう述べている。

　ＴＲ‐３Ｂのそれぞれのコーナーの下に搭載した多モードのロケットエンジン３基の推進剤は、水素かメタンと酸素だ。液体酸素と液体水素を使うロケットシステムでは推進剤量の85パーセントが酸素である。核エネルギーロケットエンジンは水素推進剤を使うが、推力を追加するために酸素を補う。（中略）忘れてならないのは、３基のロケットエンジンは極秘ＴＲ‐３Ｂでは質量の11パーセントを推進させるだけでいいということだ。このエンジンを製造したのはロックウェル社だと言われている。[*53]

フーシェはさらに、ＴＲ‐３Ｂはタウンゼンド・ブラウンが開発した電気重力《エレクトログラビティクス》システムに加えて特殊な反重力効果を利用していると述べる。フーシェはこれを「磁場ディスラプター」（磁場妨害装置）と呼ぶ。フーシェによれば「磁場ディスラプター」はリング型の加速装置内部で高エネルギーのプラズマを回転させる。

　内部がプラズマで満たされた「磁場ディスラプター」（ＭＦＤ：Magnetic Field Disrupter）と呼ばれるリング状の加速装置が、回転可能な乗員室の周りを取り囲んでいるが、この装置は想像できるいかなるテクノロジーをもはるかに超えている。サンディアとリバーモアにある研究所［どちらもエネルギー省が管轄する国立研究所。核兵器の開発と管理、軍事科学、安全保障の全分野などについて、国家機密に属する先進的な研究が行なわれている］は逆行分析［訳注：他の製品を解析し、組み込まれている原理・構造・技術などを自製品に応用する手法。この場合の他の製品は空飛ぶ円盤の可能性がある］したＭＦＤテクノロジーを開発した。このテクノロジーを守るためなら政府はどんなことでもするだろう。水銀をベースにしたこのプラズマは、絶対温度１５０度、圧力25万気圧のもと、毎分５万回転まで加速させて超電導プラズマを発生させ、重力作用を妨害する。*54

フーシェの説明では、「磁場ディスラプター」（ＭＦＤ）と電気重力《エレクトログラビティクス》は異なるテクノロジーである。電気重力《エレクトログラビティクス》は推力を提供するテクノロジーであるのに対し、ＭＦＤは重力を減らすテクノロジーだ。

ＭＦＤは磁《じ》気《き》渦《うず》場を生み出すが、それは質量への重力の作用の約89パーセントを妨害し無効にする。誤解しないでほしい。これは反重力ではない。反重力は推力として利用できる斥力（反発力）なのだ。*55

アメリカ空軍の極秘原子力「空飛ぶ三角形」―― TR-3B

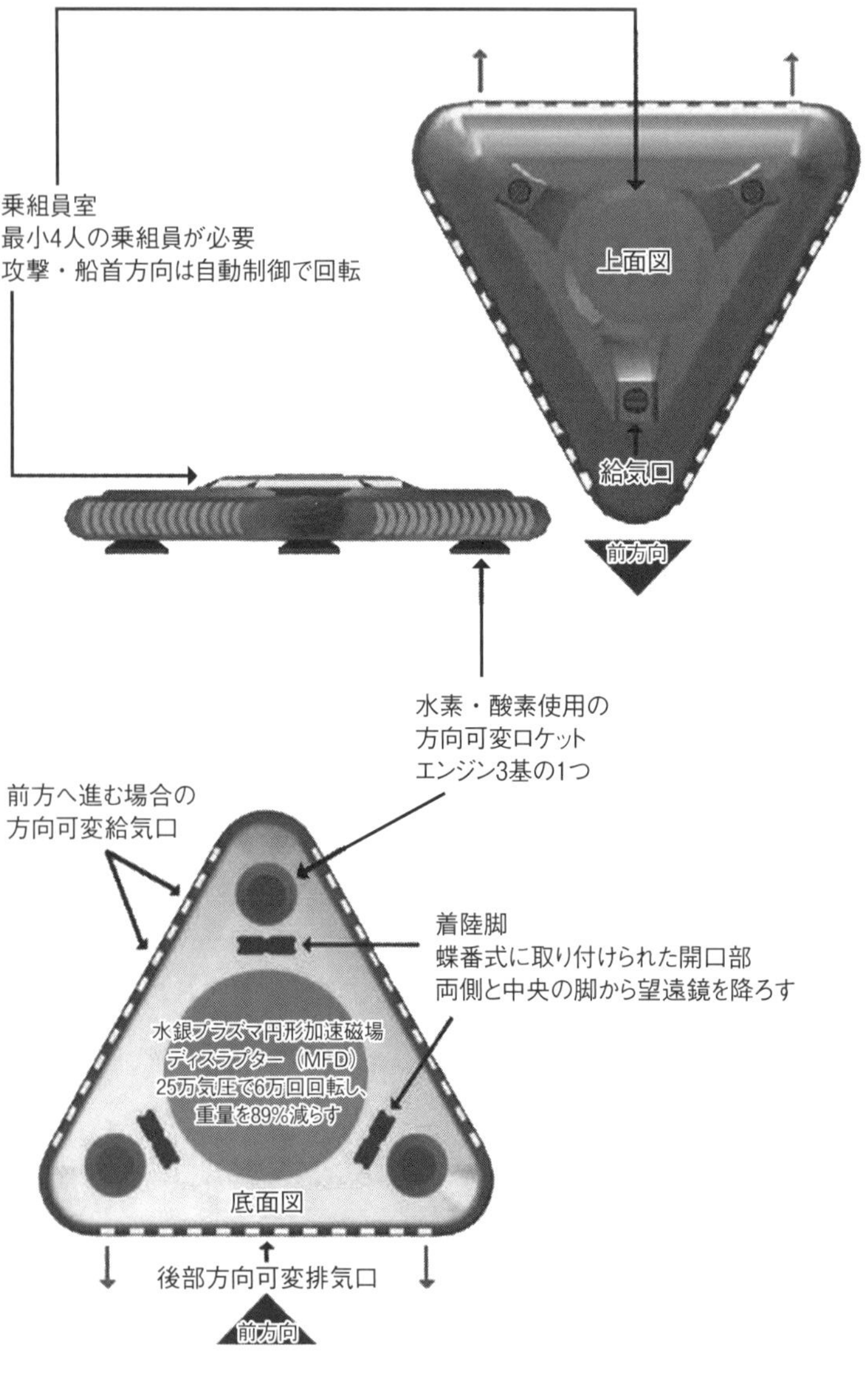

図4　TR-3B図

出典：エドガー・フーシェ

フーシェの文章からは、「磁場ディスラプター」が「磁気重力解除」テクノロジーの別名だと分かる。「磁気重力解除」という言葉はコーリー・グッドが秘密の軍用シャトル機について語ったときに使ったもので、レーガンが1985年の日記で触れているのはこのシャトル機のことと思われる。

MFDテクノロジーによってTR-3Bの重量が減り、他の推進システム――通常のジェットエンジンやスクラムジェット、そして電気重力《エレクトログラビティクス》――が必要な推力を提供するなら、TR-3Bはアメリカ軍のどの航空宇宙機よりも優れた性能を持つことになる。

> MFDは、円形加速装置内の質量に対する地球の重力場に妨害作用を及ぼす。その結果、円形加速装置そのものの質量および加速装置の内側にあるもの――乗員カプセル、アビオニクス機器、MFDシステム、燃料、乗員環境システム、原子炉など――の全質量は89パーセント減る。
>
> これによってTR-3Bは驚くほど軽くなり、これまで作られたいかなる航空機よりも優れた性能と機動性を持つことができる。ただし、私たちが作っていないUFOを除けば、だが。TR-3Bは高高度で無限に働き続けられるステルス偵察プラットホームである。ひとたび打ち上げれば、その高度を維持するのにさほどの推力は必要としない。*56

フーシェによればＴＲ‐３Ｂは無音のまま空中停止できる。

ある友人から聞いた話だが、彼はパプースにベースを置くＴＲ‐３Ｂを見ているエイリアンを目撃したことがあり、その光景が忘れられないという。真黒な三角形のＴＲ‐３Ｂが彼の働いていたグルーム・レイクで話題に上ることはめったになかった。仮に話題に上ったとしても、ひそひそ囁《ささや》かれるだけだった。彼が見たその機体はグルーム・レイクの滑走路上空をまったくの無音で飛んでいき、エリアＳ‐４の上で停止した。そこでやはり無音のまま10分ほど停止し続け、そのあと垂直に滑走路に降りた。重量感に満ちたＴＲ‐３Ｂの周囲ではときおり銀青色のコロナが光を放っていた。機体は直径６００フィートほどの大きさだった。*57

ＴＲ‐３Ｂの周囲で光を放っていたとここで書かれている「銀青色のコロナ」は、ＴＲ‐３Ｂが電気重力《エレクトログラビティクス》、あるいは、きわめて強い電磁場を発生させる「磁場ディスラプター」テクノロジーを使っていた証拠と言えるだろう。さらに、ＴＲ‐３Ｂがベースにしていた場所がエリア51のＳ‐４と呼ばれるパプース・レイク施設だったという話は、ボブ・ラザーが１９８９年に反重力テクノロジーを開発する極秘の航空宇宙計画の中で働いていたときに経験したことを証拠立てる。

ラザーはインタビューで、重力場はさまざまな方法で人工的に作り出すことができ、それは宇宙船に応用されていると述べている。[*58] S-4で行なわれた計画についてのラザーの証言は、TR-3Bがオーロラ計画の他の2つの航空機（SR-75とSR-74）よりはるかに洗練された反重力テクノロジーを持つことを示唆している。

SR-75とSR-74は、B-2やF-117、F-22、F-35などの高度な航空機同様、推力のレベルを変える電気重力《エレクトログラビティクス》を含んではいたが、TR-3Bのように長い時間空中停止する能力はなかった。これはTR-3Bが、本来推力であるところの電気重力《エレクトログラビティクス》よりもはるかに大きく重量を軽減できる反重力システムを持っているためであると思われる。前出のフーシェの言葉にあるように、「磁場ディスラプター」は重量を89パーセント減らすことができ、そのおかげでTR-3Bのような大きな宇宙船も通常の推進システムで空中停止できるのだ。

TR-3Bが存在する証拠は、1989年11月29日から1990年4月にかけてベルギーとイギリスで黒い三角形の物体を見たという目撃情報が続いたことだ。警察官を含む数百人の目撃者が空を飛ぶ大きな三角形の物体を目にし、写真に撮った。多くの目撃情報を調査したベルギー空軍は、1990年3月30日の出来事について詳しい記録を残している。

1990年3月、ブリュッセルから数マイル南にある軍のレーダーが正体不明の大きな物体を捉えた。最も近い空軍基地ボーベシャンから2機のF-16戦闘機が迎撃のために緊急発進した。Ｆ-16は３０００フィートまで上昇したところでレーダーに従ってそれを自動追尾し、「明確な形を持つ未確認飛行物体（ＵＦＯ）」に攻撃を加えたと基地に報告した。しかしそのとき、突然その物体は驚くべき行動に出た。

Ｆ-16に搭載されたレーダーのスクリーンは、ダイヤモンド型のものが突然時速６００マイルに加速したのち、不意に１７０マイルに速度を落とすのを映し出した。次にそれは2秒で３３００フィートまで下降したと思うと、瞬時に時速１７０マイルから時速１１００マイルに加速した。音はまったくしなかった。機内の計器はその物体が、人体を一瞬にして破砕できる46Ｇ——重力の46倍の力——で離れていくのを示していた。それは西へ向かってイギリス海峡を越え、ケント州方向へと夜の闇に姿を消した。パイロットたちは65分の間に15枚の写真を撮った。しかし音速の2倍以上のスピードが出るＦ-16をもってしてもそれを追跡することはできなかった。[*59]

フーシェによると、ベルギーの空を飛ぶ三角形の物体の写真と彼がかつて見たＴＲ-３Ｂの概略図を比べてみると、2つは紛れもなく同じものだった。

ＴＲ-３Ｂのオリジナルの写真は、秘密特殊作戦に参加していたＣ-１３０に持ち込まれたデジタルカメラで撮影された。空軍の特殊作戦に従事していた軍曹が、ＴＲ－３Ｂサポート任務でＣ－１３０に乗っていたときに撮影したのである。私はこの写真を直接見て、この任務に就いた何人かから話を聞いた。そして自分の考えに自信を持った。読者も、ベルギーの写真とヨーロッパで目撃されたもののコンピューター画像、そして目撃者からの話を基に私が作成した概略図からこれがＴＲ－３Ｂであると分かるだろう。*[60]

特に意味深いのは、ベルギーの空を飛んでいた三角形（ＴＲ－３Ｂ）がＦ－16戦闘機の計器で46Ｇを示していたという点だ。これは人が失神するレベル（９Ｇ）をはるかに超えた数値だ。*[61] 16Ｇになると人は１分かそこらで死に至る。*[62] 戦闘機から緊急脱出するときのような短時間の重力加速度の場合は32Ｇが安全の限界と考えられている。

アメリカ空軍のジョン・ポール・スタップ大佐は、ロケットそりに革ひもで自分の体を縛りつける実験を何度か行なったことがある。その結果、人がその場を離れることのできる重力加速度の限界は32Ｇであるという結論に至った。それが戦闘機のシートの設計で使われる加速度の基準になった。*[63]

ベルギーで撮影された空飛ぶ三角形（ＴＲ－３Ｂ）の目撃例は、反重力テクノロジーがフーシェの言う「磁場ディスラプター」テクノロジーと共に航空機および乗員の重量と慣性を大幅に減らしたことの強力な証拠である。このような航空機の乗員がどうやってその加速度や重力加速度の中で平気でいられるかをこれは説明してくれる。

フーシェによれば、TR-3Bは1990年代初めに使われだし、94年までに3機が任務に就いていた。ここから、1989年から90年にかけてベルギーで目撃されたのは初期の試作機の試験飛行だったかもしれないし、あるいはTR-3Bはすでにソ連か「他の国」でひそかに開発されていたとも推測できる。この点についてコーリー・グッドが答えを提供してくれている。TR-3Bは、もっと機密度の高い宇宙計画から米軍の宇宙計画へのお下がりだ、と彼は言っているのだ。

TR-3Bは完全に旧式のテクノロジーと考えられていて、「秘密地球政府」とそのシンジケートの「エリート」たちに「お下がり」としてよくプレゼントされています。「付き合い用ジェット機」のようなものです。TR-3B(とその後に生まれたモデル)と同じ形のものを作るもっと新しいテクノロジーがたくさんあります。みんながぶっ飛ぶようなテクノロジーがね。[*64]

記憶にとどめるべきは、TR-3Bが任務に就き始めたとフーシェが言う時期は、レーガンのコメント——アメリカは宇宙飛行士300人を宇宙軌道に打ち上げて宇宙に滞在させることができるというコメント――を書いた1985年よりだいぶ後だということだ。

レーガンの日記は、ここまで書いてきた航空機以外の宇宙船で秘密の宇宙飛行士たちを地球の周回軌道に滞在させていることにそれとなく触れている。TR-3BやSR-74、SR-75はエリア51のグルーム・レイクやパプース・レイクで開発されている航空宇宙テクノロジーの現状を表しているように見えるが、これらはレーガンが言及している秘密宇宙計画に加わるには不十分か、あるいは時代遅れだった。

レーガンの1985年の日記についてグッドが言うように、エリア51で製造された通常の液体燃料推進システムと電気重力《エレクトログラビティクス》や「磁場ディスラプター」テクノロジーを用いたハイブリッド宇宙船以外に、開発が続けられているずっと機密度の高い宇宙船があるのだ。オーロラ計画は、フーシェが言うような1990年代にエリア51で開発された最も高度な航空宇宙テクノロジーというよりは、どこか他のところで開発されているはるかに機密度の高い宇宙計画の隠れみのだった。

軍および情報コミュニティーは、機密扱いの計画を別のより機密度の高い計画の隠れみのとして利用することがあるという考えを裏づけるのがNSA（国家安全保障局）の漏洩文書だ。2014年10月10日、ピーター・マースとローラ・ポイトラスが『ザ・インターセプト』「ポイトラスらのオンライン・マガジン」でNSAの極秘計画に関係するパワーポイント・スライドを公開した。最初エドワード・スノーデンがリークしたこのスライドを含むドキュメントは、「特別管理情報」（ECI）に区分されるNSAの最もセンシティブな計画を覆い隠すための包括用語（アンブレラ・ターム）として「セントリー・イーグル」計画を使っていたことを明らかにしている。スライドのいくつかを見ると、ＥＣＩ内の複数の計画が機密度の低い計画の下に置かれていたことが分かる。

　エリア51のセキュリティーを担うＣＩＡの活動は、開発および試験下にある航空宇宙計画における情報コミュニティーの卓越した役割を示している。ＮＳＡのドキュメントは、機密指定のある航空宇宙計画が別の極秘の航空宇宙計画の隠れみのとして利用され得ることを明らかにする。これは、例えばＳＲ－71「ブラックバード」のような初期のステルス偵察機が、通常システムと電気重力《エレクトログラビティクス》のハイブリッドのより高度な航空機開発の隠れみのとして利用されたことを意味する。こういったハイブリッド航空機の中にはＢ－２「スピリット」爆撃機が含まれていた。ひょっとしたら、エリア51でテストされたＦ－35「ライトニング」その他も含まれているかもしれない。

　これらのハイブリッドエネルギー航空機は、それ自体、もっと機密度の高いオーロラ計画——ＳＲ－75、ＳＲ－74を含む——の隠れみのに使われていた。ＳＲ－75とＳＲ－74はそれぞれ超音速機、超音速宇宙船であり、後者は人工衛星を地球の低周回軌道に乗せることができた。ＳＲ－75とＳＲ－74のステルス・テクノロジー、およびその超音速性能は、両機がハイブリッド推進システムに電気重力《エレクトログラビティクス》を組み入れていたことを示唆する。

　オーロラ計画にはまた、エリア51で仕事をした人々が知る中で最高の機密航空宇宙計画が含まれていた。ＴＲ－３Ｂには「磁場ディスラプター」（ＭＦＤ）反重力テクノロジーが使われ、１９９０年代初めから極秘施設Ｓ－４パプース・レイクの外に配備されていた。しかしオーロラ計画の超

極秘・コミント（訳注：[通信傍受による］通信情報）・対外公開禁止
機密

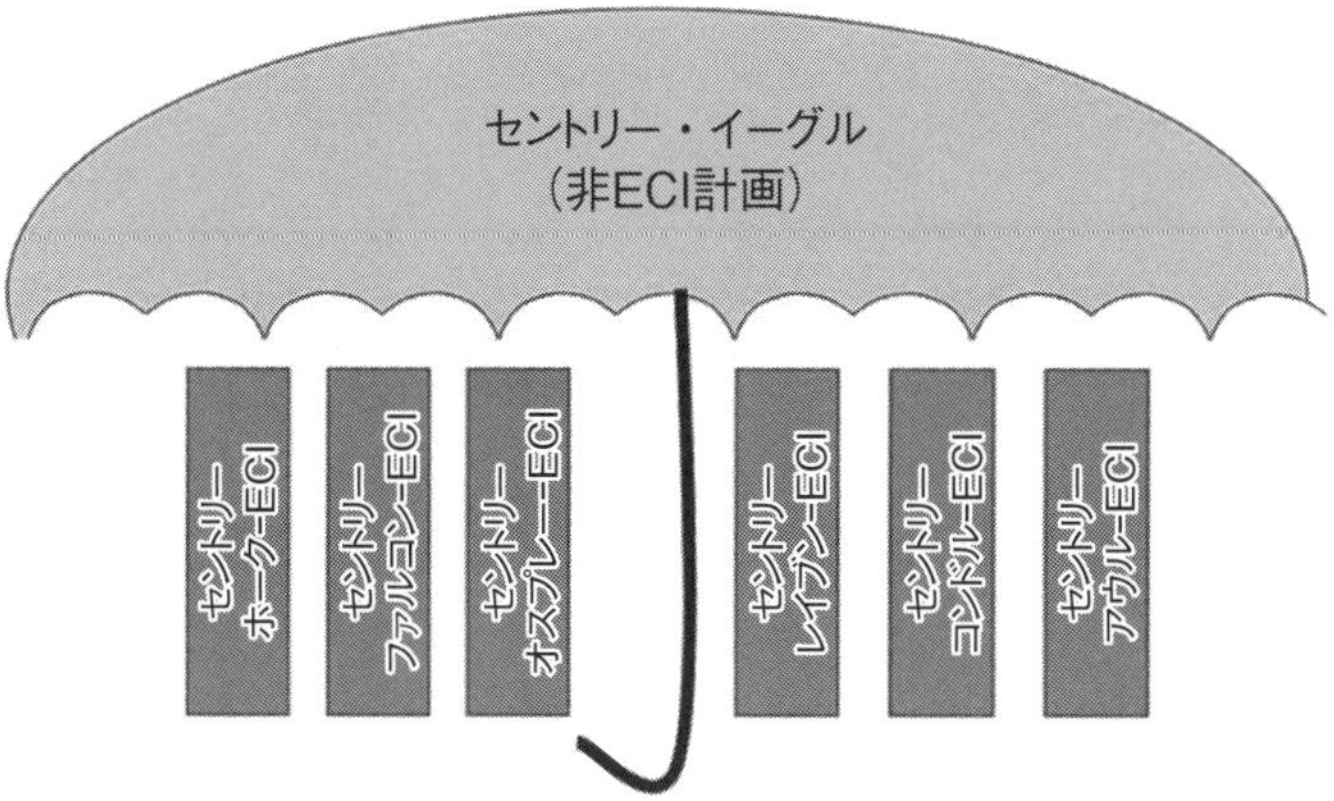

NSA・CSSマニュアル1-52より。2004年11月23日
機密解除：2029年11月23日

図５　「セントリー・イーグル」計画を示す漏洩スライド。DHS（米国国土安全保障省）、DOD（国防総省）、NSA（国家安全保障局）の機密計画が機密度の低い計画の下に隠されていたことが分かる

音速機（TR－3BとSR－74）に、1985年にレーガンが書いた数百人の宇宙飛行士を配備できた様子はない。これが示唆するのは、極秘のオーロラ計画自体がこれよりもっと機密度の高い宇宙計画――遅くとも1985年には実施されていた――の隠れみのだったということだ。

グッドや他の証言者の記録や証言によれば、この秘密の宇宙計画は「無翼」の航空設計と重量を減らす反重力テクノロジー、そしてそれらのテクノロジーをはるかに凌ぐ「時間ドライブ」テクノロジーを結合させている。空飛ぶ円盤あるいは葉巻型の「無翼」の航空機が目撃された最初の記録は1933年にさかのぼる。これは、有名なケネス・アーノルドによるUFO目撃やロズウェルでのUFO墜落事件があった1947年より10年以上も前だ。このことは、グッドが秘密の任務に就いていた1987年から2007年の間に知った5つの秘密宇宙計画の起源は1930年代初期にあるとする彼の言葉と一致する。私たちはその1930年代初期について調べる必要があるだろう。

第2章

秘密宇宙計画の起源：それはなんと1920年代から始まっていた！

秘密宇宙計画の一部である可能性のある秘密の空飛ぶ円盤開発に関するアメリカの最初の文書は、1952年1月3日の空軍メモ（覚書）だ。機密指定のこのメモは、当時アメリカでたびたび目撃されていたフライングソーサー（空飛ぶ皿：いわゆる空飛ぶ円盤）――空軍は「変わった飛行物体（Unusual Flying Object）」と呼んでいた――についてのリポートである。リポートはW・M・ガーランド准将から空軍情報指揮官であるジョン・A・サムフォード少将に宛てられたものだ。ガーランドは次のように述べている。

報告されている目撃事例は、ドイツとソ連の、航空機・ジェット推進技術・ロケット・射程拡大能力の既知の開発と関連づけて考えるのが妥当である。これに関しては、ドイツによるある開発計画、特にホルテン翼［戦前のドイツでホルテン兄弟が開発した主翼のみの全翼機］・ジェット推進技術・燃料補給システムと、第二次大戦中のV-1機およびV-2機の結合が考えられ、この空飛ぶ物体がドイツおよびソ連のものである可能性に注意すべきである。これらは１９４１年から44年にかけて開発が完了し、実戦に用いられたが、大戦の終了によってその技術はソ連の手に渡った。１９３１年から38年にかけてドイツがこの計画を進めていた証拠がある。したがって、ドイツはロケット・ジェット推進技術・ホルトン翼の航空機開発においてアメリカを7年から10年リードしていたと考えることができる。*1

このリポートから、アメリカ空軍は目撃例が急速に増えているＵＦＯ／空飛ぶ円盤と似た高度な航空機をナチスドイツがかつて開発していたことを知っていたのが分かる。

ＵＦＯ目撃の最初の文書はパイロットのケネス・アーノルドによるものだ。アーノルドは１９４7年6月24日に翼のない航空機9機の編隊を目撃し、この航空機を「皿（ソーサー）のような平らな円盤」と表現した。アーノルドのこの言葉は「フライングソーサー（空飛ぶ円盤）」として一般に広まり、一方空軍は「変わった飛行物体（Unusual Flying Object）」とか「未確認飛行物体（Unidentified Flying Object）」という用語を使った。

アーノルドはアメリカ空軍（当時はアメリカ陸軍航空部隊だったがまもなくアメリカ空軍（USAir Force：ＵＳＡＦとなった）に次のような詳しい報告書を書いている。

空はよく晴れていた。2、3分飛んだとき、閃光が機に当たって反射した。他機に接近しすぎたのかと思ってぎくっとした。空を見渡したがその光がどこから来たのか分からなかった。しかし左方、レーニア山の北に奇妙な形の航空機が9機、鎖のように連なって高度約9500フィートを北から南へ飛んでいくのが見えた。（中略）尾翼が見えないのを奇異に感じたが、ある種のジェット機なのだろうと思った。[*2]

ここまで読んだ分には、アーノルドが見たのはホルテン兄弟が設計した全翼のジェット爆撃機──それにも尾翼はなかった──に似ている。ホルテン兄弟の設計した全翼の航空機HO－229はナチ支配下のドイツで1944年3月1日にテスト飛行に成功している。ガーランドのメモもこれに言及している。その全翼機HO－229は1944年に初めて空を飛んだのだ。

しかしアーノルドは、自分が見たのは翼ではなく「皿型」の物体だったとはっきり書いている。

私も山の尾根方向へ飛びながら尾根まで約5マイルと見当をつけたが、実際そうだった。したがって、**皿型の物体**の連なりは少なくとも長さ5マイルあると考えた。物体の連なりのこちら側にいくつか高い峰があり、反対側にもっと高い峰があったので、その通り道を正確に測定できた。[*3]（太字は著者による）

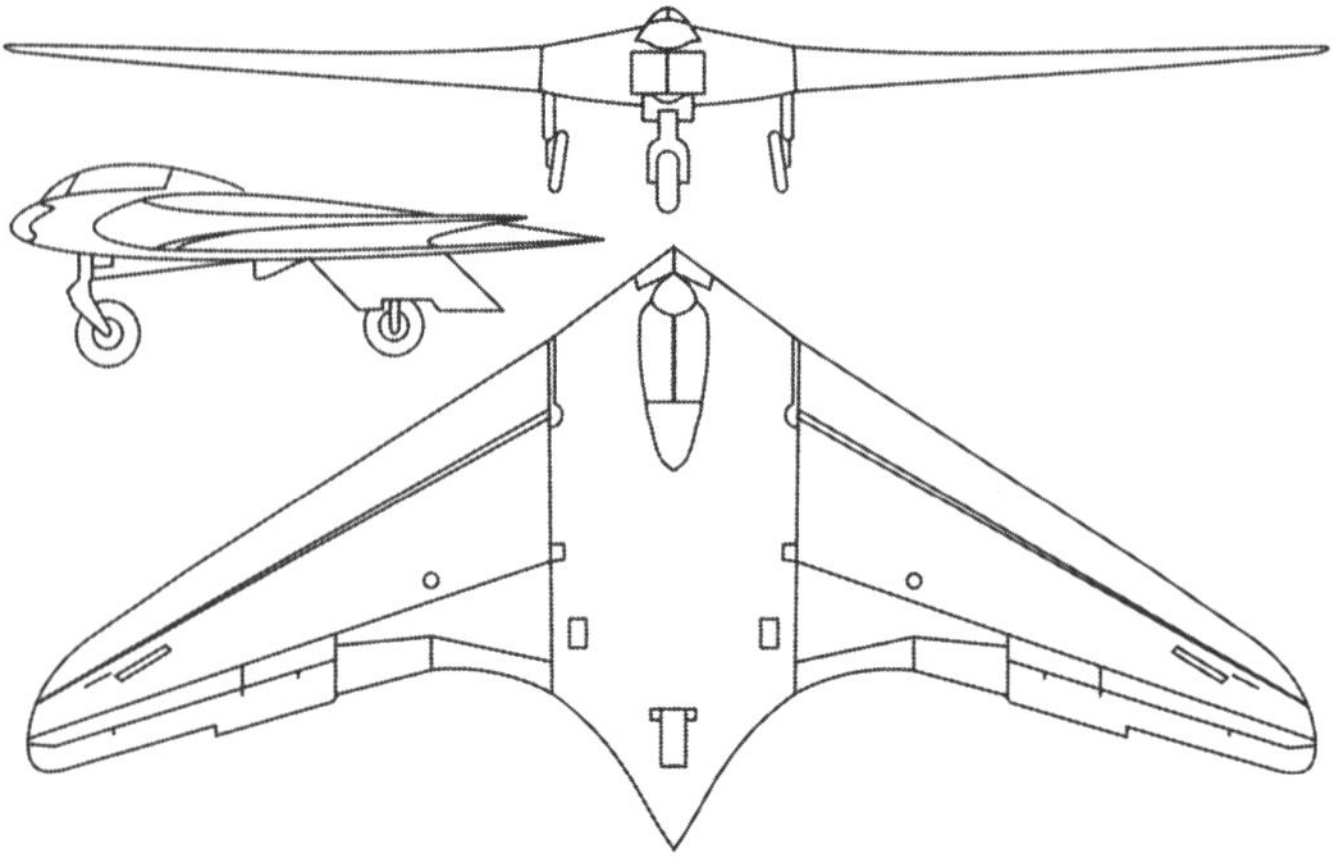

図6　ホルテン HO-229

図7　ケネス・アーノルドが見た飛行物体を自身で描いたイラスト

アーノルドはさらに、似たような皿型の物体が世界中で目撃されていると、次のように述べている。

地上から見た人の説明は正確でないこともあるかもしれない。だが、奇妙な物体を見たという人たちは私が見たのと同じものを目撃した可能性がある。アメリカ各地から、また世界のさまざまな場所から、この物体を見た人々が送ってくれた手紙を私は持っている。*4

「空飛ぶ皿」についてのリポートの多くが、それらは大気圏の高いところを、そして大気圏外にまでも飛ぶことができると書いている。

空飛ぶ円盤に関連する事故で最も有名なのは１９４８年１月７日に起きたトーマス・マンテル大尉の事件だろう。回転しながら移動する皿型の物体をマンテルが追跡しているうちにそれは大気圏を上昇していき、やがて見えなくなった。オハイオ州ロックボーンにある軍の空港にいた目撃者は出来事をこう伝えている。

それは地表近くに降りてきて10秒ほどそこにとどまっていたが、猛烈なスピードでもとの１万フィートの高度に上昇し、１２０度の角度で雲の中へ消えていった。*5

公式の報告書によると、マンテルは酸素マスクを着けないまま高高度まで追跡したために意識を失い、彼の乗った機は墜落した。

空飛ぶ円盤の能力——飛行を不意に止めて空中に停止し、そのあと猛スピードで大気圏から大気圏外へ向かう能力——から、空飛ぶ円盤は秘密の軍事計画などではなく異星人によるものだという考え方が広まった。

しかし、先に挙げた1952年1月3日の空軍のメモ（覚書き）は、そのような巧みな操作で大気圏を通過できる高度な「皿型の」航空機として地球上の別の航空機があることを示唆していた。1941年から44年にかけてナチスドイツがひそかに完成させて配備した高度な計画と関係あるのではないかと書いているのだ。

だがこのガーランド・メモは、アーノルドその他に目撃された「皿型円盤」に似た能力を持つ高度な航空機の開発は1931年初期に始まったと述べている。これはナチ政権や、のちにナチスの秘密の空飛ぶ円盤計画で重要な役割を果たすナチス親衛隊（SS）発足の2年前である。ナチスドイツ成立前の1931年に、空飛ぶ円盤の原型を研究・製造するための資金や知識、技術を持っていたのは誰なのだろう。

高電圧静電学と高周波回転プラズマの研究者シューマン教授がナチスドイツからアメリカへ……

１９１２年、ビンフリート・オットー・シューマンは高電圧テクノロジーに関する論文で博士号を取得し、第一次世界大戦が始まるころまでブラウン・ボベリ・ツィー社の高電圧研究所で働いた。[*6] その後の１９２０年にシュツットガルト工科大学で教授の資格を与えられ、研究助手を務める。そのあとすぐにイェーナ大学の教授となり、１９２４年まで在籍。次いでミュンヘン工科大学の正教授として電気物理学研究室の室長になり、１９６１年に退職するまでその地位にあった。この研究室はのちに電気物理学研究所に昇格している。

ミュンヘン工科大学電気物理学研究室でのシューマンの研究を要約すると次のようになる。

企業で働いているときは主に気体、液体、固体状態の破壊電界強度を扱い、ミュンヘン大学では関心は高周波テクノロジーとプラズマ物理学に拡大した。きわめて注目すべき一連の研究発表で、シューマンは研究室の同じ条件下での電離層とプラズマの振る舞いについての研究を公にした。[*7]

1931年の初期、電気物理学研究室の室長としてのシューマンの地位とその専門知識は、高電圧静電学と高周波回転プラズマ原理に基づいた空飛ぶ円盤を作るための民間事業をリードするのに理想的だった。第1章で高電圧静電気の帯電は推力を生み出し、それはB－2「スピリット」爆撃機のような機密のハイブリッド推力航空機に利用されていることを示した。そしてまた、高圧のリング内で毎分5万回回転する水銀をベースにした高エネルギーのプラズマは、回転するプラズマの周縁内のすべてのものの重量を89パーセント減らせることも示した。これらの原理は「磁場ディスラプター」（グッドの言う磁気重力解除テクノロジー）で使われているとされ、エドガー・フーシェによれば極秘指定のTR－3Bに組み込まれている。

シューマンのユニークな技術と高度な航空計画および空飛ぶ円盤への直接的関連性は、第二次大戦直後に起きたことによって確証される。シューマンは極秘計画「ペーパークリップ」作戦のもと、アメリカに招かれた。この作戦は、アメリカで高度な航空宇宙およびロケット産業を進めるためにナチス下にいた科学者をリクルートするものだった。アメリカ空軍の機密計画に関連する技術を持っているとして要請されたドイツ人のリスト上にシューマンの名があることが、情報公開法によって公開された文書で確認されている。*8

シューマンは1947年から48年にかけてライト・パターソン空軍基地で彼の専門領域に関係する機密計画に関わった。それは空軍が主導する大規模な電磁電荷および高度航空計画で、ナチスから回収した車両や航空機に関係するものだった。ガーランド・メモが示唆するように、ナチ政権の

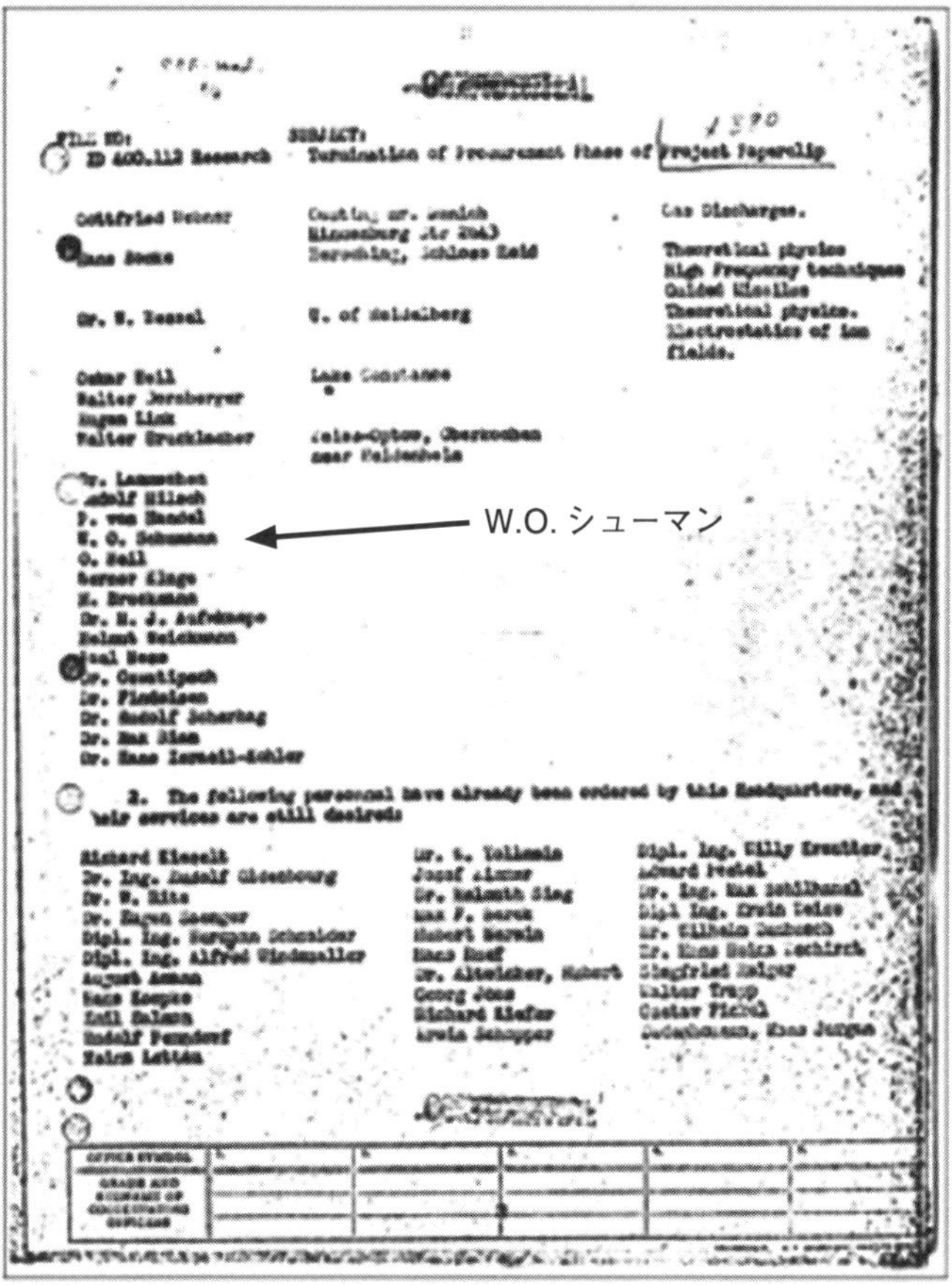

FILE NO: ID 400.112 Research

SUBJECT: Termination of Procurement Phase of Project Paperclip

Theoretical physics
High Frequency techniques
Guided Missiles
Theoretical physics.
Electrostatics of ion fields.

W. O. Schumann

2. The following personnel have already been ordered by this Headquarters, and their services are still desired:

1947年6月6日の3ページにわたる機密扱いの「ペーパークリップ」作戦メモの2ページ目。オハイオ州デイトンにある施設での機密研究のために空軍から要請されたドイツ人のリスト。第二次大戦戦後、ドイツでシューマンの事情聴取を行なった結果、彼の専門領域が米空軍による外国の秘密テクノロジー研究にとって重要とみなされた証拠。
出典：リチャード・ソーダー著『Hidden in Plain Sight（ありふれた風景に隠されて）』（2011）

図8　「ペーパークリップ」作戦文書にあるシューマンの名前

航空計画は空飛ぶ円盤現象とつながるものがあると考えられていた。
のちの1950年代、シューマンはシューマン共振を計測する研究で広く知られるようになった。シューマン共振は、地表と電離層の間の空間で雷が生み出す持続的な電磁波が関係している。NASAは地球を取り巻く空間のこの現象を検知するシューマンの役割と、それのアメリカ海軍にとっての重要性をこう述べている。

地上のこの空間の共振性を最初に予測したのはドイツ人物理学者W・O・シューマンで、1952年から57年の間のことだった。1954年にはそれがシューマンとケーニヒによって初めて検知された。この現象の最初のスペクトル表現を作成したのはバルサーとワグナーで、1960年のことだった。過去20年間の研究の多くは、潜水艦の極低周波通信を調査研究している海軍によって行なわれている。*9

地球大気中の電磁波の振る舞いを計測するシューマンの業績はよく知られているが、それ以前の電気物理学研究室とライト・パターソン空軍基地での仕事はあまり知られていない。この時期の彼の研究を裏づける資料は公開されていない。少なくともインターネットでは手に入らない。
これは、シューマンが「ペーパークリップ」作戦の極秘計画にリクルートされた科学者だったことを考えるならそう驚くことでもない。ライト・パターソン空軍基地での彼の仕事は、おそらく彼の専門――大きなスケールの電荷とプラズマ物理学――およびこれらがナチスの高度な航空計画における新種の推進テクノロジーにどう応用されたかに関係があったはずだ。そして空飛ぶ円盤現象にも。

シューマンがビーフェルド＝ブラウン効果に精通していて、静電気の大きな電気量が反重力機に必要な推力を提供できることを認識していたのは間違いない。また高エネルギープラズマ物理学の専門家であったことから、回転する高エネルギープラズマの反重力効果と関連する原理も熟知していただろうことが推測できる。

ライト・パターソン基地におけるシューマンの秘密の仕事は、ビーフェルド＝ブラウン効果の詳細な研究と、それがアメリカに持ってきたナチスドイツの極秘航空機にどう応用されていたか、そして反重力推進テクノロジーを使った宇宙船、こういったことに関係していた可能性がきわめて高い。彼の仕事には、回転プラズマに関連する事柄、そしてフーシェおよびグッドの言う「磁場ディスラプター」／「磁気重力解除」テクノロジーが持つ回転プラズマの重量削減効果に関連する事柄が含まれていた可能性もある。

ガーランド・メモの１９３１年への言及は、おそらくドイツ航空機における空飛ぶ円盤事象に触れた最初のものであり、それが述べているのはミュンヘン工科大学のシューマンの電気物理学研究室で開発あるいは研究されていた空飛ぶ円盤テクノロジーのことである可能性が高い。アメリカ国家偵察局で働いていたというダン・モリスは、1931年に空飛ぶ円盤が回収されたことについて記した文書を見たと述べている。

ドイツは1931年と32年に2機のUFOを回収し、今我々がやっているように再製作（リエンジニアリング）を始めた。ドイツは技術が進んでいて、戦争が始まる前にもうUFOを1機使っていた。彼らはそれを「アン・ディー・ドゥー」――正確には発音できないが――と呼んでいた。「1」と「2」の意味だ。「2」は直径30フィートから40フィートでボールが3個ぶら下がっており、ボールは弾むように上がったり下がったりした。[*10]

モリスが語っているのは明らかに有名な「ハウネブ」のことである。ナチスドイツはのちにこれを発展させ、試験飛行も成功させたと彼は言う。しかし1931年はヒトラーが権力を握る2年前である。もし1931年と32年に空飛ぶ円盤が墜落したとするなら、それらの製造について異なる2つの説明が考えられる。1つはドイツの民間資本によって開発された初期の原型である、というもの。もう1つは地球外から来た、というものだ。シューマン博士は、新たに開発するのであれあるいは再製作するのであれ、いずれにしろ皿型の航空機の研究に参加するのに最も適した科学者の1人だっただろう。ここからいくつか疑問が生まれる。シューマンはどこから空飛ぶ円盤の原型製作のアイデアを得たのか？　そして墜落した2機の空飛ぶ円盤はどこからやって来たのか？

ブリル協会の秘密宇宙計画：エリア51で目撃されたのはブリル宇宙船だった

シューマンの空飛ぶ円盤研究が1920年代初期に始まったことを示唆する情報は複数ある。それらによると彼の研究はブリル協会創設者マリア・オルシクとの共同研究が基礎になっていた。CIAのある諜報員――「スタイン」あるいは「クーパー」という偽名を使うか「アノニマス（匿名）」を名乗っている――は「ブリル宇宙船の最初のものは1920年代初めにさかのぼる、という情報を見たことがある」と明かしている。[*11]

彼が最初に受けたインタビューはUFO研究の大御所リンダ・モルトン・ハウによるもので、1998年のことだった。彼女による一連のインタビューをテープ録音したあと彼は正体の分からない政府機関に脅され、2013年に戻るまで人前から姿を消すことを余儀なくされた。スタイン／クーパーは現在77歳で腎臓に深刻な病を抱えており、余命数カ月とされている。今「アノニマス」を名乗る彼は、UFO研究家のリチャード・ドランのインタビューを受けることを承諾した。ドランはアメリカ議会の前議員6名が主催する2013年の「市民からの情報聴聞会」で彼の証言ビデオを公開している。[*12] ドランとハウと聴聞会の主催者たちは、彼の目撃証言は信用できるという確信を持った。

1958年にCIAに入る前、スタイン／クーパーは米軍信号訓練センターで訓練を受け、軍の暗号解読者として働き始めた。彼の最初の任務は、ベルボワール駐屯地にある空軍基地から送られてくるＵＦＯと地球外生命についての資料を調べることだった。この資料は、のちに公開されたライト・パターソン空軍基地での「ブルー・ブック」計画の資料とは別のものだった。

スタイン／クーパーによると、１９５８年にエリア51のＳ－４施設で極秘任務に就いていたときに一緒にいたＣＩＡの上官および他の諜報員３人と共にナチスの空飛ぶ円盤を目にし、そのうちの２機はブリル製だった。

エリア51で私たちが見たもののうち手前の２機はよく似ていました。わりあい小型で、後方のものほど大きくはありませんでした。ジム大佐が小型の２機は「ブリル機」だと言いました。私たちは「ブリル」とは何かと大佐に尋ねました。大佐が言うには、１９２０年代から30年代にかけて作られたドイツの空飛ぶ円盤だということでした。[*13]

グッドは、秘密の宇宙計画で働いているときに読んだブリーフィングに最初の空飛ぶ円盤の原型はマリア・オルシクとブリル協会が作った、と書かれていたと証言しているが、[*14]それとスタイン／クーパーのこの証言は一致している。

ブリル協会とオルシクに関する情報は闇に包まれている。オルシクの公の活動――とりわけ１９

19年に彼女が創設したとされるブリル協会の活動——を確認できる記録はまったくない。オルシクとブリル協会に関する文書は存在せず、論議の的となっている。

これはきわめて不可解だ。オルシクとブリル協会、そしてそれへのシューマンの関わりに関する記録情報は、まるで歴史から意図的に消し去られたかのように見える。しかし、オルシクとブリル協会は空飛ぶ円盤の設計構想をアルデバランから来たと称する地球外生命とのコミュニケーションから得たとグッドやその他の証言者は言う。それが正しいとするなら合点がいく。これが真実なら、ドイツその他の国の秘密結社がなぜこの情報を外部に漏らさなかったのか、そしてのちにアメリカその他の国の政府がなぜこれを極秘扱いしたかが分かる。

ブリル協会の空飛ぶ円盤計画が秘匿された理由は複数ある。*15　1つ目は、オルシクは大国が高度な兵器を作るのにこの情報を利用するのを恐れ、適切な人々にだけ情報を伝えようとしたとされること。2つ目は、シューマン博士のような協力者たちが自らの名声に傷がつくのを恐れたこと。彼らは、超自然的な手段で得られた情報を基にした航空機の開発のために重要な科学知識を利用していると知られたくなかったのだろう。3つ目は、オルシクと違ってナチス親衛隊（SS）が超強力な兵器の開発につながる秘密の情報を非常に重視したこと。最後に、第二次大戦で勝利を収めた連合国側が、ヒトラーの空飛ぶ円盤計画と彼の兵器が世に知られないよう望んだことだ。

次に来る情報は、ブリル協会とオルシクについての記録を見た、あるいはブリーフィングを受け取ったとするものである。これらの情報源は文書としては存在しないが、最初の秘密宇宙計画だった可能性のある事柄に関して興味深いことを教えてくれる。そしてまた、オルシクとブリル協会による秘密の空飛ぶ円盤計画に関するグッドの情報を確証する。

ドイツの秘密結社：ブリル、トゥーレ、ブラック・サン

ブリル協会についてはしっかりとした文書がないためにその創設年月日について、さらにはそもそもこの協会が存在したかどうかについても論争がある。しかしその創設と活動に関する逸話風の情報はあまた存在する。そういった情報によれば、ブリル協会の創設は1919年で、裕福なドイツ貴族たちによるトゥーレ協会（トゥーレ・ゲゼルシャフト）と称する神秘主義的組織の支流だったとされる。

トゥーレ協会は、1912年創設の「ゲルマーネンオルダー（チュートン騎士団）」の一派として1918年にルドルフ・フォン・ゼボッテンドルフ男爵によってミュンヘンで設立された[*16]（元々の「チュートン騎士団」は16世紀に解体しており、ここで言う「チュートン騎士団」はかつてのそれを引き継ぎたいと考えた人物により樹立されたもの）。トゥーレ協会は、ミュンヘンで生まれた「ドイツ労働者党」の創立（1919年1月5日）を援助したことで知られている。アドルフ・ヒトラーはこの党の55人目の党員となり、その弁舌の巧みさによって党執行委員会の7人目の委員になった。ドイツ労働者党は1920年2月24日に国民（国家）社会主義ドイツ労働者党（ＮＳＤＡ

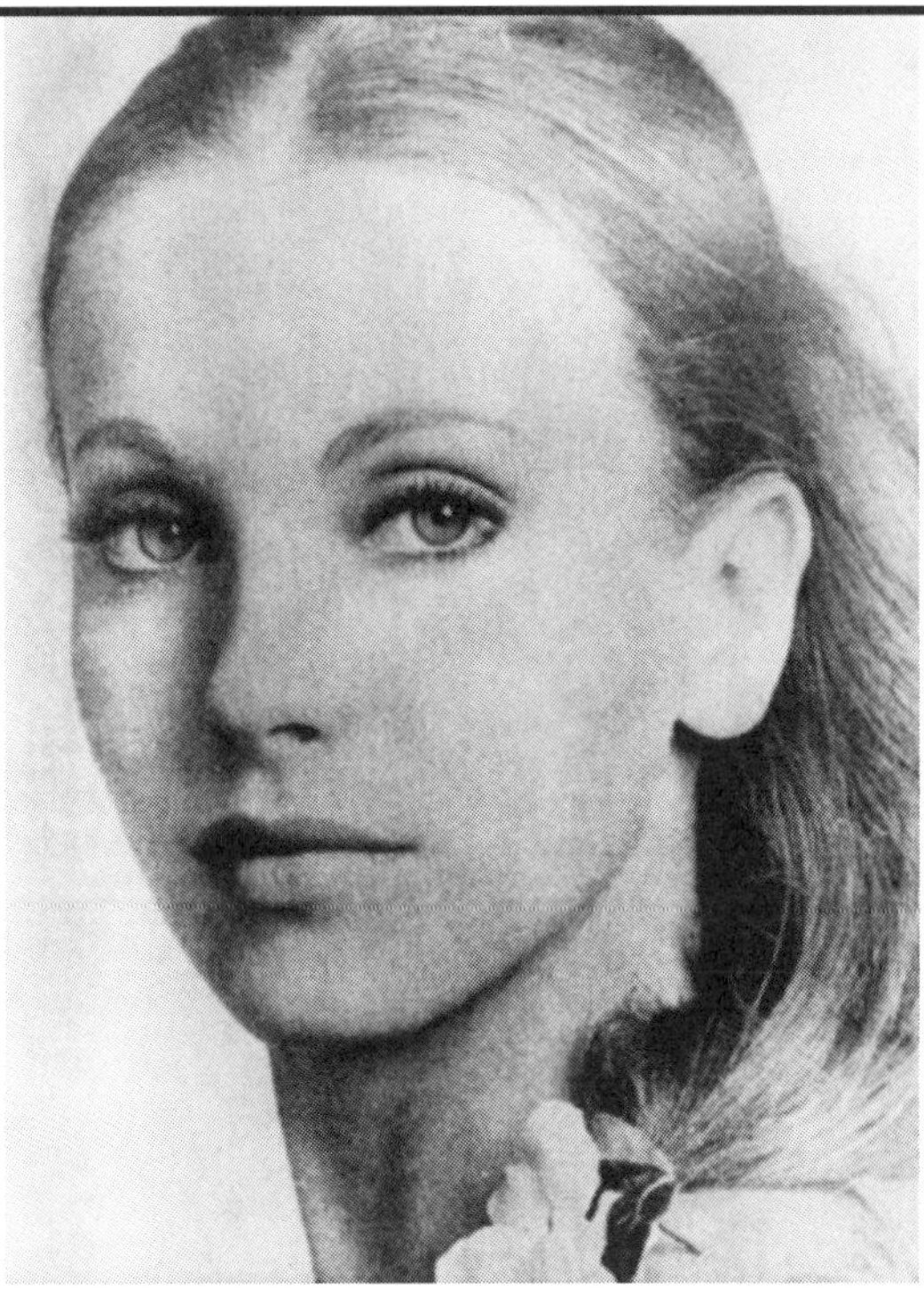

図9　マリア・オルシク　　出所：不明

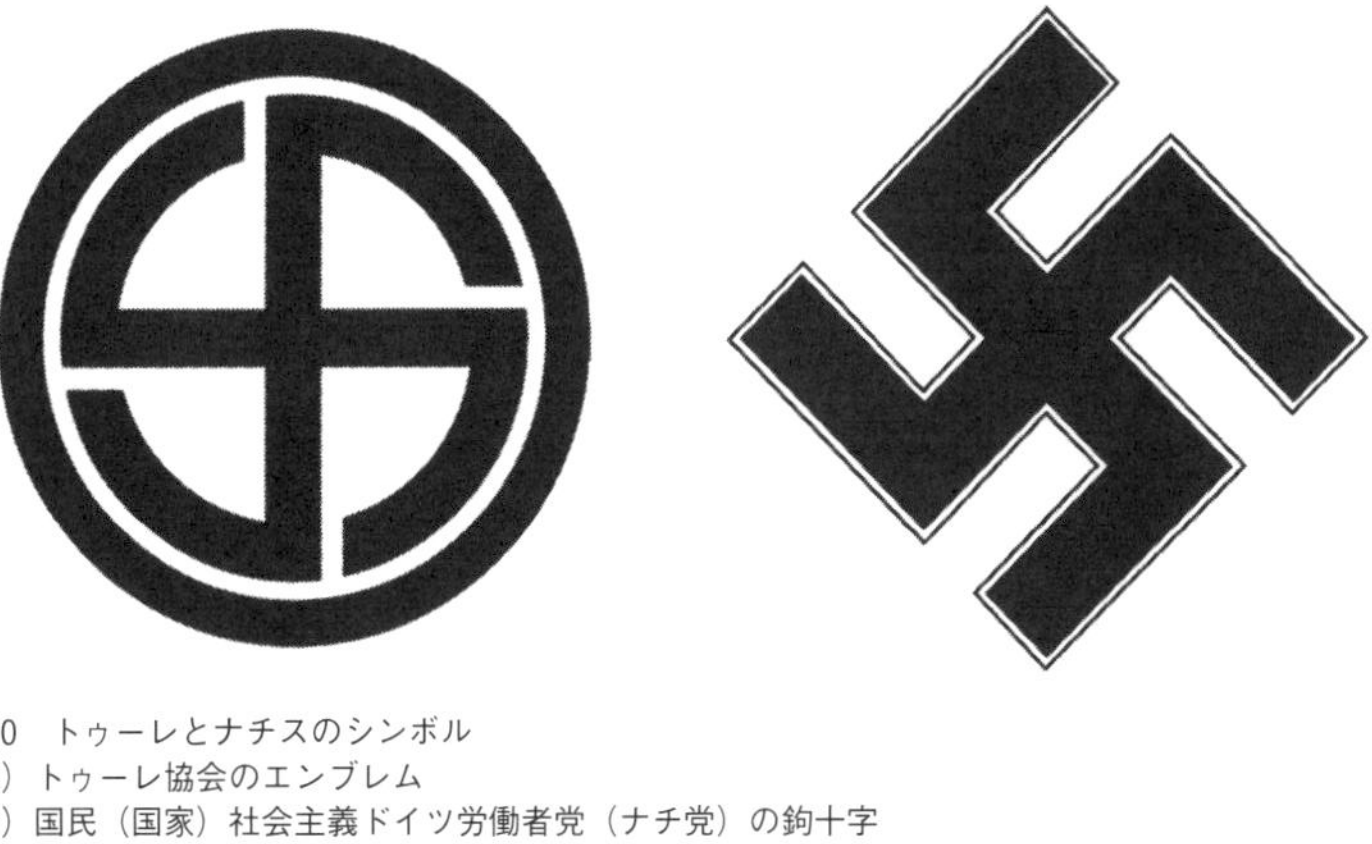

図10　トゥーレとナチスのシンボル
（左）トゥーレ協会のエンブレム
（右）国民（国家）社会主義ドイツ労働者党（ナチ党）の鉤十字

P つまりナチ党）と名前を改めた。[*17]

トゥーレ協会のリーダーたちは、第一次世界大戦の灰の中から神秘主義的原理を基にしたドイツ人国家を打ち立てることでこの新しい党を背後で操ることができると考えていた。トゥーレ協会のエンブレムは、のちにヒトラーとナチ党が採用した鉤十字の1バージョンである。ナチ党で重要な地位に昇ったトゥーレ協会のメンバーにルドルフ・ヘスがいる。彼は1933年にナチ党副総統に任命され、1941年に――失敗に終わった――和平交渉のためにイギリスへ飛ぶまでその地位にあった。[*18]

トゥーレ協会はギリシアやローマの伝説に登場する「ハイパーボーリア」と呼ばれる極北の進んだ文明の存在を信じていた。その古い首都の名が「ウルティマ・トゥーレ」である。トゥーレ協会のメンバーは、ハイパーボーリア人がアーリア人の祖先であると信じていた。メンバーの考えではハイパーボーリア人は古代文明が生み出した「ブリル」エネルギーを活用でき、そのエネルギーは未来のテクノロジーに必須のものである。トゥーレ協会のメンバーはそういったテクノロジーが世界のさまざまな場所に隠されていると信じていた。それから十数年後、ナチス親衛隊（SS）はトゥーレ協会のこの考え方を取り入れてSSアーネンエルベ（「父祖からの遺産」の意味）と呼ばれるエリート教育機関で利用した。[*19] アーネンエルベは、アーリア人種のルーツと古代文明で使われていたテクノロジーを記した手書き文書を見つけるために、チベットやペルーなどに探検隊を派遣した。

トゥーレ協会のリーダーたちはエドワード・ブルワー＝リットンの１８７１年の小説『来るべき種族』の研究を熱心に支援した。[*20] この小説では、人間の未来を決定するのはブリルの力を最もよく理解し、利用できる人々である。リットンのこの本は、１８７５年にニューヨークで創設された神智学協会の会長ヘレナ・ブラバツキーなども推奨していた。[*21]

以下に要約するこの小説には、トゥーレ協会のリーダーやその後のナチス親衛隊将校たちが信じたブリルの力が描かれている。

主人公（語り手でもある）は若く気ままな旅行者で、あるとき地下世界に入り込むが、そこには自分たちをブリル＝ヤと称する天使に似た存在が住んでいる。主人公はやがて、ブリル＝ヤはノアの洪水以前の文明人の子孫で、トンネルでつながる地下空間で暮らしているると知る。そこはテクノロジーが支えるユートピアで、主要なテクノロジーは「ブリル」と呼ばれる「宇宙的流動体」——エネルギーの目に見えない源——である。ブリルによって霊的に高められた存在は、遺伝的な素質に応じ、意志を訓練することによりブリルをマスターしてそれを意のままにコントロールできる驚くべき力を得る。意志のその力は生物や無生物を治癒・修復し、変え、破壊することができる。とりわけ破壊する力は恐るべきもので、ブリル＝ヤの子どもの中には、必要とあらば都市全体を消し去ることのできる者もいる。ブルワー＝リットンがブリル＝ヤはまた完全なテレパシー能力を持っている。*22

重要なのは、ブルワー＝リットンがブリル＝ヤはコミュニケーションの主要な手段としてテレパシーを使っていたと強調していることだ。テレパシーは、ブラバツキーのような欧米の神秘主義者たちがブリルの力を理解し利用するのに必要な高度な知性のしるしと信じていたものだ。その結果トゥーレ協会は、明白なテレパシー能力を示す者の主張に重大な関心を払うようになる。

オルシクは1917年にウィーンでゼボッテンドルフおよび3人のトゥーレ協会メンバーと会ったとされている。彼女のテレパシー能力が関係する超常的な事柄について議論するためだった。*23 その結果トゥーレ協会のメンバーはオルシクの驚くべきテレパシー能力を知ることとなった。彼女は完全なトランス状態になり、さまざまな異世界の存在とコミュニケーションができたのだ。

オルシクは1919年にミュンヘンへ移り住み、ゼボッテンドルフおよびトゥーレ協会と交流するようになった。トゥーレ協会のリーダーたちはオルシクや彼女のような人間たちはブリルの力を理解し、利用するのに重要なカギになると信じた。彼らは、オルシクやオルシクがミュンヘンで自分の周りに集めた同じように超常的な能力を持つ若い女性たちのグループを熱心に支援した。オルシクが「メタフィジックス（純正哲学）のための汎ドイツ主義協会」を設立したとされるのはこの時期である。この名称はのちにブリル協会（ブリレリンネン女性協会）と改められる。*24 しかしヒトラーが秘密結社を非合法化した1941年にはまた名称を変える。オルシクはこれをビジネス組織として登録し、「ブリル推進力工場」という名前にした。[*25] この組織に属していた霊力を持つ女性たちは異世界の存在とのコミュニケーション力を磨き、ブリルの力を高めることに励んだ。

１９１９年のうちにオルシクはアルデバラン星系から来たという存在との交信を開始する。彼女は自動書記によって技術的情報と思われるものを未知の２つの言語で大量に書き記した。一方の言葉は彼女にはまったく分からなかった。もう一方は有名な霊媒「ジークルン」の助けを得て理解した結果、空飛ぶ円盤のクリアなイメージとなった。オルシクとジークルンはそれが宇宙船の作り方を示していると考えた。

その年のうちにオルシクとジークルンはトゥーレ協会の会員たちと会ったが、彼らは自動書記された2つの言語のうち1つは古代シュメール人の言葉だと判定した。オルシクの自動書記を翻訳するために専門家も招かれた。その結果ジークルンの示したイメージが正式に認められたが、それは宇宙船に動力を提供できる革命的なエンジンの作り方の技術を教えるものだった。オルシクと彼女を支援するトゥーレ協会はさまざまな科学者に会って翻訳された情報を見てもらい、科学的に実行可能な内容かどうか判断を仰いだ。[*26]

オルシクの文書を調べたビンフリート・シューマン博士は、科学的に実行可能であると考えたとされる。伝えられるところでは、オルシクとシューマンはその宇宙船建造に関わるさまざまな問題について話し合った。研究者ロブ・アルントによると、１９２２年から24年の間に空飛ぶ円盤の原型の試作が行なわれた。[*27] ここで注目する必要があるのは、1924年はシューマンがミュンヘン工科大学の正教授として電気物理学研究室の室長になった年だということだ。

トゥーレ協会員たちからの寄付を受け、オルシクから提供された構想を基に原型を作ることは──しかも自らのキャリアと名声を傷つけることなく──さほど難しくはなかっただろう。なんといっても彼の専門知識は、高電圧静電気とプラズマ物理学の最先端をいっていた。オルシクの構想に基づいた原型の製作は、高電圧静電気とプラズマ物理学の実用化に多くの知識を提供しただろう。オルシクはそのあともアルデバラン星人と交信を続け、彼らは宇宙船についてさらに多くの知識を伝えたとされる。シューマンは最初の空飛ぶ円盤「異世界飛行機」建造の資金調達のためのプランをまとめた。

トゥーレやDHvSS（「黒い石の王」）のメンバーは裕福な人々ではあったが、シューマン博士は書類作りに2カ月、資金調達に5カ月かけなければならなかった。[*28]

シューマンはビクトル・シャウベルガーの理論に精通していたと言われている。シャウベルガーは自然界にあるエネルギー移転のプロセスとして、爆発（エクスプロージョン）の対極にある内破（インプロージョン）を利用することを考えた。エクスプロージョンは自然の理法に反するのに対し、インプロージョンの原理は自然と調和するという考え方である。インプロージョンの原理を利用すれば、新種のエネルギーを生み出し、同時に重力抵抗効果も生み出せるとシャウベルガーは考えた。彼のアイデアは、彼が取り組んだ各種の空飛ぶ円盤およびオーバーユニティー（フリーエネルギー）のプロジェクトの一部を構成していたという説が、シャウベルガーの詳しい伝記の中で追認されている。*29

第二次大戦後に発見されたSSのものとされる文書によれば、シューマンはシャウベルガーと同じ考え方をしていた。

あらゆる事象には2つの原理がある。光と闇、善と悪、創造と破壊、電気においてはプラスとマイナス。ものごとは常にいずれか一方である。技術にもまた創造と破壊の2つの原理が存在する。破壊的な技術はその源に悪魔的なものがあり、創造的な技術はその源に神聖なものがある。（中略）。爆発（エクスプロージョン）あるいは燃焼に基づくテクノロジーは、かくして悪魔的と呼ばれなければならない。来るべき新時代は建設的で神聖な新テクノロジーの時代となるだろう。*30

秘密計画の研究者であるピーター・ムーンによると、ブリル協会はその空飛ぶ円盤計画への資金集めのために広告を出している。

新聞にブリル航空機製造のための寄付を呼びかける広告を載せたにもかかわらず、必要な資金は集まらなかった。広告で彼らは、あからさまに自分たちは古代アトランティスのテクノロジーを利用しようとしているのだと述べた。これは１９２０年代のドイツ人にとってなじみのない考え方ではなかった。[*31]

最初の空飛ぶ円盤モデルは明らかに失敗だった。しかしシューマンとオルシクは共同作業による原型の製作を何年も続けたとされる。ムーンによると最初の原型が出来上がったのは１９３４年だった。

ブリル協会に、この新しい航空テクノロジーの開発に専念する２つの特別組織が作られた。U－13とSS－E－４である。後者はハインリッヒ・ヒムラーの直接指揮下にあり、ブラック・サン（ナチスSSのエリートで構成された秘密結社）の第４の開発グループとして知られていた。SS－E－４が集中して取り組んだのはビクトル・シャウベルガーの研究に基づく仕事だった。[*32]

ここで意味を持ってくるのが１９３１年という数字である。前に述べたように、ガーランド准将のメモは、ドイツでのちにナチ政権が続行することになる高度な航空計画が始まったのが１９３１

年だと記していた。

同様にダン・モリスも１９３１年と32年に２機のＵＦＯ（空飛ぶ円盤）が回収されたことに言及している。この２機はシューマンが開発した原型と考えるのが妥当だろう。実際、彼の専門知識やのちのライト・パターソン空軍基地における「ペーパークリップ」作戦での仕事ぶりを知れば、彼がこのような企てにおいて突出した適性を備えていることが分かる。ここで問わなければならないのは、１９２０年代から30年代にかけて、主としてシューマンが担ったように見える空飛ぶ円盤研究でオルシクとブリル協会が果たした役割は何だったのかということである。

これまで考察した情報源に従うなら、オルシクとブリル協会はアルデバラン星系をベースとする異星人との交信で得た情報を基に、１９２０年代に空飛ぶ円盤建造のための研究を開始した。そして１９２４年には、主としてトゥーレ協会が資金を調達し、シューマンを含む秘密宇宙計画がスタートしていた。シューマンの専門知識とミュンヘン工科大学電気物理学研究室室長の地位をもってすれば、ブリル協会の空飛ぶ円盤の原型を秘密裡に製作することは可能だったろう。スタイン／クーパーの証言によれば、ブリル協会の原型の開発は着々と進められ、のちに「ペーパークリップ」作戦のもと、アメリカに引き渡されて最終的にエリア51のＳ－４施設で研究されることになった。

ブリル協会の秘密宇宙計画に関するコーリー・グッドの言葉

ブリル協会について明らかにされたことと、ブリル、トゥーレ、「ブラック・サン」協会に関する機密文書を読んだというグッドの証言に食い違いはない。しかしグッドによれば、オルシクが交信を行なっていた相手は実は古代に人類から離脱した文明人たちだった。彼らはアルデバラン星系からの異星人を装っていたのだ。

ブリル、トゥーレ、ブラック・サンの各協会は並行してそれぞれ別の高度なテクノロジーの開発を行なっていました。彼らは霊的交信によって、東方から伝えられた古代記録を逆行分析する知識を得ていました。それによって彼らは「古代に人類から離脱した文明人」が作ったのと非常によく似た宇宙船を作ったのです。彼らはその存在を、他の**星系**から来た異星人だと信じていたのですが。2、3の「古代離脱文明人」が同じことを初期の秘密宇宙計画に対して行なっていました。自分たちが実際は異星人ではなく、自ら**人類**を離脱した存在であることを知られるまでは。彼らはかつて地上に存在したとても古い文明の住人なのです。見た目は私たちとちょっと違いますが、私たちの祖先であるのは間違いありません。*33

グッドは、３つのオカルト的な協会がドイツ初の空飛ぶ円盤計画の重要な一部だった神秘的な「ブリル」エネルギーをいかに熱烈に信じていたかを強調する。

ブリル、トゥーレ、ブラック・サンの３結社はみんなこれらの（秘密宇宙）計画に関わっていました。そのイデオロギーとアジェンダは部分的に重なり合っていました。『スター・ウォーズ』のイデオロギーの多くの部分、つまり「フォース」や「シスの暗黒卿」、「マスター」、「ダークサイドパワー」「ダーク・エネルギー」、「ダーク・スター・エネルギー」などは、言ってみれば彼らの科学と信仰が混じり合ったものです。[*34]

グッドによると、これらの結社はのちにナチスがその軍事機構に組み入れようとしたにもかかわらず独立的に活動できた。

この神秘主義者たちは１９００年代の初めから、とりわけ第一次世界大戦の直前、大戦中、大戦後の期間、非常に活発に活動していました。彼らの飛躍的前進が見られたのは１９３０年代後期です。これらの**秘密結社**はすでに小規模な文明離脱を始めていました。**ドイツ指導部とその軍事機構**には秘密にしていましたが。[*35]

グッドによれば、オルシクは第二次大戦を生き延び、ナチス幹部が逃れた秘密の場所へ空飛ぶ円盤で向かった。大戦後オルシクは地球外文明から訪れたふりをして空飛ぶ円盤から降り立ち、初期の目撃者の一部と言葉を交わした。

情報コミュニティーの多くは、マリア・オルシクは他の星系から来た異星人を装い、UFOから降り立ってドイツ語で人々と言葉を交わす「ブロンド」の1人だと確信するに至りました。オルシクの写真を見せられた目撃者の中には、空飛ぶ円盤から出てきた存在と同じ人物だと認める人もいました。[*36]

先にも触れたスタインあるいはクーパーという偽名を使う元CIA諜報員はリンダ・モルトン・ハウのインタビューに対し、ブリル協会がナチスの宇宙船建造に協力していたことを詳述した文書を見たと語っている。彼は、ブリルのテクノロジーや地球外生命との関係について書かれたファイルの内容を語っている。

それには、「エイリアンと交信する霊媒がおり、反重力エンジンによる空中浮揚装置の作り方を伝えるエイリアンの言葉があった」と書いてありました。[*37]

スタイン／クーパーの証言はグッドのそれを裏づける。グッドはその証言で、異星人との交信で得た知識を基にブリルおよびトゥーレ協会が開発した最初の空飛ぶ円盤の原型にオルシクが関わっていたとする機密文書を見たと言っているのだ。シューマンは１９２０年代から30年代初めにかけて、高電圧静電気とプラズマ物理学を応用して空飛ぶ円盤の原型作りに取り組んでいた可能性が高い。だがブリル協会が最終的に成功したのは１９３０年代後期になってからだ。グッドによると、静電学と水銀をベースにしたプラズマ――どちらもシューマンの専門――がブリル機の推進システムとして使われた。「彼らが作った最初の機体は水銀タービンと電気重力エンジンを使っていました」とグッドは言う。*38

１９３１年には、ガーランド・メモがそれとなく言及している最初の空飛ぶ円盤の原型が生まれていた可能性がある。ダン・モリスの証言で１９３１年と32年に起きたとされるＵＦＯ／空飛ぶ円盤の墜落は、失敗に終わった試験飛行だったかもしれない。ガーランド・メモや墜落事故は、グッドによるブリル宇宙船およびそれに使われたテクノロジーの歴史の話と一致する。

１９３１年のドイツは依然ワイマール共和国体制のもとにあったが、アメリカで起きた大恐慌による世界規模の景気後退の波に襲われていた。ワイマール共和国は政治的にも軍事的にも弱体で、第一次大戦の賠償金支払いのために、大恐慌の影響で同じように苦しんでいた他のヨーロッパ諸国に増して大きな苦しみを抱えていた。しかしドイツには豊かな科学的風土があり、ワイマール共和国はドイツの偉大さを復活させる計画を支援したいと考える富裕な地主層がいる国家でもあった。当時のドイツは、人類をのちに宇宙に向かわせるような民間人による秘密の宇宙計画にとっては理想的な場所だったのだ。そのような環境のもとでシューマン教授が科学的専門知識を提供し、一方ブリル協会やトゥーレ協会のような秘密結社が空飛ぶ円盤の原型の製造に必要な資金を調達したのである。

しかし1933年1月、ワイマール共和国を不吉な黒い雲が覆い始める。アドルフ・ヒトラーが首相に指名され、彼のナチ党がドイツ社会のあらゆる分野に凶暴な影響力を及ぼし始めたのだ。ひょっとしてこの不吉な黒い雲が影響したのか、記録によると1933年6月に空飛ぶ円盤は墜落し、イタリア政府によって回収された。墜落したのはシューマンによって作られた空飛ぶ円盤の原型だったのだろうか？　もしそうなら、ファシスト独裁体制下のイタリアが事故の背後にある真実を明らかにし、彼ら自身で革新的な反重力原理を利用した空飛ぶ円盤計画を正式にスタートさせるのにそれほど時間はかからなかったはずだ。

第3章

ナチ党とファシスト党の空飛ぶ円盤兵器計画に関する密約

高度な円盤型航空機の調査を記した最初の文書はファシスト党支配下のイタリアにさかのぼる。1933年6月13日、設計も起源も皆目分からない皿型の航空機がベニート・ムッソリーニの手に入った。イタリアは世界有数の航空国である。ファシスト・イタリアは、のちのち航空産業を転換させる高度なテクノロジーの包括的な研究をスタートさせるにふさわしい地位にあった。

1947年7月にニューメキシコ州ロズウェルで有名な空飛ぶ円盤墜落事件が起きた14年前、ファシスト時代のイタリアの文書は、世界の力のバランスを変え得るきわめて高度な航空テクノロジーをイタリアが手にしたことを明らかにしている。問題は、この途方もない発見をどの国と共有すべきか、だった。第一次大戦時に連合国仲間だった英米とか、それともアドルフ・ヒトラー率いるドイツの新政権とか。回収した空飛ぶ円盤の研究をどの大国と協力して行なうのがいいのか。あるいはより重要だったのは、このような型破りの航空機をひそかに開発したのはこれらのうちのどの国か、ということだったかもしれない。ムッソリーニは彼の諜報網を使ってその国を見つけ出し、協力してそのテクノロジーを解明・開発することになる。

1990年代末、ファシスト時代の1930年代以降のUFOに関する18の文書が研究者にリークされた。[*1] その文書はイタリアの情報コミュニティー内部の公文書で、かつてトップクラスにいた人間から受け継いだ誰かによってリークされたとされている。UFOについて記述するアメリカの「マジェスティック」ファイル［秘密裡に宇宙人に関する調査を行なったとされるアメリカ政府内の委員会「マジェスティック12」についての文書］は、（リークされた）公文書とはいえコピーである。それと違ってイタリアの文書はオリジナルだ。それが文書の年代と信頼性の科学的分析を可能にした。科学的分析が完了し、偽物である可能性が排除されると、イタリアの調査チームはその文書と発見物を公開した。文書ファイルの中に、1933年のロンバルディアのUFO墜落事件についての文書があった。このUFOは空飛ぶ円盤に似たきわめて高度な航空機だった。この航空機を調査するため、そして空飛ぶ円盤の目撃者が増えている事実の調査のため、当時極秘組織が立ち上げられた。

イタリアのこの公文書の調査に加わった主要な研究者の1人がアルフレド・リッシーニである。1933年の墜落事故についての彼の文章を以下に挙げよう。

1933年6月13日。北イタリア、ロンバルディア州のマデルノの近くに円形の航空機が墜落。2枚の皿の縁がくっついたような形。薄い銀灰色の金属でできたその物体は、直径約50フィートで厚さ7フィート以下。背面に1対のアームあるいはアンテナのようなものがあり、透明のブリスターに覆われたデルタ型のものから反対方向に延びている。2つのチューブが連結されてあり、その部分で機体は平らな下面から上へ傾斜をなす。下面自体は2対の長円形のもので吊されている。機体の上半分の両側に11の銃眼が直線状に並び、機体下半分の両側にも同じように8つ並んでいる。ただしその並びの真ん中には3対の楕円型の窓がある。これは長方形のハッチらしきものに付いた窓のように見える。さらに機体の両側の端に卵型の小さな窓もしくはライトが6つあるが、墜落でかなり破損している。機体の内部に乗員はいなかった。*2

リッシーニは回収されたUFO調査のために作られた極秘組織についても書いている。

ドゥーチェ（首領）［ムッソリーニのこと］はRS／33キャビネット（リサーチ・エスピオナージ／1933）を作った。司令部はローマの名門大学ラ・サピエンツァ大学内に置かれ、イタリアで墜落したUFOの調査を行なう最初の調査機関となった。この組織の長にはマルコーニ［無線電信の発明者でノーベル物理学賞受賞者］が就いた。

「キャビネットのメンバーにはイタリアの高名な学者たち、すなわちロイヤル科学アカデミーの会員たちが多数加わっていた」。その中にはトリノの有名な天文学者ジノ・チェッキーニもいた。彼はマルコーニの政治的アシスタントの役割を務めた。検閲を確実に行ない、かつ世間に逆情報を流すために指折りのスパイ、トマーソ・ダビッド――コードネーム「デ・サンティ」――が雇われた。[*3]

リークされた文書からは、発見された空飛ぶ円盤が極秘裡に調査されたこと、その過程で国民は間違った認識に導かれたことが分かる。

そしてまた、機体回収後の戦略を詳しく述べた元老院の書簡もある。そこに書かれていたのは、新聞の検閲、目撃者のOVRA（秘密警察）による逮捕、ミラノにあるブレラ天文台を通して国民に円盤（軽気球、流星、気候現象）に関する紋切り型の説明を作成すること、知事への周知、といったことだった。[*4]

発見された機体調査のために設置されたRS／33はムッソリーニと娘婿ガレアッツォ・チャーノの直属となった。チャーノは1936年に外務大臣に就任し、ファシスト・イタリアにおいてムッソリーニに次ぐ地位にあった。

この謎の円盤回収のあと、極秘のキャビネットRS／33がローマのラ・サピエンツァ大学に設置された。RS／33を直接管轄したのはベニート・ムッソリーニとガレアッツォ・

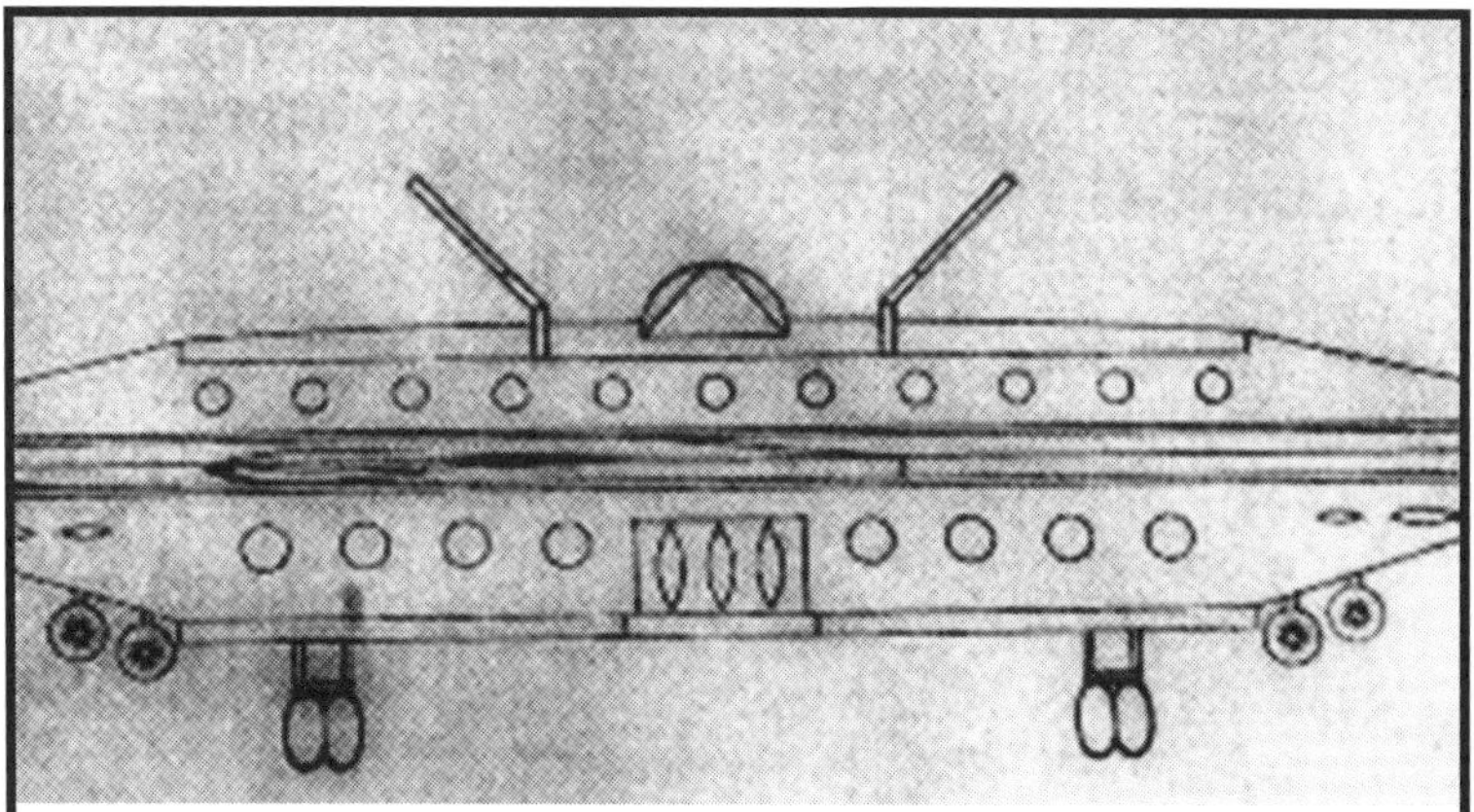

図11　ファシスト政権時に墜落したUFOの図

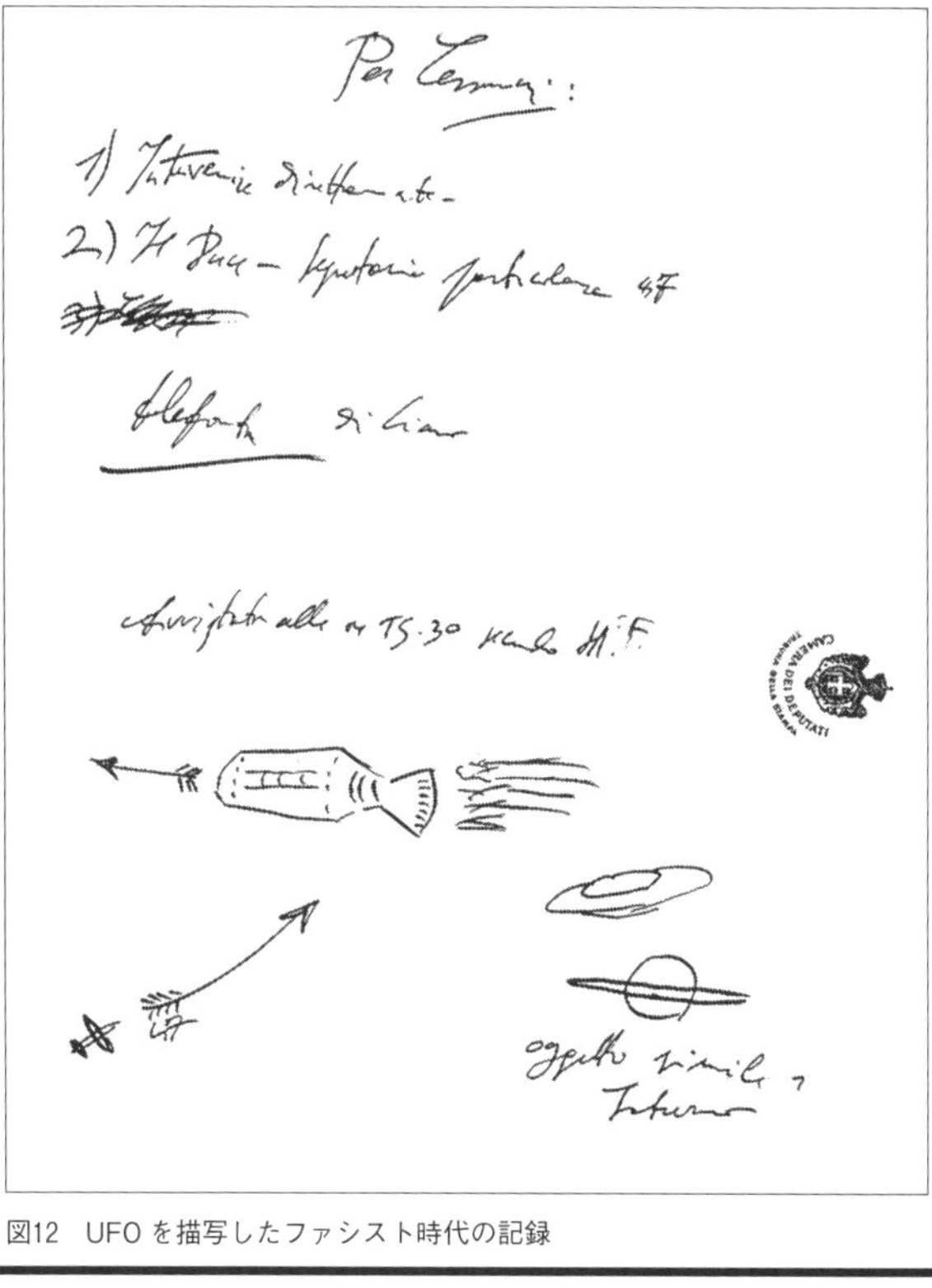

図12　UFOを描写したファシスト時代の記録

チャーノ伯爵（ムッソリーニの娘婿で外務大臣）、飛行士でもあるイタロ・バルボ将軍だった。この組織の任務はこの文書が言うところの「変わった航空機」あるいは「エアロモビール」を調査し、これを隠蔽することだった。[*5]

マルコーニがRS／33の長に指名された理由の1つは、回収された空飛ぶ円盤が地球外からのものではないかと考えられたことだった。

キャビネットRS／33はファシスト党の秘密警察OVRAおよびファシスト党の宣伝工作を担う広報機関「アジェンツィーア・ステファーニ」とつながっていた。キャビネットRS／33の長は物理学者グリエルモ・マルコーニ（火星人の存在を信じていたことで知られる）だった（もっとも事実上組織を取り仕切ったのはトリノの天文学者ジノ・チェッキーニだったが）。マルコーニは火星には生命が存在し、強力な無線通信を使えばその「火星人」と交信できると信じていた。回収された円盤が連合国側――イタリアの敵陣――のどこかの国が作ったものでないことが明らかになった段階で彼がRS／33の長に選ばれたのは、おそらくこの理由によるものだっただろう。[*6]

このイタリアの文書はRS／33の調査で明らかになった大戦前の円盤目撃証言についても書いて

いる。その1つは1936年のもので、「アンドレア」という名前を使用していた当時の諜報員が報告している。報告には「アンドレア」による「金属製の円盤」のスケッチも含まれていた。

それは月曜の朝（夕方ではなく）に目撃された――と彼は書いている。それは金属の円盤で光沢があり、光を反射していた。長さは10〜12mだった。近くの基地から戦闘機2機が飛び立ったが、時速180kmのスピードだったにもかかわらず追いつくことはできなかった。音がしなかったので軽気球とも考えられたが、風よりも速く飛べる気球はないだろう。それは他の航空機のパイロットたちにも目撃されたに違いない。（中略）それ（報告）がチャーノのもとに届いた。*7

1936年には別の円盤2機が葉巻型の大きな機体と共に目撃された（図12参照）。イタリアの文書は、1936年までにヨーロッパの誰かがもしかしたら空飛ぶ円盤だけでなく、それよりずっと大きい葉巻型の機体も作り、そのどちらもが型破りなエネルギー源からパワーを得ていたことを証明している。

諜報員の「アンドレア」の報告はさらに1931年の空飛ぶ円盤の墜落事故にも触れ、その航空機がイギリスかフランスのものではないかという懸念を述べている。

その文書はこう書いている。「知事は調査を開始したがほとんど成果はなく、31年と同じ結果になるのは容易に想像できる。ドゥーチェ（首領）は不安を口にしている。もしこの航空機がイギリスかフランスのものだとしたら、これまでの対外政策は一から見直さなければならない、と」。[*8]

1931年の墜落の場所への言及はないが、重要なのはこれがガーランド・メモ（第2章参照）が言及しているのと同じ年の出来事だということだ。ドイツにおける高度な航空計画の開発にとってカギになる年なのである。モリスもまた、1931年にドイツが機体を1機回収した事実を書いている。回収されたこれら空飛ぶ円盤の機体が、ミュンヘンでシューマンが試験飛行をしていた原型と関係がある可能性がある。

諜報員アンドレアの報告からは、1936年にはキャビネットRS／33は同年に目撃された空飛ぶ円盤と大型の葉巻型航空機製作の背後にいるのはどこの国かを割り出そうとしていたことがうかがわれる。イタリアにおけるUFO文書の主要な研究者の1人であるロベルト・ピノッティによれば、ムッソリーニが疑う空飛ぶ円盤製作国候補のリストにはドイツも入っていた。[*9]

キャビネットRS／33が、1933年に回収した空飛ぶ円盤とその後数年の似たような航空機の目撃証言の調査を続けているうちに、ムッソリーニはこれにはナチスが関係していると結論づけたようだ。イタリアが保持する1933年の空飛ぶ円盤およびその後のUFOの目撃は、ナチスの高度な航空秘密計画の一部であるか、あるいは何らかの関係がある、と。

もし空飛ぶ円盤の原型が1931年にミュンヘン工科大学電気物理学研究室のシューマンによって製作されていたとしたなら、1931年の墜落事件に加え1933年6月のイタリアでの墜落事件も試験飛行の失敗の結果だった可能性がある。イタリアのモデナ（空飛ぶ円盤が回収された場所）とドイツのミュンヘンの間の距離はおよそ500km（300マイル）なのだ。

1933年1月30日、アドルフ・ヒトラーは大統領パウル・フォン・ヒンデンブルクによってドイツの首相に任命された。1934年8月2日にヒンデンブルクがこの世を去ると、ヒトラーは首相と大統領の権限を手にし、名実ともにドイツの指導者（総統）となる。トゥーレ協会初期からのメンバーだったルドルフ・ヘスはブリル協会の秘密宇宙計画に気づいていた。総統代理（副総統）だったヘスが、空飛ぶ円盤の原型のその後の進化とそれがナチスにとって持つ意味に強い関心を抱いたであろうことは十分想像できる。

1934年後半にヒトラーの権力がドイツ全土に行き渡ったあと、シューマンの仕事とブリル協会の秘密宇宙計画はナチ高官の注意を引くようになる。『The Black Sun: Montauk's Nazi – Tibetan Connection（ザ・ブラック・サン：モントークのナチとチベット人の関係）』の著者ピーター・ムーンはこう書いている。

ブリル協会の新しい航空テクノロジーの開発に専念する２つの特別組織が作られた。U－13とSS－E－４である。後者はハインリッヒ・ヒムラーの直接指揮下にあり、ブラック・サン（ナチスSSのエリートで構成された秘密結社）の第４の開発グループとして知られていた。SS－E－４が集中して取り組んだのはビクトル・シャウベルガーの研究に基づく仕事だった。*10

ブリル協会のテクノロジーを基に、ナチス親衛隊（SS）は自前の空飛ぶ円盤製作をスタートさせた。１９３８年までにそれは一定の成功をみている。

シャウベルガーとブリル協会の研究を基にヒムラーのSS－E－４は自身の空飛ぶ円盤製作に乗り出した。１９３８年の終わりに向けて彼らは実際に皿型のプロペラ機を組み立てていた。*11

前CIA諜報員で証言者のスタイン／クーパーによれば、イギリスの情報機関はすでにナチスの空飛ぶ円盤計画のことを知っていた。

我々はブリルのテクノロジーに関する別の文書ファイルも発見しました。ファイルを開いて最初に目にしたのは、第二次大戦前の1930年代に始まるイギリスの機密文書でした。それには、ドイツがペーネミュンデ［第二次大戦中ドイツ軍のロケット・ミサイル開発施設があった］で従来とはまったく違う種類の推進システムを持つ皿型の航空機を開発したことが書かれていました。情報機関はその推進システムがどのようなものなのかは正確には知りませんでした。しかし化石燃料を使っているのでないことは分かっていました。それは空中浮揚装置を持っている、と文書には書かれていたと思います。[*12]

ピーター・ムーンは、1939年までにナチスSSはいつでも使える最初の空飛ぶ円盤「ハウネブ1」（図13参照）を完成させていた、と書く。

SSは失敗から学んで1939年までにRFZ-4を改良する。その結果彼らは長さ65フィートの長距離機を作り出した。当初これはRFZ-5と呼ばれたが、その後「ハウネブ」あるいは「ハウネブ1」と呼ばれるようになった。[*13]

ムーンのこの文章は、1958年にS-4でナチスの空飛ぶ円盤を4機見たというスタイン／クーパーの言葉によって裏づけられる。

最後尾にある円盤は非常に大きかったですが、コル大佐の話ではドイツが１９３８年に作った第二次大戦中の航空機だということでした。台座の上に置かれていましたが、それは機体の下部に砲台があったからです。その兵器をドイツ人は「殺人光線」と呼んでいたそうです。他の機体（小型の２機のブリル機）とは形が違い、表面は黒っぽい色をしていました。皿型の上部には大きめの構造があり、高さは10〜12フィートあったと思います。直径は50〜60フィートでした。[*14]

ムーンによれば、ＳＳは１９４２年末までに「ハウネブ２」（別名ＲＦＺ－６）を完成させた。機体の円周は１００フィート、中心部の高さは30フィートあり、地球の大気圏内外をマッハ４のスピードで飛ぶことができた。[*15] ムーンはさらに、この後「ハウネブ３」が完成し、32人を乗せてマッハ10で飛ぶことができたと書いている。[*16]

ここでの重要な疑問は、ナチスの支配下でブリル協会はそのテクノロジーの兵器化にどの程度関係したかということだ。これまでの歴史学では、ヒトラーは秘密結社に不信感を抱き、１９４２年にそういった組織を禁止したということになっている。しかし複数の史料によれば、ヒムラーのＳＳ下のブラック・サン結成にブリル協会の影響があったため同協会は例外扱いされたという。これは『The Black Sun: Montauk's Nazi－Tibetan Connection（ザ・ブラック・サン：モントークのナ

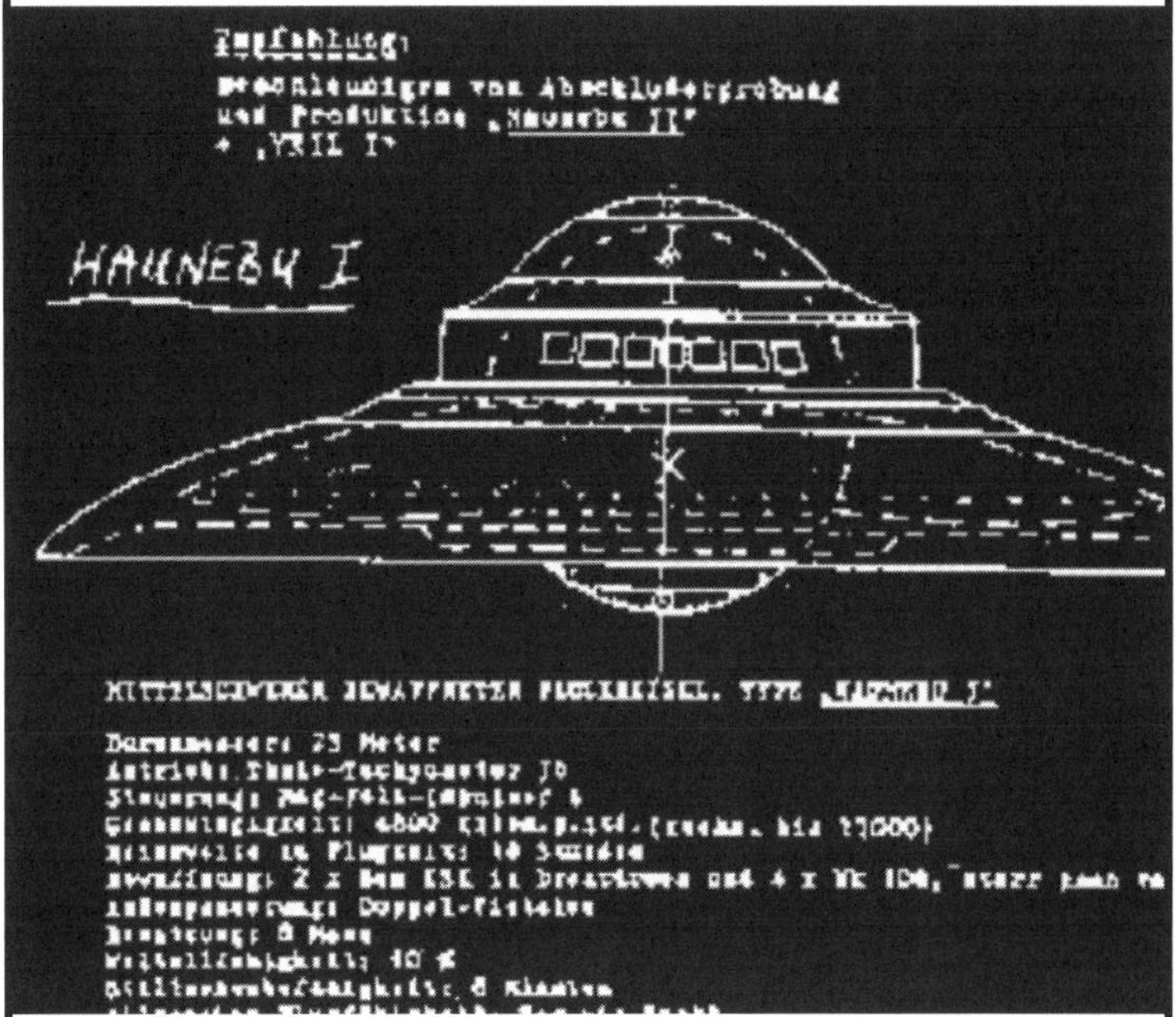

図13 「ハウネブ1」の設計図とされるもの

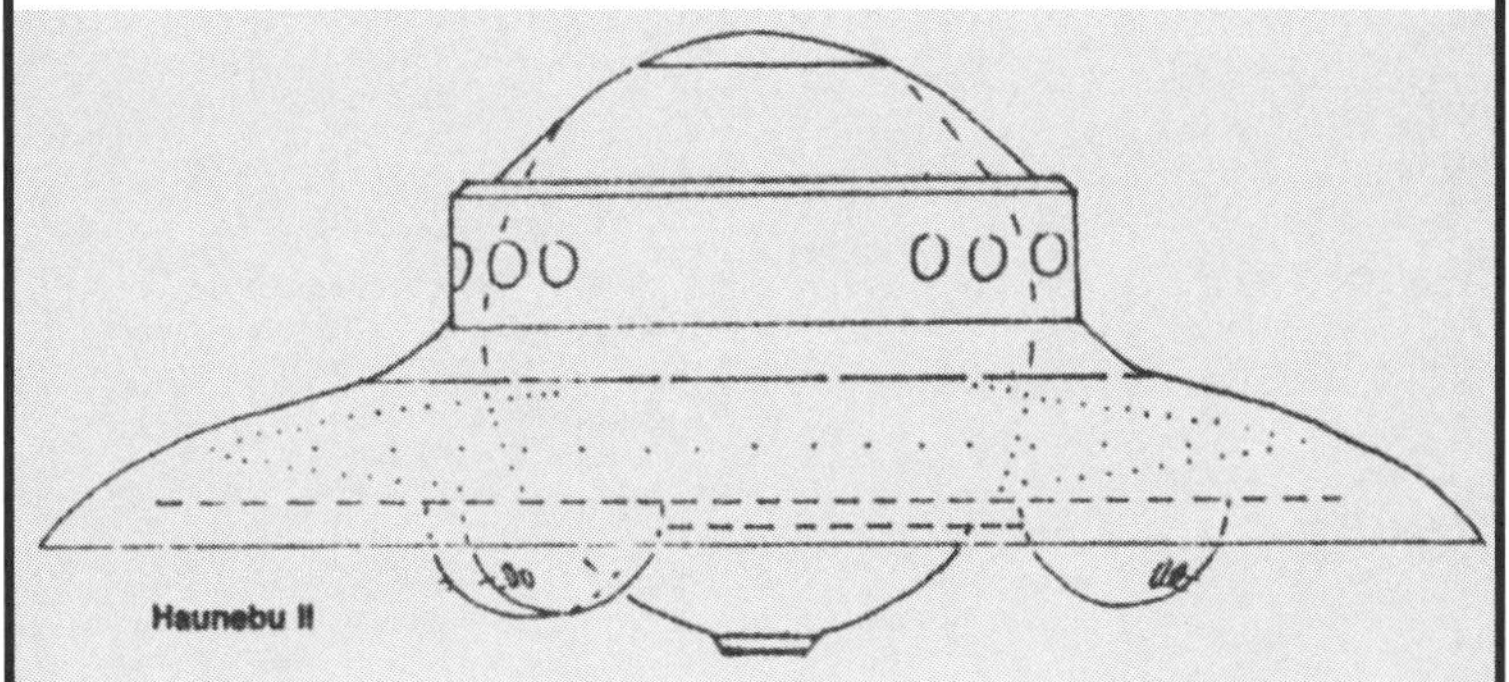

図14 「ハウネブ2」のスケッチ

チとチベット人の関係)』の著者であるピーター・ムーンがぜひ言いたいことだった。

ブリル協会とトゥーレ協会の創設は同じ頃だが、その頃カール・ハウスホーファーもまた「ブルーダー・デス・リヒト(「光の兄弟」)」を設立した。この組織はときに「ルミナス・ロッジ」(光を放つ小屋)とも呼ばれる。このグループは勢力を拡大していって最終的にはブリル・ゲゼルシャフト[「ゲゼルシャフト」には協会の意味もある]と名前を変え、3つの大きな組織を統合した。3つの組織とは、1917年にチュートン騎士団を母体に生まれた「ロード・オブ・ブラック・ストーン」、「ブラック・ナイト・オブ・ザ・トゥーレ・ソサエティー(トゥーレ協会の黒騎士)」、そして「ブラック・サン」である。「ブラック・サン」はのちにハインリッヒ・ヒムラー率いるSSのエリート集団となる。一方、トゥーレ協会は最終的には実利的かつ政治的な事柄に取り組む組織となり、一方ブリル協会は依然、「あちら側の世界」に注意を払っていた。*17

オルシクとブリル協会はその宇宙計画を独立的に保つことをある程度許された。理由は彼らのオカルト的名声、異星人やトゥーレとコミュニケーションができると考えられていたこと、そしてヒムラーのSSおよび「ブラック・サン」のエリートとの密接な関係性にあった。

オルシクおよびシューマンが主導する独立的なブリル協会の空飛ぶ円盤計画は、ヒトラーの国家的宇宙計画と並行して進んでいた。コーリー・グッドも、ナチスドイツ内部で秘密結社の宇宙計画を含む同じような宇宙計画が同時並行的に進められていたと、次のように語っている。「ブリル協会、トゥーレ協会、ブラック・サン協会……が高度なテクノロジーを利用する似たような計画に関わっていました」[*18]

これは全体主義国家にあっては一見奇妙なことに見える。しかし、ヒトラーが自分の権力維持のためにナチス内部の派閥対立を利用していたことを知れば筋が通る。ナチスドイツで１９４２年から45年まで軍需大臣を務めたアルベルト・シュペーアはその著書『第三帝国の神殿にて：ナチス軍需相の証言』で、ヒトラーはこのような手法で派閥同士を競わせることを好んだ、と書いている。[*19] そういうヒトラーのやり方が同時並行的な宇宙計画を生んだのだろう。ブリル協会およびオルシクが一方の計画を進め、「ブラック・サン」のほうはヒムラーのＳＳとの正規の結びつきのもとに別の計画を進めた。後者は前者が獲得したテクノロジーを使い、ＳＳのもと、もっぱら戦争に利用するための宇宙計画を進めたのだろう。

秘密宇宙計画をどう進めるかについて、またその計画を戦争に利用することについて、ヒムラーのＳＳとオルシクのブリル協会の間にぎくしゃくした関係があったことを伝える複数の情報がある。これらの情報は確証されてはいないが、信じるに足るもっともな理由はある。平和や霊的なものを志向してきたそれまでのオルシクの足跡を考え、一方これからのナチスの戦争遂行に役立つ新兵器システムをヒムラーが望んでいたことを考えれば、両者の間に緊張関係があっただろうことは容易に想像がつく。

　ヒムラーはますます影響力を強めるマリア・オルシクに脅威を覚え、2度にわたってヒトラーに進言をしている。オルシクの主張には一貫性がなく、またユダヤ人と密接な関係を持っているので信用できない、と。(中略)これに対してヒトラーはこう言っただけだった。「我々は今のところ彼女を必要としているが、監視は怠らないように」。そしてこう付け加えた。「私は秘密結社は信用しない」。ヒムラーとSSの将軍ヤーコプ・シュポーレンベルク、そしてやはりSSの将軍であるハンス・カムラーはマリアの孤立を画策し、彼女をヒトラーに近づけないようにした。オルシクの(ブリル)協会の会合にはオルシクが個人的に勧誘したメンバーだけが出席できたが、そこには常にSS将校とゲシュタポの警察官がいた。というのは、オルシクが高度な航空機を作るのは根本的に霊的な関心によるものであり、ナチスの戦争に貢献する気はまったくないことをヒムラーは知っていたからだ。ヒムラーはオルシクを真のナチスと考えたことはなかった。実際、オルシクはナチ党に入党したことはない。なぜなら彼女はナチスの大義を信じてはいなかったからだ。自分を信奉する人々や会員へのメッセージや声明では、霊的レベルでのアーリア人の「優越性」をほのめかすことはよくあったとしても。[*20]

ナチスの宇宙計画の中心になったのはヒムラーのSSと副総統ヘスで、この計画は最高レベルの機密事項になった。アルベルト・シュペーアでさえ「超強力兵器」に関するこの計画に気がついていなかったと、本人が『第三帝国の神殿にて』に書いている。同じようにムッソリーニもRS／33の仕事を超極秘扱いにしていた。

ナチ政権の公的な支援と資金を得て、シューマンとブリル協会の宇宙計画は1931年の最初の原型試験飛行から急速に進展した。グッドによれば実用化に成功したのは1930年代後半である。[*21]

1936年までにイタリアで目撃された複数の航空機と葉巻型の大きな機体は、秘密宇宙計画となったナチスドイツの宇宙船の原型だった可能性がある。その計画はブラック・サンと密接に連携を取るオルシクのブリル協会によって進められていた。ヒムラーのSSはブリルの宇宙計画の進展を厳しく監視しつつ、一方で兵器に特化した計画を同時並行的に進めていた。このSSの計画を基にファシスト・イタリアとナチスドイツの極秘の協力が始まった。

ナチスドイツとファシスト・イタリアの宇宙計画をめぐる協力

空飛ぶ円盤現象の背後にいるのはフランスやイギリスではなくドイツであることがキャビネットRS／33で明らかになると、ヨーロッパでまた大戦が起きようとしているさなか、熱に浮かされたように空軍の近代化に取り組むイタリアにこれは影響を及ぼすこととなった。ドイツの秘密宇宙計画に属する空飛ぶ円盤とそれに関連する機体の発見。これがムッソリーニがヒトラーとの同盟の決意を固めていった不可解なプロセスの理由を説明してくれる。1936年7月、イタリアとドイツの空軍は内戦中のスペインに対し、フランコ将軍のナショナリスト軍への正式な支援を開始した。[*22]これがイタリアとドイツの全体主義国同盟の始まりであり、スペインや南アメリカの友好的諸政権との世界規模の協力の始まりだった。

リークされたイタリアのUFO関連文書の1つによると、空飛ぶ円盤テクノロジーの研究開発のためにヒトラーとムッソリーニの間で1938年のある時期に秘密協定が結ばれた。

……この最新の委託品の中に彼〔誰を指すのか不明〕は新たな文書を含めた。それは――彼が言うには――異質なテクノロジー研究のためのヒトラーとムッソリーニの間に協定が存在することを示すものだった。協定は1938年に結ばれた。そこに含まれていたのは以下のものである。諜報員ステファーニのフィレンツェからの通信文（その中にはヒトラー総統がイタリアを訪れていたときに行なったインタビューも含まれていた）。額面価格100万リラの銀行券（たぶん「RS／33キャビネットの隠れ資金」）。ファシスト政府に協力した教授たちの秘密厳守誓約書の控え。ベニート・ムッソリーニと妻のラケーレ・ムッソリーニへのヴィラ・トルローニアへの招待状（書留）（「ミスターX」によるもので、RS／33キャビネットに関する内密の会議への招待状[*23]）。

協力して空飛ぶ円盤を開発するための独伊の秘密協定は、2国間の正式な条約によって頂点に達する。1939年5月22日、ファシスト・イタリアとナチスドイツは鋼鉄協約に調印した。この協約でイタリアとドイツは戦時における相互防衛と経済協力を誓約し合った。協約の第3条と第4条は2つの独裁国家が軍事的・経済的に広範囲に協力し合うことをはっきりと書いている。[*24]

空飛ぶ円盤計画の研究開発についての独伊の秘密協定のもう1つの証拠は、イタリアの高名な科学者ジュゼッペ・ベッルーゾからもたらされる。ベッルーゾは1905年にイタリア初の蒸気タービンを作り、その後、発射体（弾丸・ロケットなど）や機関砲のエキスパートとなった。ファシスト政府の任命を受けて1925年から28年にかけて国家経済大臣、28年から29年にかけては教育大臣を務めている。[*25]

戦後の1950年3月24日、ベッルーゾは自分がナチスの空飛ぶ円盤計画に関わっていたことを公にした。ベッルーゾによれば、「空飛ぶ円盤」の設計図はイタリア人によって作られ、ドイツに渡された。彼は明らかに、RS／33によって作られてナチスドイツへ渡された設計図のことを語っている。

その驚くべき証言は、最初独立系の『ジョルナーレ・ディターリア（イタリア新聞）』で報道された。すぐにイタリアの複数の主要紙もこれを取り上げ、多くはこれを一面で報じた。取り上げた主要紙は、『イル・コリエーレ・デラ・セラ』、『ラ・ナツィオーネ』、『イル・メッサンジェロ』、

ULTIMA EDIZIONE

NUMERO A SEI PAGINE

IL GIORNALE

ROMA — Palazzo Sciarra
Telefono centralino 62041

I DISCHI VOLANTI furono ideati nel 1942 IN ITALIA E IN GERMANIA

Mussolini e Hitler se ne interessarono - Oggi qualche grande potenza sta utilizzando l'arma a scopo di studio

Ing. Giuseppe Belluzzo

Comun
l'ades
alla riunion

Il Ministro degli
Visite a Sforza e a
siglio - Questa sera

図15　イタリアの新聞に掲載されたベッルーゾによる空飛ぶ円盤の設計図

『ラ・スタンパ』、『ラ・ガゼッタ・デル・ポポロ』。

1950年3月24日にAP通信がそれよりは控えめな記事を配信し、世界中の複数の英字新聞に載った。多くの新聞がやはりこれを一面に掲載した。

［ローマ－AP］空を飛ぶある種の円盤がドイツとイタリアで1942年に計画・研究された、とイタリアの科学者が今日語った。科学者はさらに、アドルフ・ヒトラーとベニート・ムッソリーニがこの航空機に関心を持ち、イタリアとドイツが共同で開発した、と述べた。空を飛ぶ円盤あるいは皿状のものを目撃した話が近年世界各地で伝えられている。しかしそのような存在については科学的な確証はなく、その目的についても広く受け入れられる説明はない。

「空飛ぶ円盤には不思議なところもなければ、火星人も登場しません。近年のテクノロジーの応用に過ぎないのです。ある素晴らしい力がそれら（彼ら）を［何を指すか不明］調べるために円盤を発射させます」とベッルーゾ教授は語った。（中略）ベッルーゾ教授の記事にはその航空機の構造を示すスケッチが添えられていた。ベッルーゾ教授はこうも述べている。「実は破壊を目的にしたこの航空機は製造も実用化も可能です。空飛ぶ円盤の原理はシンプルで、軽金属を用いて容易に作れるのです。この円盤は機雷発射に使うのと同じような弾薬筒を急速に燃焼させて発射します[26]」

イタリア語によるより詳しい話の中でベッルーゾは空飛ぶ円盤の設計をさらに詳しく説明し、またどこでその研究をしていたかも述べている。1950年3月24日のベッルーゾの記事はドイツでも報道され、1週間もしないうちに別の科学者ルドルフ・シュリーバーがナチスの空飛ぶ円盤計画における彼自身の仕事を明かした。シュリーバーは1950年3月30日の『デア・シュピーゲル』誌のインタビューで、彼が言うところの「フルーククライゼル」（飛ぶ円）つまり空飛ぶ円盤について次のように語った。

その計画は私とBMWプラハ〈ピルゼンの間違い〉工場のチームによって、私が1945年4月にチェコスロバキアを逃れるまで続けられました。円盤の私の設計図とひな型は、ブレーマーハーフェン＝レーエ［ドイツ北西部の都市］にあった仕事場から1948年に盗まれました。私はチェコのエージェントが「ある強国」のために私の航空機を作ったに違いないと確信しました。[27]

チェコの首都プラハに近いピルゼンにあったシュコダ［チェコの自動車等のメーカー］の工場では

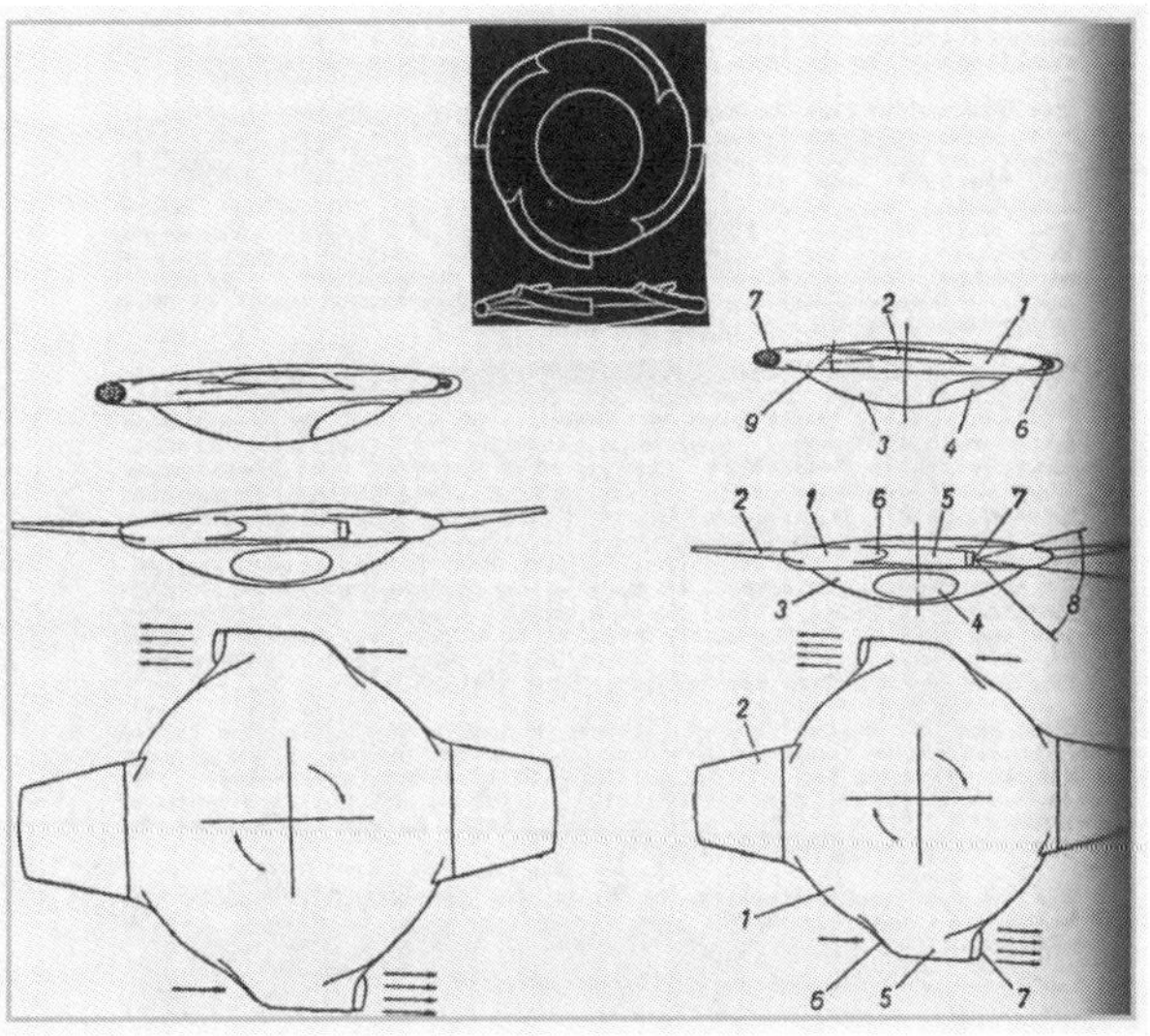

図16　ベッルーゾが従事した空飛ぶ円盤の自身によるスケッチ

ベッルーゾやシュリーバーなどがナチスの空飛ぶ円盤開発に取り組んでいた。

研究者のロブ・アルントは、ピルゼンBMW施設でのシュリーバーの空飛ぶ円盤原型製作を手伝うため、ベッルーゾその他の科学者がイタリアから移動させられた事実を発見している。

SSは「フルーククライゼル計画」に3人の優れた専門家を引き入れた。クラウス・ハーバーモール、リヒャルト・ミーテ博士、そしてイタリア人ジュゼッペ・ベッルーゾである。ベッルーゾはリーバ・デル・ガルダ研究施設から招いた。他にも名前の分からない6人のエンジニアがこの秘密計画に加わった。[*28]

ナチスの空飛ぶ円盤が試験飛行に成功し、猛スピードで飛んでいるのを見たという目撃者はかなりいる。ルドルフ・ルザールは第二次大戦中、ドイツ陸軍技術部隊少佐だった。彼は1950年代後半に『German Secret Weapons of World War II（第二次大戦中のドイツの秘密兵器）』を書いているが、その中で1945年2月14日にプラハの郊外で空飛ぶ円盤の試験飛行の成功を目撃した体験を述べている。「3分以内で機体は高度1万2400mまで上昇し、時速2000㎞のスピードで水平飛行をした」[*29]。ニック・クックは著書『The Hunt for Zero Point（ゼロポイントを追う）』でルザールの証言についてこう書いている。

最新の迎撃機がその速度に到達しようと苦労していた当時（1950年代後半）、これは常軌を逸した証言だった。しかしそれが真実を含んでいることは認めないわけにはいかなかった。[*30]

1952年のCIAの文書によると、アルベルト・シュペーア軍需大臣下の技術者だったゲオルク・クラインは、空飛ぶ円盤計画は遅くとも1941年には始まっていたと報告していた。彼は1945年の初めにプラハで試験飛行の成功を自分の目で見たと証言している。

ドイツのエンジニア、ゲオルク・クラインは、「空飛ぶ円盤」は戦後に作られたと思っている人が多いが実際は1941年にはドイツの航空機工場で実際的な企画段階にあった、と最近述べた。クラインの語るところでは、1945年2月14日に彼はプラハにいて、そこで空飛ぶ円盤の初の実験飛行が行なわれたという。*31

1954年からのCIAの別の文書は、クラインが目撃したものに関するドイツの新聞記事を以下のように要約している。

ドイツの新聞（としか分からない）は最近、ドイツの著名なエンジニアで航空機の専門家であるゲオルク・クラインへのインタビューを掲載した。そこでは1941年から45年にかけて彼が行なった「空飛ぶ円盤」の試験的製造について述べられている。彼が語るには、1945年に初めてパイロットが搭乗した「空飛ぶ円盤」が離陸し、3分以内に時速1300マイルに達した。そのとき彼はその場にいたという。*32

1967年からのFBIの文書は、ナチスの空飛ぶ円盤計画のための別の試験施設がオーストリアの「黒い森《シュワルツワルト》」［一般に「黒い森」はドイツ南西部の巨大な森林地帯を指す］の中にあった、と記している。

1967年4月26日、（その目撃証人が）マイアミのオフィスにやって来て、現在「未確認飛行物体」と呼ばれている物体に関する以下のような情報をもたらした。この人物は、本人が言うところによると、1944年11月にそれの写真を撮ったという。

この人物は1943年にドイツ空軍学校を卒業し、ロシア前線での空軍勤務を命じられた。1944年の終わり頃にその任務を解除され、オーストリアの「黒い森」での極秘計画のテストパイロットに任じられた。この期間に前述の航空機を目にしたという。それは直径およそ21フィート、無線でコントロールされ、機体の外部に数基のジェットエンジンが搭載されていた。外部中央にドームがあり、その周りを回転する部分があった。彼の仕事はこの物体の飛行中の写真を撮ることだった。彼は、高度7000m（2万フィート）で撮った1枚の写真のネガを保持していると断言した。*33

プラハその他、極秘の場所で開発が進められていた空飛ぶ円盤は、戦局の転換を願うヒトラーが望んだ「ワンダー・ウェポン（奇跡の兵器）」の一部だった。従来型の軍需産業の長だったアルベルト・シュペーアはV-2ロケットのような高度な兵器への支配権をめぐってヒムラーのSSとの不利な闘いに足を取られていた。彼は著書『第三帝国の神殿にて』の中で、最高度の兵器システム

――彼が知る限りでの――が開発されつつあったと書いている。

１９４４年に大量生産が予定される新兵器はジェット機だけではなかった。遠隔操作ができる飛行爆弾、ジェット機よりも速いロケット機、敵機のモーターからの熱線を探知して自動追尾するロケット・ミサイル、ジグザグに進む船の音に反応しながら追跡し、命中させられる魚雷、こういったものを我々は保有していた。地対空ミサイルの開発も完了していた。設計者のリッピッシュは、それまで知られていたものに比べてはるかに高度な、全翼機の原理に基づくジェット機を構想していた。*34

ここで注目すべきは空飛ぶ円盤への言及がないことである。しかし私たちはベッルーゾとシュリーバーの証言から空飛ぶ円盤の計画が存在したことを知っている。しかもイタリアの極秘RS／33計画の情報は少なくとも１９３８年にはナチスドイツと共有されていた。

ＳＳの直属下にあったピルゼンでの空飛ぶ円盤計画をシュペーアは知らなかったのだ。とりわけヒトラーがヒムラーの「奇跡の兵器」に戦局好転の希望を託すようになってからは、ハンス・カムラー中将――シュペーアのライバルだった――が力を強めていた。巨額の資金がＳＳへ、そしてカムラーへ渡されていた。ヒトラーの「奇跡の兵器」を開発するために秘密施設を強制労働によって地下に建設するためだった。著書『Infiltration（侵入）』の中でシュペーアはヒムラーのＳＳが展開した事業についてこう書いている。

　1944年春、ヒムラーはSSを国家予算の枠から恒久的に独立させるためにSS所有の工業会社を建設したいと提案し、ヒトラーはこれに同意した。私にヒムラーの計画を援助するよう求めたときもヒトラーは同じ理由を挙げた。こうしてヒムラーは、何年もの間彼が熱望し続けた何かを達成した。（中略）SSが、国家と**そして**（ナチ）党からも独立し続ける地位を得るという望みを。（中略）ヒトラーもSS自身の予算にあてがう財源を作りたいと思っていた。*[35]

シュペーアは蚊帳の外に置かれていたのだ。ヒムラーのSSが進める奇跡の兵器計画――シュペーアはそれをまがいものと考えていたが――に巨額の資金が注がれることにシュペーアは不快な感情を抱いたままでいるしかなかった。

ハンス・カムラーとナチスドイツの秘密宇宙計画

SSの産業王国と秘密兵器計画を任されたのはハンス・カムラーだった。シュペーアはこう書いている。

1942年春、ヒムラーは航空省の建設関係の高官だったカムラーをSSの建設事業の長に任じ、1943年夏には（V2）ロケット計画の指揮官に選んだ。共同作業を強いられた私には、この人物が冷酷な陰謀家であること、目標の達成に熱狂的に突き進む一方できわめて抜け目がなく、平気で悪事を行なう人間であることがしだいに分かってきた。ヒムラーは彼に多くの仕事を割り当て、機会あるごとにヒトラーに会わせるようにしていた。まもなく、ヒムラーはカムラーを私の後釜に据えようとしているという噂が広まった。*36

トム・アゴストンは著書『Blunder（大失敗）』で、シュペーアの軍需省やゲーリングの空軍が関与しない秘密計画にカムラーが大きな権限を与えられていたと書いている。

ヒムラーがカムラーに、ゲーリングとシュペーアには分からないよう極秘SS研究シンクタンクを立ち上げる任務を与えた事実は**秘密にされていた。***37

カムラーは画期的なテクノロジーに基づくブリル協会の詳細を知る重要なナチ高官だった。この画期的なテクノロジーをナチスSSのために兵器化することがカムラーの仕事だった。それはブリル協会で同時に進められていた航空宇宙計画を戦争に使えるよう特化するものだった。

図17　ブリルの空飛ぶ円盤を背景に立つナチスの将校たち

1945年4月17日を最後に消息が途絶えたハンス・カムラーがその後どうなったかは謎に包まれている。『Blunder（大失敗）』でアゴストンはカムラーは死んだとする4つの説を吟味しているが、いずれも確証はないと書く。

カムラーは死んだとする4つの説には共通する証拠が採用されている。しかしそれらには実は確証がない。そこには目標を定めた偽情報が含まれているようにみえる。カムラーが最後にベルリンのSS本部と連絡を取った1945年4月17日以後の動きをあいまいにする何らかの意図が働いていたのではないだろうか。[*38]

もしカムラーの消息不明の背景に「組織だった偽情報」があるとすれば、ナチスと連合軍の間に何らかの秘密合意があったことが考えられる。

シュペーアはのちに、自分たちに有利な取り決めを連合軍との間に結ぼうとしていたナチ高官のリストにカムラーも加わっていたことを明かしている。ナチスの「奇跡の兵器」についてのカムラーの知識は高く評価されたに違いない。少なくとも、カムラーがソ連の手に落ちることをアメリカが望まなかったのは間違いない。

我々［筆者マーズとカムラー］の4年間にわたる付き合いの中で初めて、カムラーはいつものさっそうたる様子を失っていた。反対に彼は、私がなぜ彼と共にミュンヘンへ移動するのか、その理由に不安を感じているようだった。彼はSS内部で総統を排除する計画が進められていると語った。しかし彼自身はアメリカと接触する計画を立てていた。自由を与えられるのと引き換えに彼は我々のジェット機やA－4ロケットその他、重要なテクノロジー情報すべてを彼らに提供するつもりだった。[*39]

当時、戦略諜報局［OSS：CIAの前身］のスイス支局長だったのはアレン・ダレスである。彼は1953年から1961年までCIA長官を務め、歴代最長の在任期間を記録するが、第二次大戦中はアメリカのスパイ組織の親玉としてずっとスイスに滞在していた。連合軍のさらなる戦闘継続を避け、興味あるナチスの兵器を引き継ぐことができるならナチ高官たちとの取引も彼はいとわなかった。ダレスの最も有名な取引はコルシカ島の引き渡しである。ナチス軍はあっさりとコルシカ島を撤退し、連合軍は抵抗を受けることもなく圧勝を収めた。それまでOSSをあまり評価していなかった陸軍もダレスの働きには渋々ながら敬意を表した。

もしカムラーがアメリカ軍との取引を望んだとしたら、会うべき人物はダレスだった。ダレスはドイツから簡単に行けるスイスのベルンにいた。カムラーが1945年4月に姿を消したとき、戦争の結末はすでに明らかだった。したがって彼が取引を試みようとひそかにベルンのダレスのもとへ向かったのは十分あり得る話だ。そしてどうやら取引は成功したようだった。

のちに、NASAの宇宙船技術者クラーク・マクレランドはNASAでカムラーを見たと述べている。マクレランドによると、ケネディ宇宙センター（KSC）のセンター長のオフィスで偶然ハンス・カムラーと出会った。クルト・デーブスがセンター長だったとき（1962〜66）である［デーブスは初代センター長］。

彼のオフィスのドアを開けると、KSCでこれまで見たことのない2人の人物がいた。彼はその2人を私に紹介した。彼は2人のファーストネームしか言わなかった。（中略）1人はジークフリート、もう1人はハンスと紹介された。（中略）どちらもナチスの高位の指揮官のように見えた。（中略）今では彼らが誰だったかが分かる。あとでドイツ人科学者から聞いたのだ。１人はジークフリート・クネマイアーで、ナチ空軍の高級将校だった。（中略）もう１人はしばらく分からなかったが、あとで彼がアメリカに来てからの昔の写真を見て分かった。ハインツ（ハンス）・カムラーだった。第二次大戦後、カムラーは自分のアメリカ入国を認めてもらう見返りにドイツの極秘テクノロジーを引き渡す取引をジョージ・パットン将軍と行なったという噂があった。それは本当だったかもしれない。私個人はそうだろうと信じている。*40

カムラーとの間に取引があったことのさらなる証拠は、アゴストンの著書『Blunder（大失敗）』の中にある。この本には、かつてのカムラーの部下でシュコダ［チェコの自動車メーカー。大戦中のナチ占領下では兵器や車両を製造した］の工場を取り仕切った元ＳＳ大佐ウィルヘルム・フォスがアメリカの対敵諜報部隊による面接を受けたときのことが書かれている。

フォスが諜報員にカムラーの秘密兵器のことを話しても諜報員たちは驚いた様子を見せなかった。そのためフォスは、彼らはすでにこの情報を知っているのだろうと思った。フォスはまた、諜報員たちがカムラーを発見したことにまったく興味を示さないことにも注意を引かれた。しかも、「高位の元ＳＳ隊員や元ナチ党員が何十人もいて、彼らは戦争責任を問われている様子はなかった。彼らはただ姿を消しただけだった。彼らに共通するのは、以前高度なテクノロジーに接していたということだ」[*41]。

もしマクレランドとフォスの証言が正確なら、カムラーがアメリカとの取引に成功したことは明らかで、その取引は彼が1945年4月に姿を消した直後にダレスを通じてひそかに行なわれた可能性が高い。

カムラーがダレスと実際に協定を結んだこと、カムラーが製造を指揮していた超強力兵器の存在にアメリカが気づいたことを裏づける状況証拠がある。カムラーによるSSの極秘事業はチェコの首都プラハから50マイルしか離れていないピルゼンのシュコダの工場で進められていた。1945年ヤルタでチェコスロバキアはソ連圏に入ることが合意され、これに従ってソ連軍がチェコ領土をドイツから解放することになった。しかしそのあと、第二次世界大戦における大きな謎の1つとされていることが起きた。

ジョージ・パットン将軍は第二次大戦時最大の陸軍部隊を率いてチェコの首都プラハへ急いでいた。チェコ国内のレジスタンス運動が活発なことから、プラハ解放の機は熟しているとアメリカ軍情報部は判断していた。プラハ市内への進軍は容易であり、アメリカ軍は大歓迎を受けるだろうと思われた。ところがパットンの大部隊はピルゼン解放後に前進を止められ、プラハの手前56マイルにとどまることを命じられた。パットンは前進してプラハを解放することをアイゼンハワー［当時連合国軍最高司令官だった］に懇願したが、きっぱりと退けられた。パットンの抗議は無駄に終わった。

アメリカ軍にはプラハ市内の蜂起の知らせが次々に届いた。その知らせは、プラハに入った戦略諜報局（OSS）の3人のチームが戻ってきてパットンに報告した内容によって確証された。チェコの苦境を知ったパットンは上官のブラッドレーに電話をし、プラハ解放の許可が下りるようにしてほしいと伝えた。「お願いだ！　ブラッド、プラハの愛国者たちは我々の助けを必要としているんだ」。パットンは、プラハを解放しないのなら自分は「途方に暮れるしかない」とまで言った。チェコに好意を抱いていないわけではなかったブラッドレーはアイゼンハワーに電話をしてこれを伝えた。しかし最高司令官は頑として判断を変えようとはしなかった。しかも彼はブラッドレーに対し、カルロビバリ［チェコ北西部の市］―ピルゼン―チェスケ・ブデヨビツェ［チェコ南西部の市］間のラインをパットンに越えさせないよう命じた。[*42]

パットン軍はピルゼンにある広大なシュコダのプラントを、その極秘計画もろとも支配下に置いた。軍のエンジニアと専門家チームがナチスの超強力兵器を見つけるためにプラント内の文書類を詳細に調べた。これより早く貴重なナチスの秘密兵器V2ロケット捕獲のためにハルツ山地［ドイツ中部の山地］へ向かっていた同じ第3軍［パットンの部隊］の専門家チームも、ピルゼンがソ連に引き渡される前にV2を獲得するためにピルゼンへ向かった。そしてシュコダにまだ残っていた空飛ぶ円盤の原型やファイル、科学者たちがすべてアメリカに引き渡された。

ピルゼンをわずか数週間だけ管理下に置いたのち、パットン軍は撤退した。そして進軍してきたソ連軍に解放したチェコ領土を引き渡した。アゴストンは、ピルゼンで起きたことはアメリカが犯した大失敗の1つだったと書いている。ナチスの極秘兵器は今やソ連の手に落ちようとしていたからだ、と彼は書く。アゴストンが知らなかったのは、カムラーとダレスの間ですでに取引が成立していたことだ。空飛ぶ円盤その他のナチスの高度なテクノロジーは、ソ連軍が到着する前にひそかにシュコダから運び出されていた。ナチス支配下のシュコダで働いていたチェコのトップレベルの科学者たちはシュコダを離れることを認められ、進軍してきたアメリカ軍に降伏した。アゴストンによると、カムラーの部下でシュコダを仕切っていたフォスがドイツに戻ってみると以前の上官たちはすでに逃亡してしまっていた。[*43]

フォスは、ソ連の手に落ちようという土壇場で自分たちがドイツ国内のアメリカ管轄区域に入り、そこで降伏できるようヒトラーが取り計らっていたことを知って喜んだ。[*44]

シュコダに残ったのは、アメリカには協力しないと決め、自分たちの知識とナチスの計画のファイルを将来のチェコ政府とこれからやって来るソ連軍に引き継ごうと決めたチェコ人の管理人たちと科学者たちだった。

アメリカが空飛ぶ円盤をめぐってナチスドイツと取引きをしたさらなる証拠は、前のほうに登場した前CIA諜報員で、調査のためにエリア51のS－4施設を訪れたことのあるスタイン／クーパーからも得られる。彼はブリーフィングを受け、文書を目にし、戦後アメリカに来た4機のナチスの空飛ぶ円盤を見た。彼は、これらの空飛ぶ円盤はヒトラーの「奇跡の兵器」だと言う。そしてリンダ・モルトン・ハウによるインタビューで、なぜこれらは使われなかったのだろうという質問に対してこう言っている。

ジム大佐は、ヒトラーはこれらを使わないことを選択したと思うと言い、これらはムッソリーニとヒトラーが言う「奇跡の兵器」だと思う、と言いました。多くの人は、ナチスの「奇跡の兵器」はドイツのV－1、V－2、V－3ロケットだと思っていますが、それは事実ではありません。そのスピードといい、反重力テクノロジーといい、これらの円盤こそが「奇跡の兵器」だったのです。[*45]

ここまで見てきた証言や文書を基に考えれば、ヒムラーのSS支配下のピルゼンで進められていた空飛ぶ円盤テクノロジー計画に関して、アメリカとカムラーとの間に取引があったのは明らかなように思われる。前述のように、ＳＳの宇宙計画は、それより前からオルシクとシューマンのもとで進められていたブリル協会の宇宙計画を軍事用に特化したものだった。カムラーは、ブリル協会の計画と並行して行なわれていたナチスのこの宇宙計画を知る数少ない人間の１人だった。

第二次大戦の結末がしだいに明らかになるにつれ、カムラーは空飛ぶ円盤テクノロジーを兵器化するためのインフラを移動させる方向へ動いた。シュコダやヨーロッパ各地のＳＳ管理下の施設には、空飛ぶ円盤を兵器化するためのテクノロジーとそれに従事した科学者たちが残っていた。カムラーにとってはこれらがアメリカ軍と交渉するうえで、また将来ナチスがアメリカの軍産複合体に潜入するうえで、有利な取引材料になった。

だが実はカムラーは、それよりはるかに複雑な計画を組み立てていた。彼が大戦中に検討した別の空飛ぶ円盤テクノロジーグループによる円盤テクノロジーが関係する計画である。これは大戦が終わるだいぶ前に何の妨害も受けずに南アメリカと南極に移され、結果としてナチスドイツ秘密宇宙計画の最も先進的な構成要素となった。

この推測は、カムラーは生き延びてアメリカの空飛ぶ円盤研究に協力したというグッドの言葉とも矛盾しない。グッドはまたカムラーと秘密の円盤テクノロジーについての質問に答え、カムラーが南アメリカと南極にあるナチスの基地に逃れたとも言っている。「ええ、すでに知られている３つの南極（の都市／基地）と、アルゼンチンにある複数の秘密の地下基地に彼と彼のチームに関する文書がたくさんありました」[*46]と語っているのだ。グッドは、南アメリカと南極にナチスがひそかに運び込んだのは、月と他の星へのブリル協会の宇宙計画の出発点になるものだっただろうと言う。

第４章

「ダークフリート」（闇の艦隊）の起源

ブリル協会の秘密宇宙計画は、兵器化できるものは何であれ取り入れようとしたヒムラーのＳＳの監視のもと、驚嘆すべきテクノロジーを実現していた。ヒトラーの支援を受けて、ブリル協会には実際に飛べる宇宙船建造に必要な資金があった。この宇宙船は推力として電気重力《エレクトログラビティクス》を使い、宇宙船にかかる重力を減らすのに高周波回転プラズマを使っていた。ブリル協会の空飛ぶ円盤計画に最初から関わっていたのは反重力テクノロジーの専門家シューマン博士である。この反重力テクノロジーがブリル／ナチスの宇宙船に極超音速（マッハ５・１以上）飛行を可能にし、ジェット機やロケットには当時不可能だった――そして今も不可能な――90度方向転換の操作を可能にした。

ブリル協会の宇宙船は大気圏内で驚くべきスピードで飛ぶことができただけでなく、宇宙での飛行も十分に可能だった。コーリー・グッドによれば、ブリル協会の宇宙船は23万マイル離れた月まで飛び、初めて宇宙飛行士を月面着陸させ、さらには基地を建設するまでに進歩していた。

彼ら（ナチス）は月面に基地を作ろうと何度か試みましたが、１９３０年代にはうまくいきませんでした。ただし大昔の建造物を彼らは発見しました。明らかに大きな体を持つ存在が作ったものでした。彼らはその建造物を修復し、地下基地を作る間の一時的な基地として利用しました。彼らが作った地下基地の地表部分にいくつか構造物がありましたが、そのうちの1つは鉤十字の形をしていました。[*1]

グッドのにわかには信じがたい証言は別の証言によって裏づけられる。「フィラデルフィア計画〔海軍が行なったとされるステルス実験。奇妙かつ悲惨な現象が起きたとされているが、ウィキペディアは都市伝説の1つとしている〕」に始まる複数の秘密計画に参加していたというアル・ビーレクによる証言である。ビーレクによるとこれまでにも秘密の月面着陸が何度もあり、その最初は南極に基地を置くブリル協会/ナチスドイツによるものだった。「月面着陸は公式には1969年ということになっていいます。しかし実際には1947年にドイツ人が月に行っていました。私たちは1962年にアメリカ人とロシア人の共同探査で月に行きました」[*2]

ブルガリア人研究者ウラジーミル・チェルツィスキーは、彼が見たナチス親衛隊（SS）の秘密ファイルにはナチスの宇宙計画の詳しい文書と写真があった、と述べている。彼によるとナチスは1942年に初の月面着陸を行なっていた。

ミーテ・ロケットに乗ったドイツ人が1942年8月23日11時26分（中央ヨーロッパ標

準時）に「雨の海」に着陸しました。最初に降り立ったのはベルナー・ティーゼンベルク海軍大尉でした。実を言うと月へのロケット打ち上げのほとんどは空軍ではなく海軍によって行なわれていたのです。着陸はビルヘルムスハーフェンにある中央司令センターやイタリアのアンツィオにある第2司令センターへの無線コンタクトなしで行なわれました。着陸の1日目からドイツ人たちは地下にトンネルを掘り、大戦が終わるまでには月にナチスの小さな調査研究基地ができていました。[*3]

グッドは、ブリル協会が驚異的な成功を収められたのはアルファ・ドラコニス星系の異星人による積極的な援助があったからだと言う。そしてその異星人たちは地球の地下の高度な文明との間に協力関係があったとグッドは語る。彼の注目すべき証言を支えるのが、ドイツのロケット工学の父ハーマン・オーベルト博士が言ったとされる言葉だ。「私たちはある科学分野における空前の進歩を自分たちだけの手柄にすることはできない。私たちはずっと援助を受けてきた」。誰からの援助かと問われて彼は「別の世界の人々だ[*4]」と答えた。

そしてまたCIAの元諜報員スタイン／クーパーも、かつて見た文書にナチスが異星人の助けを得ていると書かれていたとリンダ・モルトン・ハウのインタビューで述べている。

ハウ：第二次大戦前の1938年のドイツの円盤型宇宙船に6本指の存在が関係してい

たかどうか、上司に尋ねたことがありますか? つまりドイツ人を手伝ったのは6本指の人々かということですが。

クーパー:ドイツ人を手伝ったのは彼らでした。[*5]

ドイツの敗北が明らかになっていく中で、伝えられるところではブリル協会はさらに驚嘆すべきテクノロジーを達成し続けた。そこには、月面着陸に続いて1940年初めにアルデバラン星系へ星間飛行をしたことも含まれる。これについてグッドは次のように語る。

ええ、最初はポータル・フィジックス(portal physics)も十分に理解しないままナチュラル・ポータルズに基づいた宇宙船を飛ばそうという試みがありました。この「遠征」は、数年後にアメリカ人が経験することになる「フィラデルフィア計画」と同じような結果に終わりました。ポータル・トラベルが盛んに研究され、飛行計画のためのまったく新しい物理学と数学が生み出されました。もし異星人集団と異星人を装った「古代離脱文明」人の助けがなかったなら、彼らとの初期の「ジョイント計画」(アイゼンハワーとの秘密協定[177ページ参照]:締結以後さまざまな秘密宇宙計画になった)は苦労してゼロから組み立てなければならなかったでしょう。[*6]

テクノロジーのこのような成功は他の時代なら新聞の第一面を飾るニュースになっていただろう。しかし大戦下の当時にあっては、これは参戦国の多くの極秘事項の1つに過ぎなかった。ドイツへ迫りつつあるソビエト軍および欧米の連合軍によってナチスドイツが徐々に崩壊し始めるにつれ、ナチスのエリートとブリル協会のメンバーに残された道はドイツを脱出することだけだった。

南極と南アメリカへのナチスの退却

1945年5月のドイツの「公式」の敗北は、実際は「戦術上の勝利」だった。それは「勝利を収めた連合国側」の重大な戦略的敗北を覆い隠すものだったが、その事実は一般の人々に知られることはなかった。ナチスのエリートや彼らが所有するすこぶる高度なテクノロジー、そして実際に使用可能な「ソーサー・シップ（円盤型宇宙船）」は、連合国の占領軍から脱出することに成功した。[*7] リチャード・ウィルソンとシルビア・バーンズは、彼らの著書『Secret Treaty: THE United States Government and Extra－terrestrial Entities（密約：アメリカ政府と地球外生命）』のためのリサーチで当事者たちにインタビューをし、また機密文書を見たと述べる。以下は彼らがナチスドイツについて知った内容である。

科学分野のドイツ人たちは、１９４２年にはドイツは戦争に敗れると分かっていた。しかし彼らは第三帝国の理想を持続させるプランを決めた。人種の純潔性を保つというナチスの根本方針に基づく分離社会を樹立すると決めたのである。重力テクノロジーの発達がそのプランを助けた。１９４５年２月23日、クーゲルブリッツ［第二次大戦中にドイツ国防軍が開発した対空戦車］の最新のエンジンのテストが行なわれ、そのあとエンジンが抜き取られた。クーゲルブリッツはＳＳ隊員と科学者たちによって爆破され、設計図とエンジンが南極に送り出された。ドイツ人たちは１９４１年から南極に地下施設を作っていたのである。２日後の１９４５年２月25日、カーラ（Khala）の地下工場は閉鎖され、労働者は全員ブーヘンバルト［強制収容所があった］へ送られてガス室で殺された。ドイツ人たちはまた彼らの「アーリア人エリート」の子どもたちやその他の人々を南極の地下基地へ送った。１９４５年４月に姿を消したハンス・カムラー将軍がネーベ将軍と共にこの立ち退きの実施に携わった。ドイツ人は南極基地に優生学に基づく社会を作った。彼らは今もそこにいる。どうやら彼らは南アメリカにも技術者のコロニーを保持しているようだ。*8

実際、元ＣＩＡ諜報員スタイン／クーパーによると、ナチスドイツの高度な空飛ぶ円盤計画は第二次大戦が勃発する前に南アメリカと南極へ移されていた。

イギリスは１９３０年代に円盤型航空機の写真に出会い、ドイツがその航空機に「レーザー銃」を搭載していることを知りました。ヒトラーはドイツが所有しているその航空機をすべてアルゼンチンと南極に移しました。第二次大戦を始めるにあたってそれらの航空機を奪われないようにするためだったようです。[*9]

リンダ・モルトン・ハウのインタビューでスタイン／クーパーは、ペーネミュンデ［ドイツ北東部の村で、第二次大戦中ドイツ軍のロケット・ミサイル開発施設があった］からアルゼンチンと南極に移されたナチスの航空機についてこう述べている。

ハウ：あなたはドイツ人がペーネミュンデの航空機をその後も南アメリカで飛ばしていると確証できる写真を持っていたのですね？

クーパー：ええ、そうです！　それらは中央部の高さがおよそ12フィートありました。すべてハウニブ2のように見えました。ただし宇宙人の乗り物だった可能性もあります。でも私たちはそれをアルゼンチンから飛んできたドイツ機に分類しました。しかしレーダー上では**実際の**宇宙人の宇宙船が大気圏外からアルゼンチン地域に降りてくるのをたびたび見ていました。また、アルゼンチンの東側、南大西洋のフォークランド諸島のイギリスとの共有レーダーによって、大気圏外から南極地域に入っていく宇宙船もキャッチしていました。（中略）1959年から60年には、私たちは宇宙人の宇宙船とドイツ機を区別できました。ドイツ機は宇宙人のそれに比べてはるかにスピードが遅いのです。宇宙人のものはときに時速3万マイル！で大気圏外からやって来ました。*10

ナチスドイツの高度な兵器計画のうちドイツ敗戦後も残ったものがアメリカにとっては気がかりだった。*11トルーマン政権が承認したペーパークリップ作戦を推進した軍関係者が挙げる主たる推進理由の1つがこのことだった。

ペーパークリップ作戦は、本来陸軍と海軍にまたがる共同情報目標局（Joint Intelligence Objectives Agency：JIOA）の管轄下にあった。JIOAは海軍がナチスの高度なテクノロジー計画の情報を収集できるよう、海軍長官ジェームズ・フォレスタルがルーズベルトに要望して設置されたものだった。1945年の7月から8月にかけてフォレスタルは占領したドイツへ向かった。目的は、海軍と陸軍の施設を訪れてペーパークリップ作戦がどう進められているかを自分の目で確かめること、そしてアメリカ軍が捕獲したナチスの進んだテクノロジーを調べることだった。これらのテクノロジーをめぐってカムラーは連合軍との交渉に成功しており、フォレスタルはまもなくそれを知ることとなる。フォレスタルは獲得したナチスのテクノロジーのどれが将来価値を持つか海軍が決める手助けをした。海軍が特に関心を持ったのはナチスの高度な潜水艦だった。それは空飛ぶ円盤や葉巻型の宇宙船――地球の周回やさらには地球軌道の外側へ向かうことも可能――と建造技術の一部を共有していた。グッドはアメリカの最初の秘密宇宙計画を主導したのは海軍だと述べているが、これについては第5章で詳述する。

1945年のフォレスタルのドイツ行きに付け加えるべき重要な事実がある。このとき若き日のジョン・F・ケネディが随行していたのだ。フォレスタルが自分の個人スタッフとしてケネディを起用したのである。フォレスタルがナチスの進んだ兵器を検分したり、アイゼンハワーを含む連合軍の幹部と会合したりする間ケネディはずっとフォレスタルに同行していた。ケネディはそのときのことを、『Prelude to Leadership（リーダーへの前奏曲）』[*12]として死後に出版された日記に書き残している。彼の日記は、海軍が関心を持った高度なテクノロジーをフォレスタルが視察する間ずっと付き従っていたこと、それらの一部はペーパークリップ作戦のもとアメリカへ移されるであろうことをはっきりと書いている。ケネディの日記は空飛ぶ円盤には触れていないが、彼がナチスの進んだテクノロジーを自らの目で見、さらに記録に残していいことと秘密にすべきことに関する指示を受けたのは間違いない。彼がその後UFOの機密文書とそのテクノロジーに接近しようとしたことがケネディ暗殺の直接的原因だったことが明らかになっている。[*13]つまり彼の暗殺は、1945年のドイツで彼が見たナチスのテクノロジーがその要因だったのだ。

敗戦直前にナチスSSが最高のテクノロジーや人材を秘密裡に移動させていたことを知ったときの連合軍指導部の衝撃は大きかったに違いない。[*14]大戦直前の数カ月のドイツの行動は、誇大妄想の指導部による絶望的な賭けなどではなかった。ナチスの最も価値ある財産と人材を、受け入れ準備を整えた南極と南アメリカへ移すための周到に計画された引き延ばし戦術だったのだ。カムラーが連合軍との間で行なった交渉の対象は、ナチ政権が知る先端テクノロジー中の二流レベルのものだった。コーリー・グッドが見た機密文書には、「南極に〔都市／基地が〕3カ所、アルゼンチンに秘密の地下基地が数カ所」ナチスによって作られた、とあった。*15

ナチスには多くの企業との結びつきや自身のダミー会社があり、南アメリカの複数の政府や企業とのつながりもあった。集団的大移動を準備する十分な時間と物資があったのだ。大戦が始まる前からナチスは装備の整った南極遠征を行なっていた。そのため南極は彼らにとってはなじみのある場所であり、戦後この地域でどんな活動をも行なえる土台はできていた。

ナチスによる最大の南極遠征が行なわれたのは1938年から39年にかけてである。遠征隊長アルフレート・リッチャーはナチ政権の代表として広い範囲をドイツ領と宣言した。航空母艦「シュバーベンラント」から、その地域――「ノイシュバーベンラント(新シュバーベンラント)」と呼ばれた――を空から調査するために複数の航空機が飛び立った。*16「シュバーベンラント遠征隊」の目標の1つは南極に複数の基地を作ることだった。

ナチスが南極に基地を作ったことはルーズベルト大統領の心配の種となった。そこで彼は、西半球［経度0から西へ180度までの範囲。南北アメリカが含まれドイツは含まれない］に属する南極大陸でのナチス駐留に警告を発するため、軍に遠征隊の派遣を命じた。『ニューヨーク・タイムズ』は1939年7月7日の紙面に次のような記事を載せている。

南極の西半球エリアへドイツが領域拡大をはかるのを防ぐため、ルーズベルト大統領はリチャード・E・バード海軍少将に対し10月にモンロー主義が適用される範囲の領域へ向かうよう命令を下した。(中略)政府は、西半球に属する南極に基地を建設する外国の試みに対し、場合によっては敵対行為とみなす用意があるようだ。*17

大戦中の南極地域での広範なドイツ潜水艦の動きは、リッチャー遠征隊が作った基地に加えてさらにドイツが新たな基地を作りつつあることを示唆していた。その疑いは、ドイツの潜水艦隊司令官カール・デーニッツ提督の言葉でいっそう強まった。彼は、自分の艦隊が「世界の別の場所にシャングリラ・ランド[シャングリラはジェームズ・ヒルトンの小説に出てくる架空の理想郷]──難攻不落のとりで」をすでに築いた、と述べたのである。*18 1945年5月8日にドイツが無条件降伏したあとも、南極地域でのナチスの潜水艦の活動は続いていた。それを証明するのが1946年9月25日のAFP通信の次の記事だ。

ドイツのUボート[ドイツの潜水艦の総称]が南アメリカの南端と南極大陸の間にあるテ

ィエラデルフエゴ（ドイツ語で「フォイアーラント」）で活動しているという噂は単なる噂ではない。[*19]

ナチス幹部が南極に大移動することへの疑いを連合軍が強めたのは、ブリル協会が宇宙人および地球の地下に本拠を置く高度な文明とのコンタクトに成功した形跡があったからだった。地球外生命および／あるいは地下の文明とナチスが協力していることが、今や連合軍が南極と南アメリカに移住したナチスの生き残りを追跡し、根絶しようとする要因になっていた。

ブリル協会の宇宙船計画はナチスの敗北のだいぶ前に実用化段階に達していた。ブリル協会の計画は戦争とは直接関係ないことをオルシクが明言していたので、そのテクノロジーや設備、人員を南極と南アメリカへ安全に移動することは可能だった。

前のほうでも引用したが、スタイン／クーパーの証言によるとヒトラーは大戦が始まる前にブリル協会の宇宙計画を南極とアルゼンチンへ移す命令を下していた。[*20] このシナリオは、ヒトラーが大戦前に軍に対して南極での複数のミッションを認めていた[*21]ことを示す文書と符合する。ナチスドイツは南極探検にかなりの財源をあてており、戦前の1938年から39年にかけての南極の夏の最初の遠征ですでに駐留を始めていた。そのため大戦前にブリル協会の秘密宇宙計画のための地下基地を1つかそれ以上作ることは可能だった。

ヒムラーのSSはそううまくはいかなかった。カムラーが仕切るSSによる空飛ぶ円盤の兵器化は、ぎりぎりのところで戦局の変化に間に合わなかった。しかしカムラーは、連合軍がチェコスロバキアのピルゼンその他の秘密生産施設に進軍してくる前に生産設備と実用段階の空飛ぶ円盤を可能な限り確保した。

ナチス研究者アイボ・ハービンソンは、彼が見た文書に従ってSSの南極への退却状況をこう書いている。

終戦直前の1945年3月、2隻の補給用Uボート——U-530とU-977——がバルチック海のある港を出港した。伝えられるところでは、2隻のUボートには空飛ぶ円盤研究チームのメンバー、空飛ぶ円盤に不可欠な部品、円盤のためのメモと図面、ハルツ山地のノルトハウゼン地下施設を基に作った巨大なコンビナートおよび居住施設の設計図が乗っていた。2隻のUボートは予定通りノイシュバーベンラント——より正しい言い方をするならクイーンモードランド——に到着し、そこで荷物と乗員を降ろした。[*22]

戦後のナチスの基地におけるオルシクとブリル協会の役割は何だったのかという問いに対し、グッドはこう説明する。

彼女は言うまでもなく南極の都市／基地に到達しました。(中略)これらの「協会」はそこで中心的な位置を占め、ET(地球外生命)と信じられたグループ、そして提携関係を結んでいたドラコ連邦と共に施設をコントロールしていました。

これは重要な証言だ。ブリル協会とその盟友トゥーレ協会および「ブラック・サン」はヒムラーのSSからの独立を維持しただけでなく、今や南極基地の指導的地位にあったというのである。ナチスの敗北の結果、カムラーの空飛ぶ円盤兵器化計画のうち生き残ったものと、ブリル協会の実用段階の秘密宇宙計画——大戦中もその存在を知られず無傷で残った——が合体したのだ。ブリル協会がナチスSSからの独立性を維持できたうえに、ドイツから離脱した社会で指導的な地位に就いたという事実は、ブリル、トゥーレ、ブラック・サンのリーダーたちがヒトラーの全体主義社会の中でいかに強力になっていたかを示している。しかしナチスとの共同宇宙計画ができてまもなく、各協会のリーダーたちは陰湿な異星人グループ、ドラコ・レプティリアン[ドラコ連邦を構成する異星人]と手を組む邪悪なオカルト集団と提携した(あるいはその集団に力を奪われた)。

グッドはこれらの邪悪なオカルト集団を、映画『スター・ウォーズ』に出てくる「シス」に似た存在だと述べる。[*23] グッドの言葉は、ヒムラーのSSの幹部隊員で結成されたブラック・サン協会が行なっていたことを想起させる。歴史家で『Unholy Alliance(邪悪な同盟)』の著者ピーター・レベンダは、ヒムラーがSS幹部の神秘主義的基礎となるあることを中世の城ベベルスブルク

（Wewelsburg）で始めたことをこう書いている。

結社「ブラック・サン」は年に一度ひそかに集会を行なう。メンバーには自分の名前が彫られた銀のネームプレート付きの椅子があり、精神の集中を目的とした神聖な儀式を各自で行なうことになっている。（中略）どうやら「アーサー王と円卓の騎士」伝説を真似たと思われるこの集まりは、選び抜かれた12人を座らせるオーク製の椅子と食卓のある大食堂で行なわれる。*24

ここでSSの幹部たちは死の世界からやって来た霊魂の集団とコミュニケーションを行なう。「ヒムラーと側近の幹部12人があの世のチュートン人と神秘的なコミュニケーションその他の霊的な儀式を行なうのは円卓のある大食堂だった*25」。レベンダは、ヒムラーとSSのブラック・サンが円卓での集会でドイツ陸軍のフォン・フリッチュ総司令官への審問［1937年にヒトラーから侵略戦争の計画を打ち明けられたが時期尚早として異議を唱えたのち、同性愛の疑いで捜査を受けた］に関することも行なったと書いている。

彼（ヒムラー）はSS幹部のうち最も信頼を置く12人をフォン・フリッチュが審問を受けている隣の部屋に集め、フリッチュ将軍に真実を語らせるために精神を集中するよう命じた。私は偶然その部屋に入ったのだが、円卓の周りに座った12人のSSが深い瞑想にひたっている姿はまことにもって驚くべき光景だった。[*26]

これを知った今では、ブラック・サンがブリル協会の宇宙計画に歩み寄り、それを乗っ取った基礎に彼らの神秘主義的傾向があったことがよく分かる。

南極の3つの基地とアルゼンチンの基地で合流したSSとブリル協会の宇宙計画は十分な能力を持つ「円盤型宇宙船」を所有し、地球を回り、さらには月の秘密基地へ行くこともできた。大戦直後にたびたび目撃されたUFOは、ナチスの高度なテクノロジーに気づいていた複数の軍当局者によれば十分に使用可能なナチスの宇宙船だった。[*27]

「ハイジャンプ」作戦とナチス&ET連合の遭遇

ナチスの南極基地を突きとめ、占領あるいは破壊することを目的に1946年から47年にかけて海軍の遠征隊が南極地域へ派遣された。隊を率いたのはリチャード・バード少将だった。この遠征は「ハイジャンプ」作戦と名づけられ、隊の構成は「人員4700人、ヘリコプター6機、マーティンPBM飛行艇6隻、飛行艇用補給船2隻、航空機15機、支援艦13隻、空母『フィリピン・シー』」。[*28] バードは機密命令と機密ではない命令の両方を受けた。海軍の司令官にとっては通常のことである。一般人に伝えられた機密ではない遠征目的は、将来の基地建設に適した場所を見つけるための探査、測量といった主として科学的なものだった。

一方、提督チェスター・ニミッツからバードに下された機密指令は以下の通りだった。

・寒帯での人員訓練および物資のテスト
・南極大陸において可能な限りアメリカの主権を固め、拡大すること
・南極に基地を作り維持する可能性の判断と、可能な基地用地の調査
・氷上に航空基地を作り維持する技術の開発（のちグリーンランドでも応用できる技術になるよう留意する）
・南極地域での水路学、地理学、地質学、気象学、電磁気状態に関する既存の知識の拡充[*29]

科学的な調査という目的は機密の目的を隠すためのカバーだった。バードの艦隊の任務は科学的なものなどではなく、艦隊の規模からも分かる通り敵に対する軍事派遣だった。

１９４６年から47年にかけては、南極へ大規模な軍事遠征を行なう最初のチャンスだった。日本が降伏したのが１９４５年9月2日［ミズーリ号上で降伏文書に調印した日］。12月に始まる南極の夏に向けて海軍がその年のうちに必要な軍事情報を入手し、計画を立て、大規模な遠征準備をするに

は時間が足りなかった。そのためアメリカは遠征に1年待たなければならなかったのだ。

大戦終了直後のこの時期――冷戦の緊張が高まり、一方で兵員や艦船の就役解除が行なわれていたこの時期――にこのような大艦隊が南極へ送られたのは奇妙なことに思われる。したがってこの遠征の目的は戦争自体によっては解決されなかった問題に対処することだったと考えるのが妥当だろう。とりわけ地下基地を含む各地の基地に隠れていたナチスの残党に対処することが。というわけで、バードの機密任務は南極にあるナチスの基地を突きとめ、占領あるいは破壊することだった。

皮肉なことに、バードはリッチャーのシュバーベンラント南極遠征隊が1938年12月17日に出発する前に主賓としてドイツに招待されていた。

1938年のドイツ遠征隊出発以前に存在した南極上空からの写真は、唯一1933年にリチャード・E・バードが撮ったものだけだった。バードはドイツ極地調査協会の招待を受けてハンブルクにドイツ遠征隊を訪問した。同協会の仕事は遠征隊の隊員を集めて訓練することだった。協会はバードに遠征隊に加わるよう要請し、準備の現場へも案内したがバードはこの申し出を断って帰国し、ルーズベルト大統領の求めに従って南極での軍務の指揮を執った。だがその任務は第二次大戦勃発により1年で終わった。*30

前述したように、バードは1939年7月8日にルーズベルト大統領から西半球に属する南極のすべてのナチ基地の位置を突きとめ、攻略すべしとの命令を受けていた。[*31] 戦後の1946年にあらためて南極へ向かったバードは翌年の47年、ドイツが1938年のシュバーベンラント遠征の間に——あるいはその後に——作った、もしくは「発見した」基地を探し出し、占領あるいは排除しようとしていた。アメリカ海軍のこうした動きに立ち向かうナチスの南極基地にはそれ以前の9年間の猶予期間があった。

バードの予定任務期間は6カ月だった。にもかかわらず、それはたったの8週間で終わりを告げた。理由は、チリの新聞によると「トラブルに遭遇」し「多くの惨事があった」からだった。[*32] もし任務の目標がナチ基地の位置を突きとめて根絶することだったとしたら、この記事と任務の早期の打ち切りが示唆するのはアメリカ海軍の惨めな失敗とアメリカへの激しい警告である。

1991年にソ連が崩壊したのち、KGB（ソ連の国家保安委員会）はかつての機密文書を公開した。その文書の中にはバードが率いた謎の多い南極遠征の一部を明らかにするものもあった。南極への68特別部隊（公式名称は「ハイジャンプ」作戦）に関して1947年にヨシフ・スターリンが命じた秘密情報部の報告をロシアは2006年に初めて公開した。[*33] アメリカに潜り込んだソ連スパイが集めたその情報によると、アメリカ海軍の遠征隊は秘密のナチ基地を1つかそれ以上発見してそれを破壊した。その間、遠征隊は謎めいたUFOの1部隊に遭遇して攻撃を受け、数隻の艦船とかなりの数の航空機を破壊された。実際、「ハイジャンプ」作戦は先に挙げたチリの新聞が書いているように「多くの人的損害」をこうむったのだ。この報告はソ連の秘密情報部員に流された偽情報の可能性もあるが、むしろ米海軍部隊と南極付近にいた未知のＵＦＯ部隊が戦ったという史上初の出来事を明らかにしたと解するほうが適切だろう。

ソ連情報部の報告書には「ハイジャンプ」作戦に従事した米海軍の2人の兵士の未公開証言が含まれている。ネットマガジン『ニュー・ドーン』で最近フランク・ジョセフは2人の証言の詳細な分析を行なった。米艦「ブラウンソン」に乗っていた無線技士ジョン・Ｐ・シュツェーバッハはＵＦＯが深い海から突然現れたと証言している。

１９４７年1月17日午前7時、操舵室の左舷側にいた私ともう１人の乗組員は数分にわたって明るい光を観測しました。それは通常では考えられないスピードで約45度の方向へ昇っていきました。(中略)光の正体は分かりませんでした。我々のレーダーは直線で２５０マイルまでしか捉えられないからです。[*34]

ソ連情報部の報告によると、その後数週間ＵＦＯが米海軍小艦隊近くに飛来し、小艦隊が攻撃すると報復に出て手ひどい損害を与えた。飛行艇パイロットのジョン・セイヤーソン中尉はこう語った。

それはものすごいスピードで水面から垂直に飛び出しました。まるで悪魔に追いかけられてでもいるようでした。そして船のマストとマストの間をとんでもないスピードで通り抜け、それが起こした乱気流のせいで無線のアンテナが前後に揺れました。カリタックから数秒後に飛び立った航空機（マーティン飛行艇）はその物体から出た見たことのない種類の光線に襲われ、たちまち我々の飛行艇の近くに墜落しました。（中略）10マイル離れた場所では魚雷艇「マドックス」が燃え上がり、沈んでいきました。海面から飛び出したこの物体の攻撃を見た私は、肝をつぶしたという以外に言葉が見つかりませんでした。*35

引用されたこのセイヤーソンの話には1つ大きな問題がある。米海軍には「マドックス（Maddox）」という名の魚雷艇が存在したことはないのだ。*36 ロシアの文書でセイヤーソンが挙げたのは駆逐艦「マードック（Murdoch）」のことではないだろうか。だが「マードック」という名の駆逐艦は1947年には就航していなかった。その代わり「マドックス」（DD‐731）という駆逐艦があったが、それは「ハイジャンプ」作戦では使われていない。実は、米艦「マドックス」は1964年のトンキン湾事件［ベトナム戦争時に「マドックス」などが北ベトナムの魚雷艇の攻撃を受けた事件］で攻撃された駆逐艦だ。*37

フランク・ジョセフによると、「マドックス」は「魚雷艇か、あるいは魚雷を積載した駆逐艦」だった。ジョセフはさらに、ソ連の報告書が言うところの「マドックス」に起きたかもしれないことについて次のように述べる。

「マドックス」が敵の攻撃で沈められたのは事実だがそれは5年前の話で、連合軍がシチリアを攻めているときにドイツの急降下爆撃機でやられたのだ。当時「マドックス」の名前（DD－168、DD－622、DD－731）の米駆逐艦が少なくとも3隻あり、いずれも同時期に使われていた。海軍が公式の政策を混乱させようとするときには、艦船の名前をわざと違えたり、艦船の活動の歴史を書き換えたりすることがあるのはよく知られている。（中略）したがってソ連のスパイが「マドックス」と書いたのは、公式の歴史を海軍が歪曲した結果かもしれない。*38

ジョセフが正しいとするなら、「ハイジャンプ」作戦で「マドックス」が破壊されたのを隠蔽するために海軍が公式記録を書き換えた可能性は十分あり得る。別の説は、1947年のソ連の報告書にはアメリカがでっち上げた偽情報が含まれているというものだ。アメリカの情報コミュニティーに知られているソ連スパイを通じてソビエト政権に伝えた、と。ありそうな話にも思えるが、「ハイジャンプ」作戦が行なわれた当時アメリカとソ連はまだ連合国であり、南大西洋にあるナチスの秘密基地を見つけて破壊することは共通の関心事だった。

1947年3月5日のチリの新聞は「ハイジャンプ」作戦を早期に終えたバードへのインタビュ

ーを掲載しているが、その記事は実際に軍事的敗北があり、南極に新たな脅威が生まれていることを示唆している。

バード提督は今日、アメリカ合衆国は敵対的地域に対してただちに防衛手段を講じる必要があると言明した。提督はさらに、恐怖をあおりたくはないが、新たな戦争が発生した場合には米本土は北極南極間を信じがたいスピードで移動できる飛行物体の攻撃を受けるだろう、と述べた。*39

アメリカ海軍が徴用できたベストな部隊が、南極に逃れたナチスの小規模ながら高度な兵器を持つ部隊にまったく太刀打ちできなかったのは明らかだ。ナチス部隊がアメリカの攻撃を寄せつけなかった背景に高度なテクノロジーを持つ味方がいた可能性は排除できない。オルシクとブリル協会メンバーの存在は、ナチスが異星人あるいは進んだ地下文明とコミュニケートできる秘密の手段を持っていたことを示唆している。*40

この筋書を裏づけるのがスタイン／クーパーの証言だ。彼は関係文書を目にし、「ハイジャンプ」作戦の結末を要約した報告書を受け取ったことがあると言う。

1946年から47年にかけてアメリカはバード提督が指揮する南極への科学調査部隊を

派遣しました。しかしそこでエイリアンや彼らの宇宙船と小規模な軍事衝突がありました。[*41]
その後の報告は、南極地域でUFOが広範囲に活動していること、南極がバードを悩ませた新たな敵の作戦基地になっていることを確認している。またチリの新聞はその敵が「北極と南極の間」を飛べると伝えている。[*42]
コーリー・グッドによると、南極の3つの基地建設およびその防御にあたってナチ幹部たちを援助する存在がいた。

ドラコ連邦の援助がありました。そしてまたナチスがETと信じ込まされたグループ（それらは「アリアンニ（Arianni）」あるいは「アリアンス（Aryans）」、ときに「ノルディクス（Nordics）」と呼ばれていました）の援助もありました。それらは実際は古代に人類から離脱した文明人のグループです。人類離脱グループはある宇宙計画を生み出し、ヒマラヤ山脈の地下に巨大な複数の基地（チベットの地下にあるものが最大で、システム「アガータ」と呼ばれています）を建設し、ヒマラヤ以外にも数カ所に基地を作っていました。[*43]

グッドのさらなる話によると、生き延びたナチ政体はバード部隊を圧倒したあと、その秘密基地や空飛ぶ円盤テクノロジーを利用してトルーマン、アイゼンハワー両政権に秘密の協定を呑《の》ませた。

ハイジャンプ作戦が失敗に終わったあと、ペーパークリップ作戦の科学者たちは会合の仲介を頼まれました。アメリカは地球外から来て墜落した数種類の宇宙船を回収していましたが、それらがあまりにも高度なので逆行分析ができないでいました。そしてナチスの離脱グループはそのことを知っていました。グループはまた「ペーパークリップ」内の彼らのスパイから、アメリカが異星人の存在を地球上で最大の機密事項にする大統領令を出したことも知らされました。この大統領令が出された理由は、金のかからないエネルギーの存在が知れると石油取引がたちまち破壊され、また社会の上層部が大衆を支配するための「バビロニアン・マネー・マジック・スレイブ（奴隷）・システム」［第11章参照］全体が破壊されてしまうからです。ナチたちはこれをワシントンDCや秘密の原爆戦基地などへの進出に利用しました。アイゼンハワーは最後には折れて彼ら（およびETとETを装う古代離脱文明人）との協定にサインをしました。*44

グッドの驚くべき証言を裏づけるのがNASA宇宙船の技術者だったクラーク・マクレランドである。彼が言葉を交わしたペーパークリップ作戦のドイツ人科学者はこんなことを彼に語った。

ワシントンDCの上空を飛んだ高速の宇宙船は、アメリカの最新鋭の航空機よりも速いこの種のドイツの航空機です。1952年7月12日にトルーマン大統領は数機のUFOを目にし、その能力に絶句しました。空軍機や海軍の最新のジェット戦闘機F-4Dよりも速かったからです。撃墜しようと複数のジェット機が飛び立ちましたが、どれも追いつくことはできませんでした。[*45]

グッドが証言するのは、生き残ったナチスのテクノロジーが卓越しているという厳然たる事実に加え、ナチスの同調者《シンパサイザー》がアメリカの軍産複合体に広く潜入しているということだ。かつてナチスのもとで仕事をし、戦後ペーパークリップ作戦に組み込まれた数千人の科学者や技術者の中には南極にいたグループもいて、彼らはアメリカの宇宙計画や軍産複合体に潜入していった。そして後者に潜り込んだグループはそれ自身の「離脱文明」を順調に築く。

トルーマンおよびアイゼンハワーがナチスの「離脱文明/社会」と協定を結んだ結果、(すでに軍や企業、情報機関、秘密あるいは公然の宇宙計画の中に巧みに入り込んでいた)「ペーパークリップ」内のスパイたちは、巨大複合企業内の有力な地位に就くことがいっそう容易になりました。彼らが宇宙での活動を拡大するために渇望したのが巨大な産業複合体だったのです。[*46]

マクレランドは、1946年にはナチスSSが「ペーパークリップ」内に侵入しており、1960年代までケネディ宇宙センター（KSC）のドイツ人科学者たちを威嚇していたというグッドの言葉を確証する。

KSCで会ったドイツ人技術者や科学者は、1946年にペーパークリップ計画でフォン・ブラウン博士［ドイツ人の工学者で、ロケット開発の最初期における最重要指導者の1人］と共にアメリカにやって来たSSがKSCで働いているのに気づいていました［フォン・ブラウン博士がアメリカに来たのはウィキペディアによると1945年］。（中略）このSSグループは第二次大戦中ドイツで恐れられていたようにKSCでも恐れられていました。[*47]

グッドによると、アメリカのエリート集団とナチスの離脱グループの間ではどちらが先に相手グループに潜入して支配権を得るかの競争があった。

秘密協定が結ばれたあと米独共同の宇宙計画が本格的に始まると事態が混乱しだし、結果としてナチスの離脱グループが相手グループを乗っ取りました。彼らはすぐに金融組織から軍産複合体に至るまでのアメリカのあらゆる分野を支配下に収め、やがて国の3部門

［立法・行政・司法のことか］をも支配下に収めました。とうてい信じられないという人もいるでしょうが、多くの人が、過去70年の間私たちの政府の実態はどうだったたか、アメリカに何が起きたかに気づき始めています。*[48]

グッドは、離脱したナチスによる隠れたクーデター——アメリカ占領——についてこう語る。

1950年代から以降、彼らは軍産複合体や大企業のトップの地位に滑り込み、組織を我がものにしました。彼らは離脱文明計画の中心になっただけでなく、アメリカの政府や金融組織の主流に入り込んだのです。目に見えないこのクーデターで彼らはアメリカの共和政体の中身を破壊し、私たち一人一人を企業の番号付きの「資産」に変えました。この計画は第一次大戦のはるか前から各種の結社が実行していたものです。それらは金融システムを支配し、戦争の両当事国に資金を調達していました。*[49]

グッドのこれらの証言には異論も多いが、その証言を支持する著名な研究者やジャーナリストもいる。ジム・マーズは著書『The Rise of Fourth Reich（第四帝国の出現）』で、アメリカはペーパークリップ作戦によって連れてきた骨の髄からのナチ党員——高度なテクノロジーのみならずナチスのイデオロギーも携えてきた*[50]——に侵食された、と主張する。この本へのアマゾンのレビュアーの1人はこう書いている。

論議を呼ぶこと必至のこの暴露本の中で、伝説的なジム・マーズはぎょっとさせられるあることを追及している。半世紀以上前に克服されたと考えられてきた危険なイデオロギーが、実は現代のアメリカで隆盛をきわめている可能性があるというのだ。第二次大戦の終わりにナチス幹部は狂信的《ファナティック》な若い部下たちとヨーロッパでの略奪品を利用して各国にペーパーカンパニーを作り、徐々に企業国家アメリカへ侵入してきたと彼は言う。彼らは宇宙開発競争に勝利を収められる驚異的な兵器テクノロジーを持っていた。しかし彼らは同時に独裁主義の前提——目的のためには手段を選ばない——を基にしたナチスの思想も身にまとってきたのだ。そういった手段の中には、大義のない戦争や個人の自由の抑圧といったことも含まれる。それがこれまで「自由の国」をがっちりと握ってきたのだ。ジム・マーズは60年前から続いているその活動を示す圧倒的な証拠を集めた。現代のアメリカに国家社会主義体制——新たな帝国「第四帝国」!——を樹立しようとする活動の証拠を。*51

グッドによると、南極基地の防御およびアメリカ政府との秘密協定の締結に成功したナチスは、月面の巨大基地建設に取りかかれることとなった。この基地は最終的にはアメリカの秘密宇宙計画に引き継がれたが、そこにはすでにナチスの同調者《シンパサイザー》が潜入していた。基地は「月面作戦司令部」と呼ばれるようになった。

この基地は、彼らとアメリカの間に画期的な協定が結ばれた1950年代初めにも建設が行なわれていました。この協定のおかげで彼らは「産業力」を利用できるようになったのです。彼らが大戦中ヨーロッパで戦争しなければならなかったのはこの「産業力」のせいでした。今や自分たちの思いのままになった「産業力」(まもなく「軍産複合体」と呼ばれるようになります)を使って彼らは大規模な基地を築き、それがさまざまなレベルの「釣鐘型」や地上構造になりました。それらは以前にあった地上構造の周囲に作られ、今私たちはこれを「月面作戦司令部」(LOC)と呼んでいます。*52

軍産複合体および秘密宇宙計画——1950年代末から60年代にかけて始まった——への潜入に成功した離脱ナチ集団は、そのエネルギーを太陽系の外へも向けるようになったとグッドは断言する。やがてこれがグッドの言う「ダークフリート」を生んだ。これは本来太陽系の外で活動を行なう。

「ダークフリート」秘密宇宙計画の出現

グッドによれば「ダークフリート」は現代になって始まった5つの秘密宇宙計画の1つであり、名前が示すように不快なオカルト的集団と関係がある。すなわち、活動の実態が闇に包まれ、邪悪な歴史を持つ異星人集団とつながる秘密結社と関係があるのだ。ダークフリートをグッドは以下のように要約する。

ダークフリート――太陽系の外で活動することがほとんどで、非常に攻撃的。最高機密。大艦隊（『スター・ウォーズ』に出てくるV字型航空機に似た輸送機で構成される）を複数所有している。ドラコ同盟〔グッドの話および地の文に出てくる「ドラコ連邦」、「ドラコ連邦同盟」「ドラコ同盟」「ドラコニアン連邦同盟」は同じものを指しているようである〕と共に活動し、他の星系との争いで共に戦っていると考えられている。*53

ドラコ同盟との協力という話はきわめて重要だ。ドラコ・レプティリアンは帝国主義的な異星人で、多くの世界を征服し、捕虜を強制労働させていると語る証言者や経験者が多数いる。ドラコ・レプティリアンの支配階級――これについては第11章で扱う――は超常的な能力を持っているとされる。前のほうでナチスSSの秘密結社「ブラック・サン」が死んだチュートン人の霊とコミュニケートしていたことを書いた。ブラック・サンにドラコ・レプティリアンの支配階級が紛れ込み、死んだチュートン人を装ってブラック・サンの指導部を取り込んだことが容易に想像できる。ドラコ・レプティリアンと「黒魔術」のつながりから、彼らは悪魔教の中で呼び出された悪魔的存在だと考える研究者も少なくない。*54

ダークフリートについての疑問に答えるグッドの言葉を聞いていると、そのメンバーの精神構造が分かってくる。ドラコの傲慢な思考様式は、他を征服して民族浄化を行なったナチスの思想とよく似ているのだ。

ダークフリートの隊員は「突撃隊」とか「宇宙ナチス」と呼ばれています。その振る舞い方や服装、記章、そしてその（『スター・ウォーズ』に出てくるような）航空機がナチスを思わせるからです。凶悪な連中で、ドラコ連邦の敵に対する攻撃——ほとんどが太陽系の外で起きています——でドラコを支援する航空機で活動しています。*55

グッドが確認している現代の5つの秘密宇宙計画のうち、「ダークフリート」は時代的に最も古い。ダークフリートは、かつては平和主義的だったブリル協会の秘密宇宙計画から生まれた。戦争による劇的な変化がブリル協会の本来の目標を変化させたのである。ブリル協会はその素晴らしいテクノロジーと共にナチスのエリートらと南極および南アメリカへ移動した。

戦時中ブリル協会はトゥーレ協会およびSSの頂点にあったブラック・サン協会と活動を共にしていた。しかし戦後ブリル協会とSSの宇宙計画が統合したのに伴い、ブラック・サンの役割が増大した。ナチスとブリルの統合された秘密宇宙計画においてブラック・サンが主導権を握るようになったのだ。

ナチスの離脱グループ（そこではブラック・サンがしだいに優勢になった）にとって邪悪なオカルト集団を味方につけるのは必要不可欠なことであり、その結果ドラコニアンとの同盟が結成された。ナチスの離脱グループが新たな形の征服にふさわしい思想的パートナーをドラコニアン連邦同盟の中に得た一方、アメリカの軍産複合体はそれ自身の秘密宇宙計画を生み出しつつあった。ブリル協会が飛行可能な宇宙船を開発した約20年後、アメリカの秘密宇宙計画もまた成功しようとしていた。

第5章

「ソーラーウォーデン」（太陽系の監視人）：アメリカ初の秘密宇宙計画

1944年2月20日、ルーズベルト大統領は「地球外科学技術に関する特別委員会」に向けて覚書きを残したとされている。この委員会は、第二次大戦中に捕獲された地球外テクノロジー（空飛ぶ円盤）の研究と開発に取り組むためのものだった。覚書きは、地球外から飛来して捕獲された飛行物体についてルーズベルトが報告を受けたことを記していたとされる。この物体は、「宇宙には我々以外にも知的生命がいるという現実に真剣に取り組む」必要性を呼び起こした。[*1] リークされた覚書きが本物かどうか論議が続くなか、専門家たちによる詳しい分析が行なわれた。そしてその信頼性の評価は、「内容、文章展開、印刷の体裁、切れのある言い回しなど」から見て「中の上」だった。[*2]

覚書きにある「特別委員会」の長はバンネバー・ブッシュ博士だった。彼は実戦で使える超強力《スーパー》兵器開発のために「地球外の専門知識」利用計画の推進を主張していた。しかしルーズベルトは覚書きの中で博士の提案をきっぱりと拒否している。原子爆弾のような従来の兵器の開発予算を圧迫する、というのがその理由だった。

そのような計画は、すでに固まっている先進兵器の研究やそれに関わるグループに困難をもたらすという指摘が多く出され、私も今はその時ではない、と同意した。私個人の考えでは、戦争に勝って平和が戻ったときには、いまだ解明されていない地球外の科学や技術を解明する財政的余裕が生まれるだろうと思う。ブッシュ博士とこの問題について個人的に意見を交わした。また我々が知るに至った驚異をアメリカは十分利用すべきだとする数人の著名な科学者の助言も受けた。私はマーシャル将軍その他の軍人の、戦後におけるわが国の安全のためにこの問題に取り組むべきだという主張を聞き、将来そうなるだろうと告げた。[*3]

ルーズベルトは、賢明にも地球外の知識を兵器に利用しようとしたナチスドイツの轍《てつ》を踏むことはしなかった。第二次大戦中、ドイツが空飛ぶ円盤テクノロジーを兵器化するためにあらゆることを行なったのとは対照的に、アメリカはそれを大戦後まで棚上げした。ルーズベルトは、ナチスドイツが超強力《スーパー》兵器を配備する前にドイツを通常兵器と核兵器で打ちのめすことができると信じていたのだ。戦争に勝利した事実だけを見れば彼の選択は正しかったように見える。1945年4月12日、ルーズベルトはナチスの正式な降伏の1カ月前にこの世を去った。アメリカが手にした地球外のテクノロジーをどう扱うか、また戦争中にナチスが開発し、今は連合軍のもとにある地上的な兵器をどうするかの決定は、ハリー・トルーマンの手にゆだねられることになった。

１９４５年５月８日にヨーロッパにおける戦争が終結した時点で、空飛ぶ円盤テクノロジーの研究と逆行分析で最も有利な立場にいたのはドイツの科学者たちだった。シューマンやシャウベルガーを含む科学者や発明家たちは20年もの間ブリル協会の、そして後にはナチスのＳＳのために空飛ぶ円盤に取り組んできていた［シャウベルガーがブリル協会やＳＳの空飛ぶ円盤に取り組んだという記述はここ以外にはない］。今やアメリカはそれに追いつかなければならず、そのためにはナチスの科学者たちに空飛ぶ円盤の実用化で身につけたことを明らかにしてもらう必要があった。空飛ぶ円盤計画に関係したドイツの科学者、技術者、発明家、官僚に対し、徹底的な審問が行なわれた。アメリカが将来空飛ぶ円盤計画を実行するためにはそれがきわめて重要、あるいは必要不可欠に思われたのだ。

ナチスおよびエイリアンの空飛ぶ円盤の逆行分析

大戦後すぐにアメリカ陸軍と海軍はペーパークリップ作戦を開始した。ナチスの高度な兵器計画に直接関わったドイツ人の科学者や発明家１５００人がアメリカに連れてこられ、逃亡の恐れのない施設に収容された。フォン・ブラウンその他がテキサス州のフォート・ブリス（ブリス駐屯地）に送られた詳しい記録が存在している。彼らはアメリカが捕獲したＶ－２ミサイルをアメリカの科

図18　フォート・ブリスのペーパークリップ作戦の科学者たち

学者が理解し、そのうえで弾道ミサイルを開発するのを手伝った。ナチスから得たテクノロジーは1960年代初期のNASAの宇宙計画の土台となり、また空軍および海軍の大陸間弾道ミサイルの土台となった。

シューマンらはオハイオ州デイトンに行かされた。そこでは陸軍航空軍（1947年9月にアメリカ空軍：USAFと改称）が捕獲した航空宇宙テクノロジーを研究しており、その中にはブリル協会やナチスの空飛ぶ円盤、さらにはそれより高度な葉巻型宇宙船の設計図も含まれていた。

第3章でも触れたが、スタイン／クーパーは1958年にエリア51のS－4秘密施設で1920年代のブリル機とナチス機4機を見たという。そのときのことを彼はこう述べている。

ナチスの航空機を見たあと、CIAの上官アンソニー・バードンはこう言いました。「これを見るとは思わなかった！　この種のものは宇宙人が作るものと思っていた。第二次大戦中にドイツのテクノロジーがこれほど発達していたとはな」と。そして２機の空飛ぶ円盤を見るとアンソニーは私を振り返ってこう言いました。「ブリル機だ！」。底面に銃を装備した３番目の大型の空飛ぶ円盤を見たコル大佐もまた「ブリル機だ」と言いました。[*4]

４機のナチス機の直径はどのくらいだったかと問われてスタイン／クーパーはこう答えている。「手前の2つのブリル機は18から20フィートくらいだったと思います。後ろのほうの2機は60フィートくらいでした」。[*5] スタイン／クーパーによれば後ろの2機は「オーストリアに近い南ドイツのメッサーシュミット航空機プラントの奥のほう」で発見された。[*6]

スタイン／クーパーの証言は、ペーパークリップ作戦がナチスの空飛ぶ円盤を見つけてアメリカに持ち帰ったことを裏づける。手前の2機はブリル機の初期の試作品であり、大型の2機は兵器化に失敗したヒムラーとカムラーの空飛ぶ円盤であるのは疑いない。ブリルとナチスの空飛ぶ円盤が当初運ばれたのはオハイオ州デイトンにある空軍施設であった可能性が高い。１９４７年7月にロズウェルで起きた空飛ぶ円盤墜落事件の残骸がのちに運び込まれた場所だ。『Inside Real Area 51: The Secret History of Wright Patterson（エリア51の内側：ライト・パターソンの隠された歴史）』はデイトンにある複数の施設の歴史を詳しく述べている。そこでは空軍とその前身である陸軍航空軍が空飛ぶ円盤を含む異質なテクノロジーの研究や逆行分析を行なっていた。[*7]

1950年代半ばにエリア51のS−4施設が建設されると、捕獲された複数の空飛ぶ円盤——ブリル／ナチスのものも地球外からのものも——がデイトンのライト・パターソン空軍基地からそちらへ移された。人里離れたネバダ州の砂漠はこれらの航空機を秘密裡に研究するには格好の土地だ。それに対してライト・パターソンは、極秘の空飛ぶ円盤の機密情報取扱許可に適さない軍関係者が何千人もいる大基地である。しかもデイトンには多くの市民が暮らしており、捕獲した空飛ぶ円盤や空飛ぶ円盤の試作品が目撃される可能性もあった。

S−4施設の主たる目的は、ブリルとナチスの空飛ぶ円盤および異星人の宇宙船の研究と逆行分析だった。これはスタイン／クーパーの証言で確認できる。スタイン／クーパーはまた、この施設でニューメキシコ州からのものだとされる異星人の空飛ぶ円盤も3機見たと証言する。

ジム大佐は「この3機の宇宙人の乗物はニューメキシコから来た」としか言いませんでした。ロズウェルといった特定の地名は口にしませんでした。1機は一部解体されているのが分かりました。ある部分がむき出しになっていたのです。そこがむき出しになっているのは見えましたが、私たちが立っているところからは後ろ側の内部は見えませんでした。あれはロズウェルで墜落したものの1つで、調査のために解体されていたのかもしれません。[*8]

リンダ・モルトン・ハウはスタイン／クーパーに3機の異星人の空飛ぶ円盤の推進システムについて尋ねた。

エリア51で私はジム大佐に3機のエイリアン宇宙船の推進システムについて質問しました。彼は、2機は抗磁性・反重力性を持つ推進システムだと言いました。1機は反物質タイプの推進システムで、別の2機よりずっと複雑だと言っていました。反物質タイプの方は反重力タイプのものより古くて複雑だと考えているようでした。*9

スタイン／クーパーの証言を裏づけるのが1989年に短期間S‐4で働いたというボブ・ラザーである。彼は9機の空飛ぶ円盤を目にし、推進システムの一部に反物質を使っている機で仕事をするように言われた。彼はS‐4にある空飛ぶ円盤の1機かそれ以上のテスト〔試験飛行のことか？〕を他の人々が見られるよう手配する仕事をしていた。ラザーは海軍の秘密部署から給与を得て働いていた。このことから、海軍が異星人のテクノロジーを逆行分析して研究をしていたことが分かる。

スタイン／クーパーの証言を裏づけるもう1人の人物がデレク・ヘネシー（別名コナー・オライアン）だ。彼は1983年か84年から1991年までS‐4で歩哨勤務に就いていたという。彼によると、S‐4の格納庫にはそれぞれ異なる墜落現場から回収された空飛ぶ円盤が7機あった。格納庫は10区画に仕切られていた。S‐4は「博物館」と呼ばれていたという。もう使われない空飛ぶ円盤を保管できるように設計されていたからだ。ヘネシーによれば、ときどき1機または複数の空飛ぶ円盤の試験飛行が行なわれた。ただしロシアや他のスパイ衛星が頭上を通過するときは行なわれなかった。衛星通過が探知されればすべての試験飛行が中止になった。*10

ヘネシーはナチスSS機とかブリル機といった名前は挙げなかった。しかしS-4が「博物館」と呼ばれていたという彼の言葉からは、スタイン/クーパーが言うように数十年も前——第二次大戦時——に捕獲された空飛ぶ円盤が研究されていたことが推測できる。ヘネシーの言葉はまた、S-4施設の主たる目的は捕獲した空飛ぶ円盤の研究や逆行分析だったことも示唆する。繰り返すが、これはスタイン/クーパーの言葉とも一致するし、ラザーの言葉とも一致する。食い違うのは、スタイン/クーパー(1958年)とヘネシー(1983/84~1991年)が目撃したのは7機であるのに対し、ラザーは1989年に9機見ていることだ。考えられるのは、ラザーが任務に就く前の1980年代後半に2機の空飛ぶ円盤あるいはその試作機が加わったということだ。

スタイン/クーパー、ラザー、ヘネシーの証言が明らかにするのは、エリア51のS-4施設は、アメリカが手に入れたブリル/ナチスの空飛ぶ円盤と異星人の空飛ぶ円盤を逆行分析し研究するためのものだということである。逆行分析された空飛ぶ円盤を基にした空飛ぶ円盤の開発は別の場所で行なわれることになる。別の場所とは主要な航空宇宙企業であり、それらの企業はやがてアメリカ軍独自の空飛ぶ円盤の艦隊をひそかに製造し始める。捕獲したブリル/ナチス機と異星人機から学んだ反重力テクノロジーを利用して。

葉巻型宇宙母艦の逆行分析

第1章で述べたように、反重力テクノロジーは1950年代末には極秘扱いになっていた。航空関係の業界紙からは反重力原理についての記事が消えた。電気重力《エレクトログラビティクス》の先駆者トーマス・タウンゼンド・ブラウンは、電気重力《エレクトログラビティクス》を利用した円盤型航空機を開発すべきだと海軍に提案したが受け入れられなかった。海軍がブラウンのウィンターヘイブン計画を受け入れなかったのはそれに現実味がなかったからではない。1950年代半ばにS-4で研究された実用段階の反重力機を海軍はすでに手に入れていたからだ。

ブリル協会とナチスSSの空飛ぶ円盤のために開発された反重力原理は電気重力《エレクトログラビティクス》および高周波回転プラズマを基礎に置いている。これは大気中を極超音速で飛べる電気重力推進力を生み出した。水銀をベースにしたプラズマの回転を利用する「磁場ディスラプター」(グッドの言葉では「磁気重力解除」)テクノロジーによってナチス機は重量を89パーセント減らすことができた。それはのちのTR-3Bでも使われたとされる。加えて大型のブリル/ナチス機は従来からの推進テクノロジーも併用することでいっそうその推進力を増強している。これについては第1章のTR-3Bのところで述べた通りだ。

ナチスが使った反重力機には根本的に異なる2つの種類が存在する。1つはもともとブリル協会が開発した円盤型航空機で、これはのちにSSによって兵器化され、各種のハウニブ機となった。もう1つは、ハウニブ機を収容できる「アンドロメダ・デバイス」(別名アンドロメダ・ゲレート[装置])と呼ばれる巨大な葉巻型の航空機である。これはSSの超強力《スーパー》兵器計画の一部だった。[*11] 研究者ロブ・アルントはアンドロメダ・デバイスについてこう書いている。

ブリル協会——指導者であり霊媒でもあるマリア・オルシク、ジークルン、トラウテが作った——の究極の夢と目的は、手段は何であれ地球から64光年離れた牡牛座のアルデバラン星系に到達することだった。[*12]

アンドロメダ・デバイスの設計図とされるものを公表したのは、その主張に首をかしげる人も多いブルガリア人研究者ウラジーミル・チェルツィスキーである。この設計図はナチスSSの保管文書中にあったと彼は言う。

研究者ロブ・アルントによると、アンドロメダ・デバイス2機の製造は1943年にツェッペリンの古い格納庫がある場所で開始された。

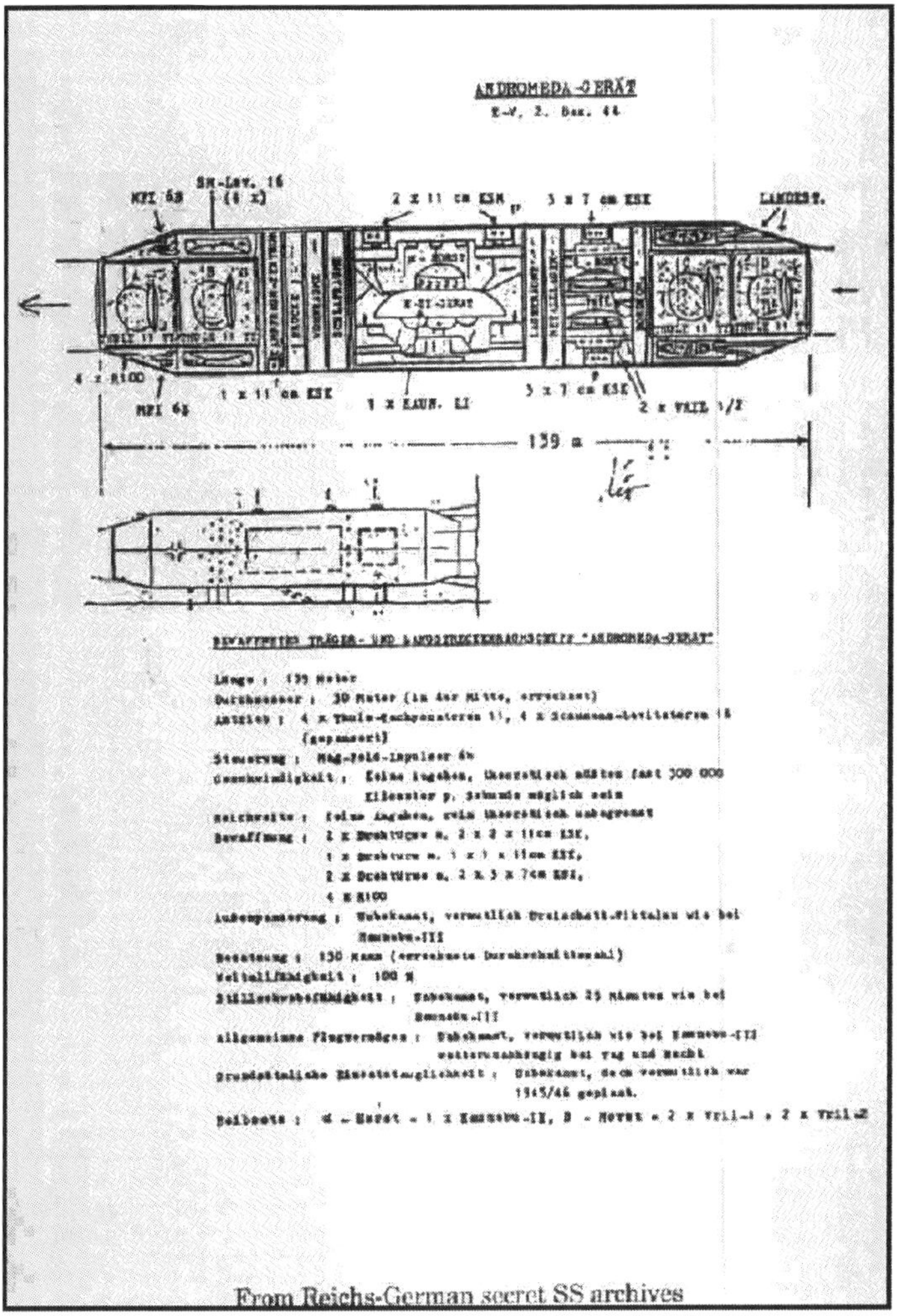

図19　アンドロメダ・デバイス　　　　　　　　情報源：ウラジーミル・チェルツィスキー

長さ139m、直径30mの2機のこの「空飛ぶ葉巻」の製造が始まったのはおそらく1943年初めのことだ。ツェッペリンの古い格納庫の幾重にもカモフラージュされた地上シェルターで製造は始まった。「空飛ぶ葉巻」の内部は大きな区画にハウニブ2あるいは4を、別の区画に小型のブリル1あるいはブリル2を2機収容できるよう設計されており、どちらも側面から出入りできるようになっていた。いずれの機も乗員は130人で、ビクタレン［SSの冶金技術者が開発した装甲材とされる］の四重船殻で装甲されていた。[*13]

ハウニブは推進システムとして電気重力《エレクトログラビティクス》を、重力軽減のために磁場ディスラプター（磁気重力解除）を使用していたが、その名前と目的からも推測されるように、アンドロメダ・デバイスはこれらの反重力テクノロジーのほかに恒星間飛行を可能にするきわめて特異な推進システムを備えていた。

アンドロメダ・デバイスの前部と後部にある推進システムは、「ハウニブ」シリーズの最後のトゥーレ・タキオネーター7cの駆動装置の上を行っていたと思われる。まず4基の巨大な動力装置――タキオネーター11を前部と後部に2基ずつ――がある。後部にはさらに大きな4基のSMレビテーター（Levitator）［'levitate' とは超自然的な（あるいは不思議な）力で空中に浮揚すること］がペアになって上部と下部にある。機の大重量を支えるために機体底面に大きなスキッド（台）があり、機はその上に据えられている。これらのエンジンはみな電磁重力（Electro-Magnetic-Gravitic：ＥＭＧ）タイプと考えられている。しかし後部から強烈な光を発射して飛ぶ大型の航空機を見た目撃者の言葉から、連合軍の情報将校の中には、それらのエンジンには光子（光量子）が関係していると考える人間もいる。あるいはトゥーレ協会が、後期のモデルの駆動エネルギー（energy drive）の進歩を表すために単にタキオネーターという用語を使っただけかもしれない。強力な光線砲（Kraftstrahlkanone：ＫＳＫ）を着装した5砲塔を持つ軍用機の設計になってはいるが、２機の試作機が実際そのような装備を備えていたかは定かでない。[*14]

「トゥーレ・タキオネーター」駆動装置への上記のアルントの言葉はすこぶる重要だ。彼はその用語が駆動エネルギー（energy drive）テクノロジーの進歩を表す言葉に過ぎなかったかもしれないと述べている。だがその名前からは、ブリル協会とナチスの科学者たちがタキオン粒子を使った推進システムの開発に成功していた可能性も考えられる。

タキオン粒子の説明は以下の通りだ。

タキオンは光より速く進めるという想定上の粒子である。最初にタキオンを考え出したのは物理学者のアーノルド・ゾマーフェルトで、タキオンと名づけたのはジェラルド・ファインバーグ。タキオンの名前の由来は「速い」を意味するギリシア語の「タクス」。タキオンにはエネルギーを失うと速度を得るという不思議な性質がある。結果、エネルギーを得ると速度は下がる。タキオンに可能な最低速度は光の速度である。*15

1910年、アルバート・アインシュタインとアーノルド・ゾマーフェルト（ドイツ人理論物理学者：1868〜1951）は、のちに「タキオニック・アンチテレフォン」と呼ばれた理論上の装置を使って思考実験を行なった。

タキオニック・アンチテレフォンは自身の過去に信号を送れる理論物理学上の仮説の装置である。1907年、アルバート・アインシュタインは超光速の信号がいかに因果のパラドクスに帰結するかという思考実験を発表した。1910年にアインシュタインとアーノルド・ゾマーフェルトはそれを「過去に電信を送る」手段と表現した。*16

タキオン装置を備えた宇宙船なら超光速で移動でき、「過去に電信を送る」ことができる。すなわち、アインシュタインとゾマーフェルトの「タキオニック・アンチテレフォン」の考え方に基づくタキオン装置を使えば、恒星間飛行が可能になるというわけだ。光年で測られるような距離を移動する宇宙船は、目的地へ出発する少し前の「過去に電信を送れる」ことになる。次のリメリック

（五行戯詩）がこのことをうまく表している。

ブライトという若い娘がいた
光より速く移動できた
ある日彼女は旅に出た
相対的な方法で
そして前日の夜に戻ってきた[*17]

ナチスドイツがある種のタキオン装置の開発に成功した可能性に最初に言及したのはチェルツィスキーである。彼は１９９３年にこう書いている。

月着陸の最初の日からドイツ人は月面を掘り始めた。そして戦争が終わるまでに月にはナチスの小規模な研究基地ができていた。１９４４年以後フリーエネルギーのタキオン装置を搭載したハウニブ１やハウニブ２が使われ始め、月基地建設のために人員や資材、そして最初のロボットが月に運ばれた。[*18]

ナチスＳＳのアーカイブから情報を得たとするチェルツィスキーの主張には異論も多く、信じがたいとして簡単に退ける研究者も少なくない。[*19]

しかしナチスのタキオン装置に関するチェルツィスキーの主張を裏づける言葉がコーリー・グッドの口から飛び出した。2015年4月4日のインタビューで、グッドは1987年の海軍による秘密宇宙計画での任務について語った。彼が言うには、このプロジェクトは軍事用の宇宙船と科学調査用の宇宙船を所有しており、グッドは後者で任務に就いていた。「私は調査用宇宙船(ASSR(予備調査に特化した)〝ISRV〟(恒星間宇宙船)『アーノルド・ゾマーフェルト』)に配属され、6年とちょっとその任務に就きました」。[*20]彼は2015年8月5日のeメールでのインタビューでその調査用宇宙船の名前についてさらに詳しい説明をしてくれた。

通信の際には名称と番号で宇宙船を区別しました。私の宇宙船の調理室にはアーノルド・ゾマーフェルトの絵とネームプレートがありました。一種の伝統だということでした。乗員は交代で短期の遠征に出るか常駐するかしていましたが、たいていは他のプロジェクトで宇宙船を離れていました。私の船の乗員がこの宇宙船を「ゾマーフェルト」と呼ぶのはよく聞きましたが、宇宙船間の通信や文書ではこの名は使われていませんでした。[*21]

海軍の援助のもとに生まれた秘密宇宙計画にアーノルド・ゾマーフェルトの名のつく宇宙船があるのは奇妙なことに思われる。彼の名前を冠した宇宙船が作られるような、何か大変なことをゾマーフェルトは達成したのに違いない。彼は、ノーベル物理学賞を受賞した弟子を誰よりも多く育てたことで知られている。これは確かに素晴らしいことだ。だが他国の恒星間クラスの宇宙船にその名をつけられるほどのこととは思えない。

前のほうでも述べた通り、ゾマーフェルトはのちに「タキオン」と名づけられることになる超光速粒子の存在を提唱した最初の人物である。実はアインシュタインとアーノルド・ゾマーフェルトの1910年の思考実験「タキオン・アンチテレフォン」は、ブリル協会(そしてのちにSS)が空飛ぶ円盤の試作品を作り始めたときにはどうやら実用化に成功していたようだ。重要な事実がある。シューマンがミュンヘン工科大学電気物理学研究室の室長だった時期に、ゾマーフェルトはミュンヘン大学の終身教授だった。シューマンが携わったブリルの空飛ぶ円盤計画にゾマーフェルトが顧問として関わった可能性は十分考えられる。もしそうなら、シューマンが飛行可能な空飛ぶ円盤を創り出した人物であるのに対し、ゾマーフェルトは恒星間移動を可能にする「タキオニック・アンチテレフォン」の原理に基づく「時間ドライブ」テクノロジーの先駆者ということになる。そう考えれば、海軍の秘密部門が恒星間宇宙船［原文が interstellar(「恒星間」の意なので「恒星間宇宙船」と訳したが、他の部分ではソーラーウォーデンは主として太陽系内で活動している、と書かれている］にゾマーフェルトの名をつけたのも納得がいく。「ゾマーフェルト」その他のソーラーウォーデン宇宙船が「時間ドライブ」推進システムを備えていたというグッドの言葉はこの結論を裏づける。

それらは部分空間で宇宙船をある地点から別の地点へ瞬間移動させられる原理で動いていました。この「ジャンプ・ドライブ」（別名「時間ドライブ」）は、普通の移動の考え方とは違う方法で空間と時間、あるいは時間と空間の枠をうまく超えていました。これらの宇宙船は、違う時間枠にある太陽系に戻らないようにするテクノロジーでしっかり追跡され、時間調整されていました。私の記憶が正しければある種の同位元素間の量子の絡み合いの原理を使った通信装置がＱＣＣＤ（量子相関通信装置）です。この装置によって時間や空間がどんなに離れていてもコミュニケーションができました。[*22]

普通の物理学者は「光より速い粒子は存在し得ない。なぜならそれは従来の物理学の法則と矛盾するからである」と考えている。しかしグッドの言葉からは違うことが推測できる。アーノルド・ゾマーフェルトの名のついた恒星間宇宙船で彼が就いたとされる任務は、タキオン「時間ドライブ」推進システムがすでに開発されており、１９４３年にはブリル協会とナチスＳＳによって使われていたことを示唆する。これはチェルツィスキーの主張とも一致する。

「時間ドライブ」を基礎に置くタキオンの開発が提起する疑問は、ブリル協会とナチスは彼らの「アンドロメダ・デバイス」でアルデバランへ向かったのかどうか、だ。グッドの答えはこうである。ブリル協会とナチスはアルデバランへの遠征を試みたが部分的にしか成功できなかった。理由はポータル・フィジックスを十分には理解していなかったことだ。[*23]

質問:オルシクとナチスはアルデバラン星系への遠征は行なったのですか?

ええ、最初はポータル・フィジックスも十分に理解しないままナチュラル・ポータルズを基に宇宙船を飛ばそうという試みがありました。この「遠征」は、数年後にアメリカ人が経験することになる「フィラデルフィア計画」と同じような結果に終わりました。そののち飛行計画のためのポータル・トラベルが盛んに研究され、まったく新しい物理学と数学が生み出されました。もし異星人集団と異星人を装った「古代離脱文明」人の助けがなかったなら、彼らの初期の「ジョイント計画」(アイゼンハワーとの協定[177ページ参照]締結以後さまざまな秘密宇宙計画になりました)は苦労してゼロから組み立てなければならなかったでしょう。[*24]

アメリカ軍は第二次大戦が終わるまでアンドロメダ・デバイスを探し当てることはできなかった。ペーパークリップ作戦でこれらの設計図は入手したものの、その実用化には何年も——何十年とまではいかずとも——かかった。ナチスの空飛ぶ円盤はペーパークリップ作戦で発見して持ち帰ったが、大型でパワフルな葉巻型アンドロメダ・デバイスは見つからなかった。グッドによれば、戦後、

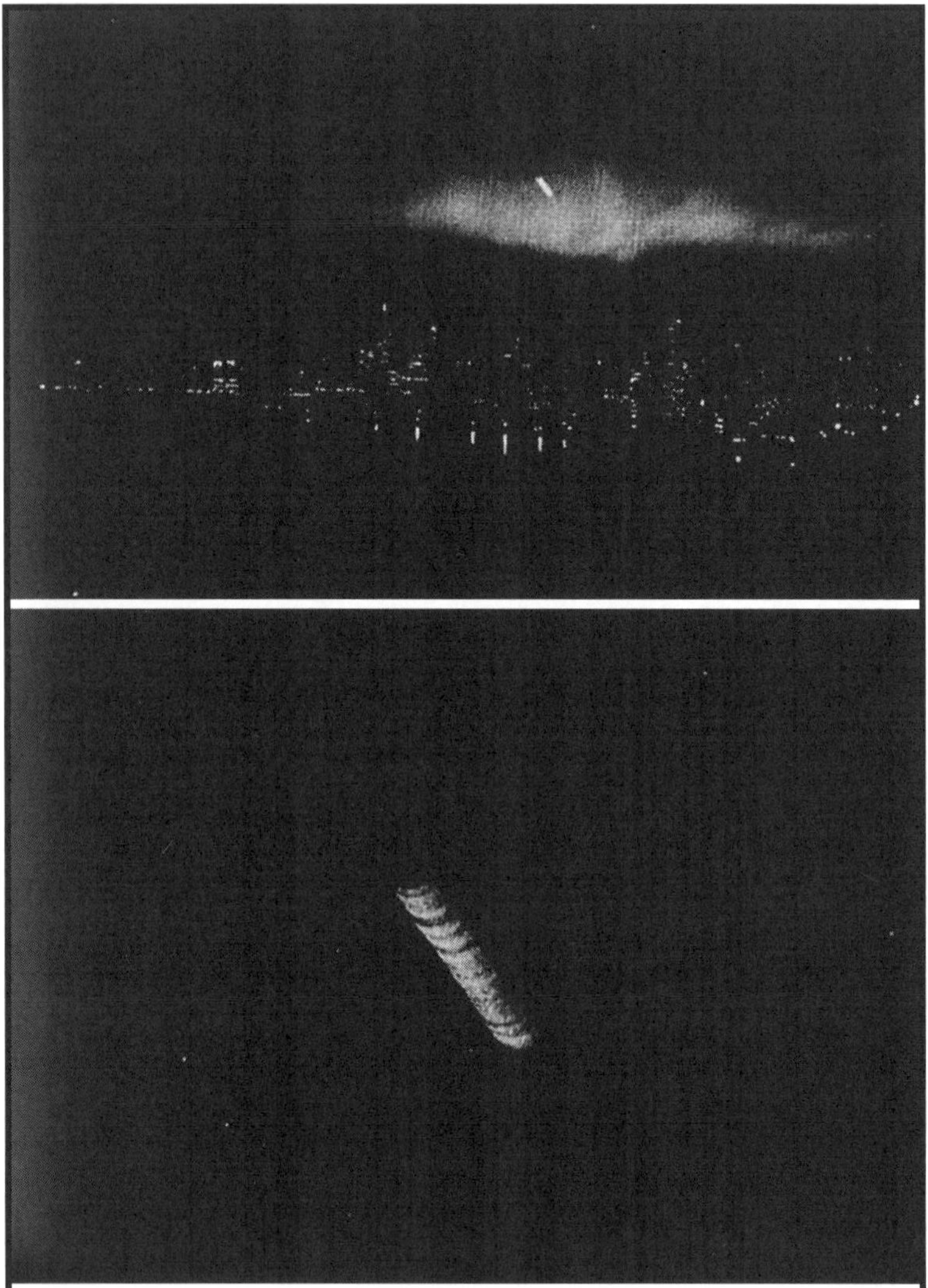

「ブルー・ブック」計画ファイルにある、1950年３月20日ニューヨーク市上空で空中停止する葉巻型 UFO の写真。軍はこれを「月」だろうとした。撮影者の名前はこのファイルから削除され、ファイルが機密リストから外されて公開されたのちはファイル中にある名前のほとんどが削除されていた。この２枚は葉巻型 UFO の写真のうちで最も鮮明な部類で、空飛ぶ円盤を発射する「母船」と考えられる。

図20　ニューヨーク市上空に停止するナチス製の可能性のある葉巻型 UFO

ブリル協会／ナチスの空飛ぶ円盤はその能力を誇示するためにアメリカの複数の都市の上空を飛び、第４章で述べたアイゼンハワーとの秘密協定の交渉を有利に進めた。*25

海軍がペーパークリップ作戦を支持したのは、ナチスの葉巻型宇宙船に興味を持ったからだった。内部に小型の空飛ぶ円盤を収容できる宇宙常駐母艦にできると考えたのだ。海軍には航空母艦を開発して活動させてきた実績がある。したがって広大な宇宙での活動に使う空母型の航空機の開発は海軍に任せるのがいいと考えられた。ナチスの設計を基礎にした葉巻型宇宙母艦はやがてアメリカの最初の秘密宇宙計画につながった。

ゲーリー・マッキノン（序章で紹介した）は１９９５年から２００２年にかけてアメリカ空軍宇宙軍やＮＡＳＡその他の政府サイトに侵入したと証言している。１９９５年に『ガーディアン』紙から受けたインタビューで彼は自分が目にしたものについてこう述べている。

将校たちの名前のリストがありました。（中略）「地球外将校」のタイトルの下に。（中略）「艦隊間移動」のリストと艦名のリストもありました。その艦名を調べましたがアメリカ海軍のものではありませんでした。そこから、ある種の宇宙船、つまり地球以外の宇宙船が存在すると考えるようになりました。*26

彼はまた宙に浮かんでいる葉巻型宇宙船の写真も見た。彼の証言は、秘密宇宙計画が存在しそこでは葉巻型宇宙船が使われていること、計画にはアメリカ海軍の秘密部門が直接関与していることを示している。

ソーラーウォーデン（太陽系の監視人）のディープスペース（深淵宇宙）での活動

ディープスペース（深淵宇宙）〔地球の重力の及ばない、太陽系外を含む宇宙〕で活動するために「反重力」推進テクノロジーを使っている秘密宇宙計画の名前が「ソーラーウォーデン」とされている。ソーラーウォーデンの名が初めて表に出たのは2006年3月13日だった。『オープン・マインド・フォーラム』（当時広くアクセスされていたインターネット・フォーラム）の管理人によると、信頼できる情報源がソーラーウォーデンの存在とその規模を明らかにした。

すべての宇宙計画は人々を欺くための隠れみのである。実は「ソーラーウォーデン」というコードネームの宇宙艦隊が存在する。2005年段階でこの艦隊を構成するのは、宇宙船8、航空母艦に相当するもの1、「後援機（プロテクター）」――宇宙飛行機――43である。最近、火星内の多国籍コロニーに補給活動を行なっていた1機が火星軌道での事故で失われた。この火星基地は1964年にアメリカとソ連が共同で作ったものだ。[*27]

ソーラーウォーデンのもう1つの情報源は、ローレンス・リバモア国立研究所で物理学者として働いていたという「ヘンリー・ディーコン」(偽名)の証言だ。彼の本名は2009年にスペインのバルセロナで開かれた「宇宙政治会議」でアーサー・ニューマンと明かされている。2007年の「プロジェクト・キャメロット」[ケリー・キャシディーが立ち上げたサイト名]のケリー・キャシディーとビル・ライアンのインタビューで、ニューマン(別名ヘンリー・ディーコン)は火星の秘密基地の存在とそこへの往還に使われる輸送方式について語った。

輸送手段は2種類あります。人員や小さな物資用のスターゲート[星間移動装置]と大きな物資用の宇宙船です。普通とは違う(alternative)この艦隊のコードネームは**ソーラーウォーデン**です。*28

ライアンとキャシディーはソーラーウォーデン計画の情報を耳にし、その存在をディーコンが知っているかテストしたと書いている。

私たちは別の情報源から初めてこの計画のことを知り、そのコードネームについてヘンリーに質問をした。別々のメッセージを2つ送ったのだ。どちらも1ワードのシンプルなメッセージだ。1つはSOLARでもう1つはWARDEN。それ以外は何も書かず、連絡した理由も伝えなかった。

すぐにｅメールが３通届いた。それぞれ違うアドレスだった。１通目のタイトルはMARS（火星）、２通目はALTERNATIVE（普通とは違う）、３通目はNot listed here（ここには載っていない）で、本文はこのＵＲＬ〈米空軍空母のリスト〉だけだった。私たちは強い印象を受けた。*29

２０１０年11月24日、「プロジェクト・アバロン」フォーラムへの投稿でライアンはディーコンの返信の重要性をさらにこう説明している。

ヘンリーのｅメールの本文はＵＲＬ（公表されている空母のリスト）だったが、メールのタイトルはこうだった。

Not Listed here（ここには載っていない）

それより前に来た２通の１ワードのメッセージは

Mars（火星）

と

alternative（普通とは違う）。

要するに彼は**ソーラーウォーデン**が空母サイズの艦船――ただし海に浮かぶのではない艦船――で構成される普通とは違う艦隊であることを認めたのだ。重要なのは、それまでヘンリーとは**ソーラーウォーデン**について語り合ったことは一度もなかったということだ。そのコードネームはオープン・マインド・フォーラムの匿名の投稿〈前に引用〉で噂として読んだことがあるだけだった。投稿はヘンリーではないインサイダーからのものだった。そこで私はソーラーウォーデンについて彼に尋ねようと決めた。質問はショートメールで行ない、「SOLAR」「WARDEN」の２ワードだけ送信した。すると上に挙げた３通の返事がすぐに届いた。それぞれ違うアカウントだった。私たちにとってそれは驚きだった。*30

もしニューマン（別名ディーコン）の言うことが正しいとすれば、ソーラーウォーデンは２００７年にも活動しており、そのコードネームも使われていたことになる。

２０１２年９月のハフィントンポストの記事で、イギリスの研究者ダレン・パークスはアメリカ国防総省（ＤｏＤ）に情報公開を要求したと書いている。彼が求めたのは「ソーラーウォーデン」計画が存在するかどうかに関する情報だった。彼はＤｏＤの名前の分からない職員から次のような返事を受け取った。

「１時間前にＮＡＳＡの職員に連絡を取ったところ、これは確かにＮＡＳＡの計画だということでしたが、大統領によって終結させられたとのことでした。DoDとの共同計画ではないとも言っていました。この職員からは、あなたの要求をジョンソン宇宙センターの情報公開法担当者に伝えるように言われました。

あなたの要求は私たちの宇宙関係の管理職に伝えました。また別の部門からの返答も待っているところです。そこから回答があったらご連絡します。当方に要求するようにと言ったのはNASAですか？[*31]」

パークスによれば、国防総省の名前の分からないこの職員はソーラーウォーデンの存在について確認を取ることができたばかりでなく、それがNASAの事業であることも確認している。あいにくパークスは彼の話を確証するeメールを提示していないし、NASAからのその後の連絡もなかった。国防総省ではなくNASAが火星への極秘の宇宙計画を実行しているというのは奇妙なことに思われる。DoDの職員はパークスに、ソーラーウォーデンは終結し、かつNASAの管理下にあったと思わせようとしたのだろうか？

コーリー・グッドとソーラーウォーデン

ソーラーウォーデンについて最も詳しい証言を提供するのはコーリー・グッドである。彼はこの秘密宇宙計画のさまざまな宇宙船で20年以上にわたって任務に就いていたと語る。

ソーラーウォーデンは早くに始まった最も古い艦隊です(ただし絶えず改良を行なっていました)。そこには研究・開発に取り組む科学的な艦隊もあれば、攻撃・防御に取り組む軍事的な艦隊もあります。軍事担当の艦隊は主に太陽系とその周りの星団の警備にあたります。「侵入者」や「訪問者」の動きを監視すると共に、地球や他の惑星に無許可でやって来る「訪問者」を特定して排除します。ソーラーウォーデン(太陽系の監視人)というこの計画の名称はその役割をよく表しています。*32

ソーラーウォーデンは早い時期に始まり、そのテクノロジーは時代遅れになっていったというグッドの言葉は、知られていない事実を明らかにしてくれる。

「ソーラーウォーデン」グループは複数あるSSP(秘密宇宙計画)の中の一番の「古株」でした。艦隊の多くは1980年代から90年代に作られ、絶えず改良を加えていました。*33

グッドの説明によれば葉巻型宇宙船が使われたのはソーラーウォーデン計画だけだった。その後のＳＳＰはもっと進んだ設計になっていた。「古い『葉巻』型宇宙船は『ソーラーウォーデンの財産』です[*34]」とグッドは言う。

ソーラーウォーデンは軍が主導する優先度の高い秘密宇宙計画として発足した。それは戦後のブリル／ナチスＳＳの秘密宇宙計画への巻き返しを図るものだった。南極や月で活動するナチスの葉巻型アンドロメダ宇宙艦隊は特に懸念の対象だった。とりわけ海軍は同じような艦船を緊急に開発する必要を感じていた。しかしグッドによれば、ソーラーウォーデンのための恒星間移動が可能な同規模の宇宙母艦の開発には数十年を要した。

ブリル／ナチスのアンドロメダ・デバイスが持つ能力——その規模・スピード・到達可能距離——と同じ能力を持つのにソーラーウォーデンはほぼ40年かかり、すでに１９９０年代になっていた。ペーパークリップ作戦およびアメリカの科学者たちの逆行分析の歩みはきわめてのろかったと言わなければならない。アイゼンハワー政権の期間中に、離脱したナチス／ブリル協会との間に結ばれた協定についてグッドは語る。第4章でも述べたが、ナチスＳＳ／ブリル協会はペーパークリップ作戦で連れてこられた科学者たちやアメリカの軍産複合体の中に紛れ込んだ。このことから、ソーラーウォーデンの葉巻型母艦の開発スピードがきわめて遅かったのは彼らの介入や妨害があったからではないかという推測が生まれる。

ソーラーウォーデンの開発が遅れたのは、ダークフリートの脅威にならないよう操作されたためではないのか？ ダークフリートは主として太陽系の外で活動しているものの、グッドによればソーラーウォーデンに邪魔されることなく今も月の裏側に基地を置いている可能性がある。

グッドはソーラーウォーデン艦隊の乗員収容能力と活動範囲について次のように述べている。

これらの「葉巻」型母艦は多くの乗員を長期間収容し、「他の星系」(other Star Systems) へ移動できる設計になっています (ソーラーウォーデンの活動はほとんど太陽系内に限られ、「ローカルな星団」(Local Star Cluster) での活動はめったにありませんでした)。*35

グッドは1987年に始まった彼の秘密任務中に知った葉巻型母艦の数を明らかにしている。

しかし「葉巻型」の母艦は8機以上あり、その一部は「マイルに及ぶ長さ」がありました。ソーラーウォーデンの艦隊だけとっても [ここの部分からはグッドがソーラーウォーデン以外の艦隊のことも知っているように受け取れるが、会話のせいかグッドの話にはときにあいまいな部分がある] さまざまな「サイズ」と「クラス」の宇宙船がありました。私は母艦の1つに入ったことがありますが、乗船して移動したことはありません。私は「トリプル・ハルド (3層)」の小型の調査船で任務に就いていました。*36

グッドはまた、ソーラーウォーデン宇宙母艦の外へ飛び立つ、より小型の宇宙船についても語っている。

前に言ったように「葉巻」型の母艦クラスが８機以上あり、それ以外にサイズやクラスの違う各種の宇宙船がありました。母艦は、ＴＲ－３Ｂタイプのさまざまな「航空機」を収容できる設計でした。（中略）航空機のほとんどは「トライアングル（三角形）」や「シェブロン（山形紋）」、「マンタ」型でした。しかしそれらは戦闘のためにしだいに無人機に変わっていき、出撃中は１人のパイロットが数機を同時に操作しました。私はこれらの機がパイロットによって「ニューロロジカル・インターフェイス（神経学的伝達手段）」でコントロールされるのを見てきました（１９８０年代からです）。「フライ・バイ・ワイア（操縦士の機械的な操作を電気信号に変更して伝達する方式）」や「スティック・アンド・スロットル（操縦桿とスロットル）」で操縦されているのは見たことがありません。普通ではないスピードと方向転換を「目と手で調整する」ことは不可能です。[*37]

グッドによれば、ソーラーウォーデンは「攻撃・防御に取り組む軍事的艦隊」と「研究・開発に取り組む科学的艦隊」に分かれていた。[*38]「攻撃・防御」艦隊の乗員に関する質問にグッドはこう答えている。「ほとんどがアメリカ人でしたがイギリス人、カナダ人、オーストラリア人もいました[*39]」。
一方「研究・開発」艦隊の乗員については異なる国名を挙げている。

私はもっぱら科学調査用宇宙船に勤務しました。そこにはドイツ人がいて一部中国人もいました。「軍事的な」宇宙船とはまったく違う雰囲気でした[*40]。

ソーラーウォーデンの調査用宇宙船で科学的なミッションに就く外国人乗員は意図的に選択されていたようだ。調査船の軍事・保安要員は軍事用宇宙船から配属され、彼らもまたアメリカ人、イギリス人、カナダ人、オーストラリア人だったとグッドは言う。

「セキュリティー要員」はいましたが、調査船は文民的、科学的なマインドの人々の権限下にあり、保安要員からは「エッグ・ヘッド(インテリ)」とけなされていました。私たちが船外の活動に出ると彼らが船内を取り仕切っていました。保安要員たちは調査船での任務を退屈で軽いものとみなし、調査船を「ホットドッグ」と呼んでいました。たぶん、船体の一部が三重になっている「葉巻型」の母艦に比べて、ちょっとホットドッグに似ていたからだと思います[*41]。

調査用宇宙船で約6年過ごしたあとグッドは別の計画に移動させられた。

私は6年とちょっとの間、調査用宇宙船（ASSR（予備調査に特化した）〝ISRV〟（恒星間宇宙船）「アーノルド・ゾマーフェルト」）の任務に就き、そのあといくつか別の計画に移されました。私が受けたトレーニングをそれらで利用するためです。それと、「人類に似たET（地球外生命）／ED（エクストラ・ディメンショナル）〔第11章参照〕」連邦会議に「交代で」出席した地球の代表委員のために、「直感エンパス」（IE）〔序文参照〕として多くの「異星人」と接した私の経験を利用するためです。この会議に招かれるのはさまざまな秘密地球政府とSSP（秘密宇宙計画）の指導部でした。これらの秘密宇宙計画は私が任務に就いている20年間（20年経って元の時間に戻る間）にも発展し続けました。その間他の国から来た人員もいましたし、もちろん以前からいても私が会ったことのない人間や「知る必要のない」人間もいたと思います。*42

ソーラーウォーデンの成立には海軍が主要な役割を果たしたとグッドは言う。これはゲーリー・マッキノンがペンタゴンのファイルへのハッキングで見たという事柄と一致する。

ソーラーウォーデンは初めは海軍の計画で、あとで空軍が加わりました。「兵卒」のほとんどはMILAB（軍による誘拐）リクルートシステムで補充されますが、「高級将校」は軍とつながっていました（その一部は合衆国憲法を非常に重んじ、彼らの「宣誓」を固く守っていました）。*43

アメリカの7つの制服組織の将校は宣誓で次のように憲法を支え守ることを誓う。また宣誓者はアメリカの法律を守る義務を負う。

私〈名前〉は、国内外のすべての敵に対して合衆国憲法を支え守ることを厳粛に誓う（あるいは断言する）。合衆国憲法を真に信頼し、忠誠を誓う。この義務は私の意志によるものであり、有利を図っての虚偽でないことを誓う。私の地位に課せられた義務を忠実に果たすことを誓う。神にかけて。*44

ここで強調しなければならないのは、将校の誓約は入隊させられた兵士のそれとは違うということだ。兵士は軍事司法統一法典に基づく命令に従わなければならない。それに対し、将校の誓約は命令に従うことは求めていない。これは、ソーラーウォーデンが主に海軍から引き抜かれた職業軍人によって動かされていたというグッドの証言を理解する上できわめて重要である。グッドが言うように、これらの軍人たちは合衆国憲法を守るために真剣に誓いを立てる。ゆえに彼らには倫理に

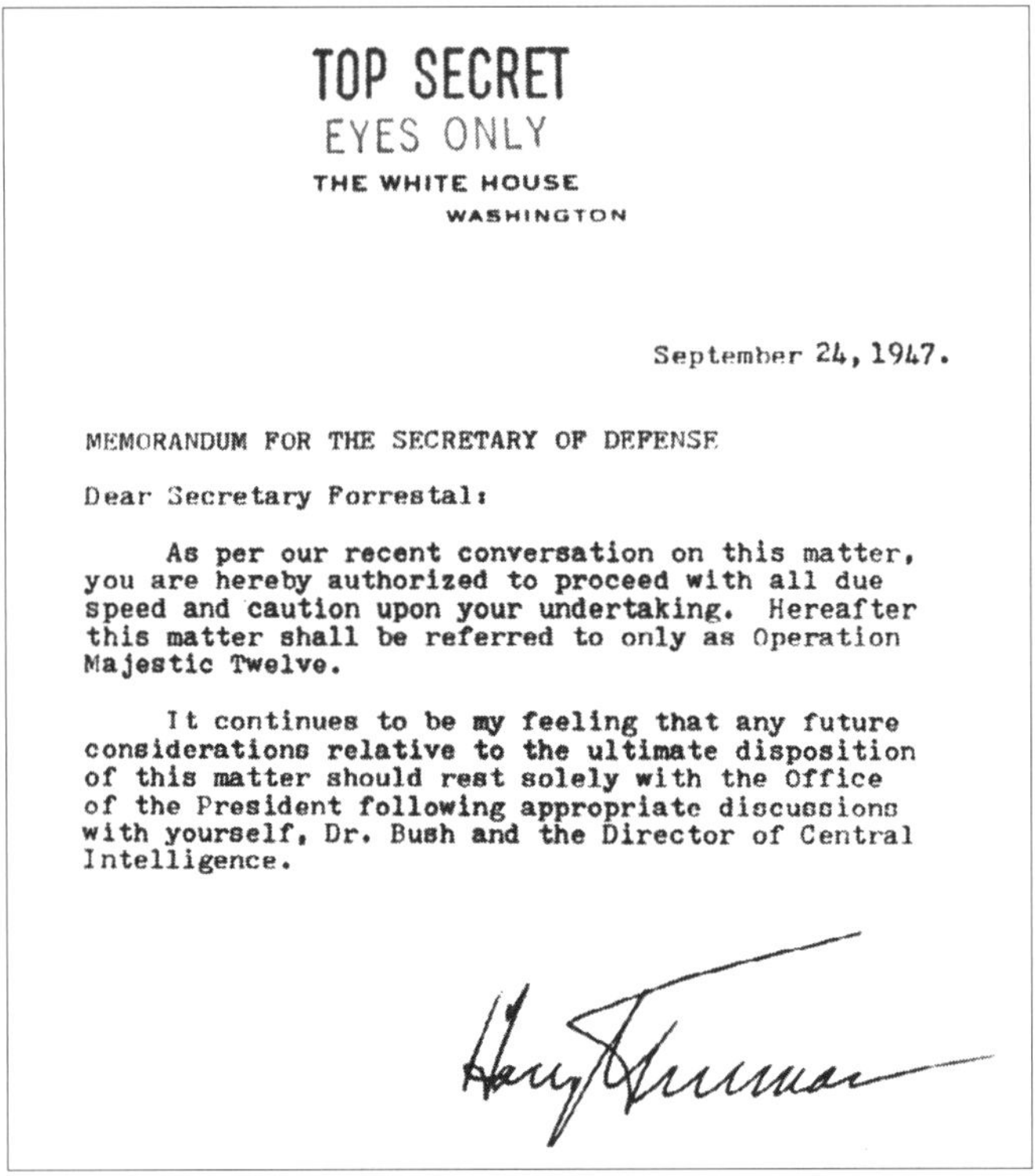

TOP SECRET
EYES ONLY
THE WHITE HOUSE
WASHINGTON

September 24, 1947.

MEMORANDUM FOR THE SECRETARY OF DEFENSE

Dear Secretary Forrestal:

As per our recent conversation on this matter, you are hereby authorized to proceed with all due speed and caution upon your undertaking. Hereafter this matter shall be referred to only as Operation Majestic Twelve.

It continues to be my feeling that any future considerations relative to the ultimate disposition of this matter should rest solely with the Office of the President following appropriate discussions with yourself, Dr. Bush and the Director of Central Intelligence.

極秘
（コピー・撮影不許可）
ホワイトハウス
ワシントン

1947年９月24日

国防長官宛て覚書き

フォレスタル国防長官殿

本件に関する過般の貴殿との会談に基づき、貴殿の任務をしかるべきスピードと警戒により続行する権限を授与する。今後本件は「マジェスティック12」作戦とのみ称することとする。

将来、本件の最終的処理に関する問題が生じた場合は、貴殿とDr.ブッシュ、中央情報局長官による適切な審議に基づき、すべて大統領府が決定するというのが当方の一貫した見解である。

（サイン）ハリー・トルーマン

図21　MJ-12作戦を公認したトルーマンの覚書き

もとる目的で政府を打倒することは困難だ。言い換えれば、「憲法を支え守る」将校の義務に反する命令は何であれ守られないことになる。合衆国政府が200年以上！ にわたって軍事クーデターで倒されなかった主たる理由がこれだ。

したがって、ソーラーウォーデンの宇宙船の指揮を執る将校たちには昔ながらのものの考え方があり、それが方針の実行に影響を与える。ソーラーウォーデンの兵士は――グッドがそうだったように――MILAB計画によってひそかにリクルートされた人々だろうが、彼らの指揮官は厳粛に誓いを立てた職業軍人である。ナチスや異星人の計画の逆行分析を始めた特別グループ――「マジェスティック12（MJ－12）」――はこの忠誠心の問題を十分承知していた。「MJ－12」とはトルーマン大統領が1947年9月24日の覚書きで、地球外生命の問題を取り扱う権限を与え、大統領に直接報告する義務を課したグループのことである。[*45]

しかしMJ－12はやがて、アイゼンハワー大統領を平然と無視するような手に負えない組織へと変化する。さらにケネディがUFOの機密文書を見せるよう要求すると、ケネディの暗殺に直接的な役割を果たすようにもなる。[*46] もしMJ－12が最終的にアメリカの秘密宇宙計画を支配しようとするなら、MJ－12は海軍を、そしてまたアメリカおよび他の国の同盟軍を遠ざける方法を見つけなければならないだろう。その方法とは、MJ－12グループの指図に従いそうな一群の企業を使って別の秘密宇宙計画を生み出すことだった。

第6章

惑星間企業複合体（ICC）はMJ-12グループと共にダークフリートとも緊密に手を組んでいる

1983年春、ロッキード社の伝説的なスカンクワークス［社内の1部門で、主に軍用機の開発を行なっている］を率いたベン・リッチが講演を行なっていた。彼は、雲の中に入っていく空飛ぶ円盤のスライドを見せながら、ロッキードが関わっていた機密テクノロジーについてのあるジョークで講演の最後を締めくくった。その講演を要約した記事を以下に挙げる。

1983年の春に行なった講演の最後にリッチは空飛ぶ円盤の写真を見せた。彼はそれまでずっと、そのときの聴衆に合うよう必要に応じて修正しながら無難な内容の講演を行なってきた。しかしスカンクワークスの計画のほとんどが機密指定されて以来、相手が小学生だろうが航空エンジニアだろうが、彼は同じ話で講演を締めくくるようになった。1983年9月の防衛週間にワシントンで開かれた将来の宇宙システムについてのシンポジウムでは、彼はこう述べた。「これまでの10年間に我々が何をしてきたか、これについては残念ながらお話しすることはできません」。そしてこうも述べた。「スカンクワークスは

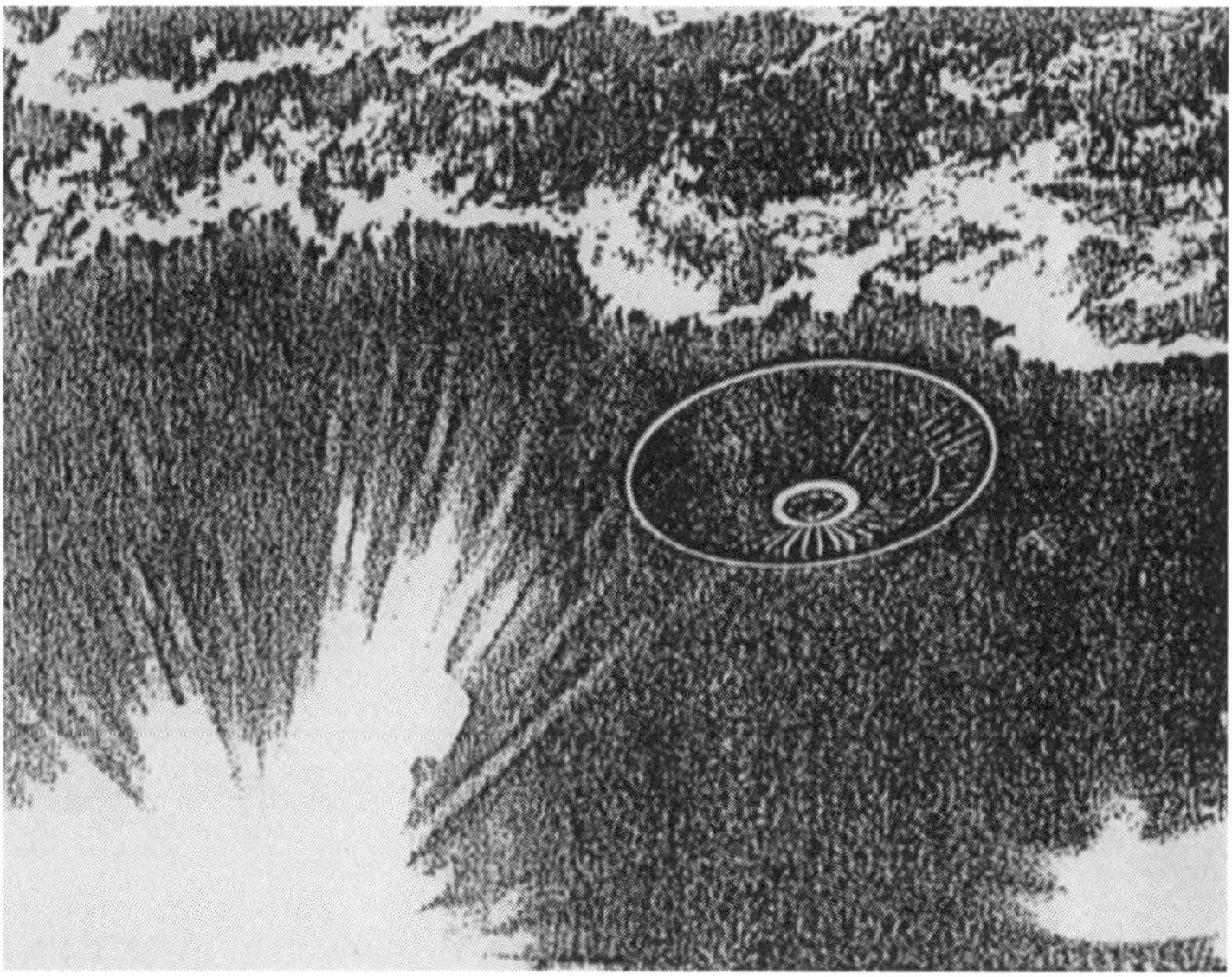

図22　ET を帰還させる話のときにベン・リッチが映したスライド

10年ごとに飛躍的な前進を遂げてきました。もし10年後にまたご招待いただければ、現在私たちが行なっていることをお話しできると思います」。ここで彼は重々しい口調になった。「しかし私たちが最近引き受けたある仕事についてはお話しできます」。聴衆は静まり返った。「スカンクワークスはETを故郷へ帰す任務を命じられたのです」。会場は笑いに包まれた。[*1]

リッチの話はジョークとして語られたが、その中に公には明らかにできない深い真実を伝えるものがあった。ロッキード社が恒星間を移動できる宇宙船の開発に取り組んでいるという事実だ。10年後の1993年

3月23日、リッチはロサンゼルスで開かれた工学関係の会議で例の十八番《おはこ》を語ったが、それはいつものとはちょっと違っていた。「私たちは今ETを故郷へ帰すテクノロジーを持っています」[*2]と彼は言ったのだ。このときもやはり笑いが起きたが、しかし彼は過去10年間の重要な進展を明かしていたのだ。1980年代、ロッキードは恒星間を移動できる秘密の宇宙船の開発に成功していた。

ここで指摘する価値のあるのは、ロッキードは、1950年代に革命的な反重力テクノロジーの可能性に奮い立ったグレン・マーティン社の後継企業だということである。同社の当時の副社長ジョージ・S・トリンブルは反重力研究がもたらすであろう影響について詳細に語ったが、やがて政府の秘密主義によって沈黙させられた。反重力研究を取り巻く秘密主義は反重力航空機の開発にも広げられた。ベン・リッチによるとされる次の言葉はこのことを示している。

> 我々はすでに恒星間を移動する手段を持っています。しかしこのテクノロジーは極秘プロジェクトの中に閉じ込められており、神の助けでもない限り人類に役立たせることはできません。(中略)あなたが想像できることのすべてを実現する方法が我々には分かっています。[*3]

第5章でソーラーウォーデンについて述べた。反重力テクノロジーを使って地球軌道の外へ向かうアメリカ初の宇宙計画だ。アメリカ海軍とそこに所属する科学者たちはナチスSS／ブリル協会の空飛ぶ円盤と回収した異星人の乗り物を研究するのに主要な役割を果たしたが、自らは宇宙船を建造することはなかった。それはロッキード・マーティンやノースロップ・グラマンなどの手にゆだねられた。先進的な航空機や海軍の艦船の開発・建造を専門に行なう複数の企業に。軍は資金および必要とされる仕様を提供し、それを受けて航空企業が宇宙船を建造した。

恒星間を移動できるソーラーウォーデンの葉巻型母艦の艦隊は1980年代後半に活動を開始したというグッドの証言を、リッチの言葉は裏書きする。ロッキード・マーティンその他の選ばれた航空宇宙企業は、機密の反重力宇宙船艦隊のためのタキオン時間ドライブ装置や推進システムとしての電気重力《エレクトログラビティクス》、重力解除システムとしての磁場ディスラプターの技術をすでに持っていた。彼らは海軍や空軍その他のアメリカ軍の依頼を受けて、これら恒星間を移動する反重力宇宙船をひそかに建造することができたのである。

これらの企業はアメリカ軍が第二次大戦中にも使った企業で、現在もロッキード・マーティンはF–35戦闘機を、ノースロップ・グラマンは「フォード」級航空母艦を作っている［「フォード」級原子力空母は、建造中・建造済みを含めて3隻あり、順次「エンタープライズ」などの空母と入れ替わる予定］。秘密宇宙艦隊の建造において他と異なる点は、セキュリティーがはるかに厳重になり、世間に知られるのを防ぐために縦割りが進んだということだ。この場合の縦割りとは、建造中の宇宙船のコンポーネントの組み立ては主要航空宇宙企業しか行なわないということである。リッチのロッキード・マーティンはソーラーウォーデン計画のために作られる宇宙船を目にすることのできる少数の企業の1つだ。

惑星間企業複合体

ソーラーウォーデンおよびソーラーウォーデンのための宇宙船を作る軍産複合体から直接派生したのは、宇宙計画を動かす独立した企業の出現だった。コーリー・グッドによると、この組織は惑星間企業複合体（Interplanetary Corporate Conglomerate：ＩＣＣ）と呼ばれている。グッドの要約によればそれは次のようなものである。

　あらゆる手段を使ってテクノロジーの入手・開発を行なう。そのテクノロジーを地球および地球外グループとバーター（交換）取引する。自分たちが望む取引はすべてテーブルに載せる。きわめて強力でありながら決して表には出ない。そして最新のテクノロジーおよび「おもちゃ」を常に思いのままに利用できる。[*4]

グッドによると、当時アメリカで進められていた秘密宇宙計画にナチスの人間が巧みに潜り込んでいたが、これはＩＣＣに直接つながる。

ナチス離脱グループ／秘密結社グループおよび彼らと組むET／古代離脱文明グループは、アメリカの巨大な産業組織を必要としていました。第二次大戦で枢軸側を倒したのはこの産業組織だったからです。これらのグループはその科学とテクノロジーを隠蔽していましたが、太陽系全域に大規模な植民地を形成し、そこに産業施設とインフラを建設するという目標を持っていました。目的は資源を採掘すること、そして現在彼らが手にしているもの――そのほとんどはICCグループを通じて達成されています――を作り出すことでした。[*5]

グッドはさらに、数世代にわたって地球上の人間と資源を支配下に置いているイルミナティ／カバルとICCの関係についても述べた。

彼らがアメリカに迫って協定にサインさせ、共同の秘密宇宙計画を開始したとき、すでに彼らは軍、情報コミュニティー、航空宇宙企業に工作員を潜入させていました。実を言うと彼らは第一次大戦前も数世代にわたって金融／銀行界で大きな力を持っていたのです。これらのグループはみなイルミナティ／カバルの傘下にある他のグループと切っても切れない関係にあり、共に動いていました。[*6]

ICC発展の基礎はアメリカ国家に求めることができる。アメリカではずっと大企業が先進的な兵器システムやテクノロジーを軍に供給してきた。主要企業は軍の科学者や研究施設と協力しながら新たに入手したテクノロジーを研究した。そのテクノロジーを理解し、兵器への実用化の可能性を評価し、その逆行分析を行ない、最終的に新兵器システムを量産するために。

第二次大戦における軍産協力モデルの成功は、ペーパークリップ作戦のもとナチスの進んだテクノロジーを持ち帰ったことでさらに続いた。その後に獲得した地球外の宇宙船もナチスのテクノロジーと共に軍や国のセキュリティー施設内でひそかに研究・逆行分析が行なわれ、企業が逆行分析を基に宇宙船や兵器システムを建造した。

異星人と異星人が関係するテクノロジーの研究・逆行分析・製造に企業が影響力を強めるようになったのは、のちにエリア51として知られるようになるネバダ州の辺境の地――エネルギー省の所有地――にS－4施設が設置されてからである。S－4の誕生は転換点だった。S－4が設置される前、異星人と彼らが関係するテクノロジーの研究や逆行分析は空軍と海軍の秘密施設――ライト・パターソン空軍基地やチャイナ・レイク海軍施設のような――で行なわれていた。S－4の設置がそれを変えた。

S－4の建設に関する最も早い記録は1951年の新聞記事である（図23参照）。この記事はインディアン・スプリングスでの地下施設建設に3億ドルが投じられると伝えている。[*7] インディアン・スプリングスはネリス空軍基地の一部で、エリア51に近接している。1951年の3億ドルは、米エコノミックリサーチ協会によれば２０１５年の27億ドルに相当する。*8

Ｓ－４が設置されている土地の所有権は１９５５年にアイゼンハワーの命令でエネルギー省からＣＩＡに移っている。ＣＩＡはすぐにグルーム・レイク［エリア51のこと］に機密の偵察機施設を建設したが、それは隣接するパプース・レイク施設内のＳ－４でのより機密度の高い計画を覆い隠すためのものだった。

ロッキードその他の主要軍需企業はＣＩＡの偵察機——Ｕ－２、ＳＲ－71、「オックスカート」——の開発に加わっていたが、一方Ｓ－４で異星人やその他の高度なテクノロジーの研究・逆行分析にも加わっていた。１９５８年段階でＳ－４にはナチスの空飛ぶ円盤４機と地球外からの宇宙船３機があった。

アイゼンハワー政権時から航空宇宙企業は、のちに１９８０年代のソーラーウォーデン計画につながる宇宙船や兵器システムをアメリカ軍に供給していた。しかし同時にそれらの企業は、１９８０年代の別のライバル宇宙計画に使われる可能性のある重大なテクノロジーの開発も進めていた。この時代にロッキードその他の航空宇宙企業は時間ドライブテクノロジーの開発に成功し、惑星間移動だけでなく恒星間移動をも可能にしていたのだ。こういった軍需企業は軍に過剰な懸念を生じさせることなく開発試験目的で少数の高度な宇宙船を作り出すことができた。これは異星人関連の計画に責任を持つＭＪ－12グループの長期の利益にかなっていた。

Las Vegas
REVIEW-JOUR

XLIII NO. 4 LAS VEGAS, NEVADA, FRIDAY, JANUARY [illegible]

Indian Springs Project Keyed to Defense Plans

The Indian Springs project, preliminary work on which already has begun, will not be an A-bomb program but definitely will be tied into the defense plans it was learned from authoritative sources this morning.

The contract, which recently was awarded to the McKee Construction company, is a preliminary project, it was stated, and is for the construction of housing facilities at the Indian Springs base.

It is understood, from reliable Washington sources that the over-all expense of constructing the project may run somewhere around $300,000,000 and will be even larger that the huge Basic Magnesium plant as a construction job for southern Nevada.

The actual details of the program are cloaked in a security blackout and no information will be released regarding the use to which the construction will be out when it is completed.

ラスベガス
レビュー・ジャーナル

「インディアン・スプリングスの施設は防衛計画に関係」


すでに予備的な作業が始まっているインディアン・スプリングス施設は、信頼できる筋からの今朝の情報では原子爆弾が関係するものではなく、防衛計画に関係するものであることが明らかになった。

最近マッキー建設会社が受注した契約は予備的な作業で、インディアン・スプリングス基地内に施設を建設するためのものであるという。

ワシントンの信頼できる情報筋によると、この計画に要する費用はおよそ3億ドルとみられ、ネバダ州南部の巨大なベーシック・マグネシウム社の施設建設費用をはるかに上回る。

この計画の詳細はセキュリティー保護のための報道規制措置により明らかにされず、工事終了後何に利用されるかについても明らかにされない見込みである。

図23　インディアン・スプリングス近くのS-4施設と思われるものの予算

ＭＪ‐12グループは、計画立案過程から大統領を排除するのは可能だと考える一方、現実には難しいことも理解していた。というのは軍の――とりわけ海軍の――秘密部門にはアメリカの共和政体を守ってきた長い歴史があったからだ。ソーラーウォーデン計画は常に軍主導の宇宙計画であり、その作戦は海軍の軍事的伝統と憲法の規範に従ったものだった。そこでＭＪ‐12グループは海軍や他の軍組織を回避することを決めた。ひそかに別の宇宙計画を生み出したのである。軍にソーラーウォーデンの宇宙船や兵器を供給している私企業の宇宙技術を利用する宇宙計画を。

企業の秘密宇宙計画が発展していく過程でのＣＩＡの役割は決定的だった。航空宇宙企業の生産の中枢で行なわれていることへの政府上層部の関与を効果的にシャットアウトしたのである。ＣＩＡはＭＪ‐12グループの直接的な指示のもとに行動していた。かくしてＭＪ‐12は、異星人に関する計画や企業が開始した宇宙計画の輪からアイゼンハワー大統領と軍を巧みに排除していった。

２０１３年５月、ＣＩＡの元諜報員スタイン／クーパー（現在は「匿名《アノニマス》」を名乗っている）はアメリカ議会の元議員６人を前にした証言ビデオで、アイゼンハワーはＳ‐４で起きていることについて何も知らされないことにすぐに不満を抱くようになったと語っている。[*9] スタイン／クーパーによると大統領は情報を得るためにＭＪ‐12の主要メンバーに電話をし、Ｓ‐４で進められている異星人関連の計画について尋ねた。しかし情報提供を断られたため、アイゼンハワーはスタイン／クーパーと彼の上司に、現地へ向かいエリア51とＳ‐４の統括者に自分の個人的メッセージを渡すよう命じた。メッセージには、大統領が求める情報が示されないときはエリア51とＳ‐４に侵攻する権限を軍に与えるという明白な威嚇が記されていた。
元議員たちを前にしたインタビュービデオでスタイン／クーパーが語るところによると、彼はバージニア州ラングリーのCIA上級諜報員からリクルートされ、CIAで地球外生命に関する仕事をすることになった。[*10]UFO研究家でこのときインタビュアーを務めたリチャード・ドランの質問に答え、スタイン／クーパーはこう答えている。1958年、彼と彼の上司――CIA諜報員――はアイゼンハワー大統領に呼び出されて大統領執務室へ行った。そこにはニクソン副大統領もいた。大統領は彼と上司に対してこう言った。「MJ－12は問題を解明することになっているにもかかわらずいっさい報告を送ってこない」[*11]。そして大統領はこう続けた。

我々はMJ－12およびエリア51とS－4の連中を呼んだだが、彼らは自分たちが行なっていることは政府の管轄外だと語った。（中略）君と君の上司に現場へ飛んでもらいたい。そして私の個人的なメッセージを伝えてほしい。（中略）誰であれその任にある人間に、来週ワシントンに来て私に報告するよう伝えてくれ。もし彼らがそれに従わない場合はコロラドの第1軍を派遣し、施設を接収する。どんな機密事項であれ利用して構わない。実態を暴かなければならないのだ。[*12]

ドランはこう尋ねている。「アイゼンハワーはエリア51に侵攻するつもりだったんですか？」。この質問に対しスタイン／クーパーは、アイゼンハワーは第1軍を使ってそうするつもりだった、と明確に答えている。*13

スタイン／クーパーがS－4で7機の空飛ぶ円盤を目撃したことについては前のほうで述べた。彼はまたS－4でグレイ異星人を見たとも言い、彼の上司が「個人的にインタビューを行なった」とも述べている。*14 ホワイトハウスに戻ったスタイン／クーパーと上司は彼らがS－4で目にしたものについて大統領に伝えた。彼らがS－4とエリア51で目撃したものについて報告を行なっている間、FBI長官のJ・エドガー・フーバーも同席していたことは特筆に値する。スタイン／クーパーによれば、アイゼンハワーは彼らの報告に衝撃を受けていた。

アイゼンハワーがエリア51の管轄を原子力委員会からCIAに移すことを認めてから3年後「ここで言う「原子力委員会」は229ページで「S－4が設置されている土地の所有権は1955年にアイゼンハワーの命令でエネルギー省からCIAに移っている」という文章で言う「エネルギー省」を指し、「エリア51の管轄を原子力委員会からCIAに移すことを認め」たのが1955年で、3年後とは1958年を指すものと思われる」、CIAは空飛ぶ円盤／異星人プロジェクトの拠点として新たな施設を建設するか、あるいは既存の施設――1952年に建設が始まった――を使用した。*15 ここでロッキードその他の企業が機密度の高い逆行分析計画に加わることになったのだ。CIAはS－4のプロジェクトに資金やセキュリティー、制度面の支援を行なったが、S－4のプロジェクトの中心にいるのはMJ－12だった。だがMJ－12は大統領に情報を伝えることには非協力的だった。

アイゼンハワーがS－4で起きていることを知るためにCIAにアプローチしたのはきわめて重要な事実だ。空飛ぶ円盤テクノロジーや生きた異星人に関する情報はもはや大統領の直接的監督下にはなかったことをこれは示している。トルーマン政権のときもそうだったが、CIAを通さなければ何が起きているかを大統領が知ることのできないシステムができつつあったのだ。エリア51のセキュリティーを軍ではなくCIAにゆだねたアイゼンハワーの決定は、取り返しのつかない過ちとして彼自身に跳ね返った。このことと、ネルソン・ロックフェラー［当時ニューヨーク州知事］が促した行政機構の再編成とが相まって、MJ－12は大統領や軍の統制外で自身の秘密宇宙計画を展開する制度的な手段を与えられる結果となった。

CIA諜報員を使ってS－4を探る計画が大統領にとっていかに不満足な結果で終わったかをスタイン／クーパーの証言は明らかにする。S－4で何が起きているかをアイゼンハワーはMJ－12に軍事的侵攻の脅しを突きつけることでしか知ることができなかった。アイゼンハワーは1958年にS－4で何が起きていたかは知ることはできた。しかし軍人としての彼が学んだのは、MJ－12がエリア51で完全な自治権を握り、本来の指揮系統には従わないという事実だった。アイゼンハワーの後継者たちには、MJ－12とエリア51でのその活動に対し、露骨な脅しで相手を従わせることはもはや不可能となっていた。

グッドは、MJ－12によって企業による新たな宇宙計画が生み出されつつあるとき、それへの脅しとして実際に軍が使われたと語る。

私はトルーマンおよびアイゼンハワー政権について、またその政策が生み出した「離脱文明」――それは今軍産複合体を通して存在しています――について（「スマート・グラスパッド」を通して）多くの情報にアクセスしました。そこでは、のちに惑星間企業複合体（ICC）秘密宇宙計画（SSP）となる組織の施設と情報を「アメリカ合衆国が監督できるよう」開示させる目的で陸軍と海軍が何度も訓練され使われたことも述べられていました。しかし、のちにICCグループが「企業アメリカ政府（Corporate U.S. Government）」やペンタゴン、文民（非軍）情報機関の大部分を支配するだけの力を得ると、これは行なわれなくなりました。*16

MJ-12と新生の企業宇宙計画が急速に力を得てきたのを受けて、アイゼンハワーは1961年、軍産複合体の力を警告する有名な演説を行なった［アイゼンハワーの大統領離任演説］。

我々は、それが意図されたものであろうとなかろうと、政府の委員会等において軍産複合体が不当な影響力を持つのを排除しなければなりません。誤って与えられた権力がもたらすかもしれない悲劇の可能性は現に存在し、また存在し続けるでしょう。この軍産複合体の影響力が、我々の自由や民主主義的のプロセスを危険にさらすことがないようにしなければなりません。何ごとも軽く見てはなりません。警戒心を持ち見識ある市民のみが、巨大な軍産組織を平和的な手段と目的に適合させることができるのです。その結果として安全と自由が共に発展していくでしょう。[*17]

アイゼンハワーはこの問題について、演説の内容よりはるかに詳しいことをケネディに伝えていた。[*18]やがてケネディはMJ－12に対する大統領権限の直接行使の自信を持つに至る。そして1961年6月、彼は当時のCIA長官アレン・ダレスに、MJ－12の活動に自分が接触できるよう取り計らってほしい旨の極秘メモを送った。[*19]しかしダレスはケネディに対して要請を拒否する返事を送り、MJ－12に対して一連の指示を出した。指示の中には、MJ－12の活動を脅かす人間は誰であれ暗殺するようにというものが含まれていた。[*20]ケネディはその後もMJ－12およびMJ－12が関係する秘密宇宙計画への権限行使を主張する。それが1963年のケネディ暗殺の直接的な原因だった。[*21]そしてそれはまた、MJ－12／企業がアメリカ政府と情報コミュニティーの多くを全面的に支配する態勢の始まりでもあった。

ケネディ、ジョンソン、ニクソン政権の時代に高度なテクノロジーの利用が進むとともに、小規模だったMJ－12／企業の秘密宇宙計画も拡大を続け、より強力な宇宙船や兵器システムが開発されていく。それは1990年代後半には軍のソーラーウォーデン計画を凌ぐようになった。このことはベン・リッチの言葉とも符合する。すなわち1980年代のどの時点かでロッキードは「ETを故郷へ帰す方法の研究」から「ETを故郷へ帰すテクノロジーを持っている」段階に移行したという言葉だ。[*22] リッチがほのめかす宇宙旅行テクノロジーは、1980年代のソーラーウォーデン計画で開発された恒星間宇宙母艦より進んだテクノロジーを生み出したのだ。

MJ‐12のもとでの企業の秘密宇宙計画は最終的に惑星間企業複合体（ICC）の形成へと至った。グッドが巨大企業（メガコーポレーション）と呼ぶこの組織は、彼が秘密の任務に就かされた1987年にはすでに存在していた。

> ICCの秘密宇宙計画は宇宙に巨大な**インフラ**を持つ巨大な**産業**です。それは「人類の離脱文明」のためだけでなく、「ほかの星系の文明」のためにものすごいテクノロジーを作り出しています。「そこ」には大規模な「交換システム」があります。ICCが交換するものの中には「非常に気がかりなもの」もあります。またICCは「新しいテクノロジー」を手に入れるのと引き換えに「人間の引き渡し」も行なっています。ICCは新しいテクノロジーを手に入れると、人類の「離脱文明」のために、そして他の「ETの」文明との条約による取引のために、そのテクノロジーを巧みに取り入れた生産を行ないます。[*23]

ICCは企業体であり、他の宇宙計画やさらには地球外の世界向けのハイテクノロジー製品を生産しているというグッドの証言は注目に値する。それは、ＩＣＣのテクノロジーの基礎はソーラーウォーデン計画のそれをはるかに上回っており、したがってＩＣＣがソーラーウォーデンの潜在的なライバルかつ脅威になっていることを示している。

ＩＣＣは「非常に気がかりな」ものを取引しており、そこには自由を奪われた人間も含まれているというグッドの証言はショッキングだ。ＩＣＣの取引きには倫理感がまったく欠如していること、また悪辣な星間巨大企業として利益や権益、影響力拡大に努めていることをこの証言は示している。そういったことも、市民の取り扱いに際して合衆国憲法の価値と規範を尊重するソーラーウォーデンとの間に摩擦を生じさせる。

質問への答えの中でグッドは航空宇宙企業からの上級幹部がＩＣＣに深い関わりを持つ一方で、所属する企業とのつながりや企業への影響力は保たれることも証言している。

質問：ロッキードやノースロップ・グラマン、ボーイングなどの企業は企業宇宙計画と軍主導のソーラーウォーデン計画ではどちらに深く関わっているのでしょう。

答え：「スーパー・ボード（最高役員会）」と呼ばれるものがあります。政府から仕事を請け負う有名企業（なかにはあまり知られていない企業もありますが）**すべて**から常駐の委員が１人入っています。彼らは自身の企業の役員を「リタイア」してICC秘密宇宙計画の役員会に加わります。その場合それまでの人目に立つ立場からは離れますが、それまでいた企業との間に「つながりや影響力」は持ち続けます。*24

グッドによると、トルーマンおよびアイゼンハワー政権のときの秘密交渉を通じて、ペーパークリップ作戦のナチスの科学者たちは軍産複合体の中で高い地位に昇っていった。彼らが潜り込んだ主要企業がＩＣＣを生み出したのである。メンバーの多くは第二次大戦を生き延び、最終的に「ダークフリート」を誕生させたブリル協会／ナチスＳＳグループの人間たちだった。

惑星間企業複合体（ＩＣＣ）の幹部の多くは、ＭＪ−12グループと共にダークフリートとも緊密に手を組んでいる。ダークフリートの活動領域はグッドによると基本的に太陽系外だという。実は太陽系外で活動している秘密宇宙計画がもう1つあるとグッドは言う。しかしその起源と構成要素はダークフリートとは大いに異なる。グッドによるとそれは現在の地球の主要な5つの秘密宇宙計画の4つ目だ。「銀河国際連合」（ＧＧＬＮ）（Global Galactic League of Nations）秘密宇宙計画である。

第７章

この惑星から飛び立ち太陽系外ですでに「銀河国際連合」の宇宙計画が進行している

序文で述べたように、１９８５年６月11日のロナルド・レーガン大統領日記は宇宙に３００人の宇宙飛行士を配置できる秘密宇宙計画があることを明かしている。[*1] その後レーガンが公にした複数のコメントからは、彼が国家安全保障担当顧問から別の宇宙関連機密事項を説明されたことが分かる。それは人類に対する異星人の脅威に関する事柄だった。

それとは別に、１９８１年にレーガンが、当時のＣＩＡ長官ウィリアム・ケーシーを含む複数の国家安全保障担当顧問から異星人について受けた説明の筆記録とされるものがある。それには、地球を訪れている異星人グループが５つあり、その１つは地球に対して敵意を示しているとある。

大統領：私は合衆国の大統領だ。我々が地球外からの**脅威**にさらされているかどうか知っておく必要がある。異星人による脅威について何か言うべきことがあるなら聞かせてほしい。

ウィリアム・ケーシー：（前略）この敵対的な異星人種の１人を捕まえています。しかし大統領、これはきわめてデリケートな事項です。（中略）敵対的な可能性のある異星人について、あなたの質問に正確にお答えする用意が今のところできておりません。

大統領：分かった。しかしできるだけ早く教えてもらいたい。私はこの敵対的な生き物についての**すべてを知りたい**。したがって……つまり、彼らの取り扱いに関する方針を定めるべきだということだ。（中略）実際的な戦争プランはあるのかな？

顧問の１人：はい、大統領。わが国への脅威の可能性となるものすべてに対する戦争プランができております。*2

１９８１年のこの記録が本物かどうかについては議論がある。しかしその後公にされたレーガンの複数のコメントは、１９８１年の記録がおおよそ正確であるか、あるいは別のときにこの記録に近い内容をレーガンが説明されていたことを示している。

１９８５年11月19日から20日にかけて――５人の科学者がレーガンにアメリカの秘密宇宙計画を説明したランチの５カ月後――レーガンはスイスのジュネーブでソ連共産党書記長ミハイル・ゴルバチョフと会った。このときゴルバチョフに対して語った内容を、レーガンは１９８５年12月４日にファルストン高校で行なったスピーチで明らかにしている。

(前略) もし別の惑星の生き物が突然地球を襲う事態が起きたら、と考えてみよう。世界のどこで暮らしていようと私たちはみんな神の子どもであることを思えば、アメリカとソ連の不和は小さなものであり、この地球上で誰もが同じ人類であることをはっきりと理解するだろう。私は彼に、この会議での彼(ゴルバチョフ)と私の仕事がいかに簡単なことであるか考えてほしい、と言わずにいられなかった。*3

ゴルバチョフはその後の1987年2月17日に、レーガンのエイリアン襲撃のシナリオに対して自分がどう応じたかを語っている。

ジュネーブでの会議でアメリカ大統領は、もし地球が異星人の侵略を受けたらアメリカとソ連はそれを撃退するために協力し合わなければならないと言った。だが私は仮定の話について論ずるつもりはない。そのようなことを心配するのはまだ早いと思っている。*4

ゴルバチョフは具体的な異星人の脅威に直面した場合の将来の協力には関心を持ったが、それは時期尚早と考えていた。明らかにこのソ連の指導者は当時この脅威を真面目に考えてはいなかった。

ゴルバチョフにあっさり退けられてもレーガンはひるまなかった。1987年9月21日、彼は国連総会の全体会の前のスピーチでそのシナリオを再度語った。

現在の世界の対立という思い込みの中にあって私たちが忘れているのは、人類がいかに一体であるかということです。この結びつきを認識するためには、外部からの人類にとっての共通の脅威が必要かもしれません。この世界の外のエイリアンの脅威に直面すれば、今の世界の争いはたちまち消え去るだろうと考えることがしばしばあります。*5

彼のこのスピーチで重要なのは、レーガンのスピーチライターであるレット・ドーソンがエイリアンの脅威の部分を最初のスピーチ原稿から削除したことだ。レーガンはその部分を復活させるよう手書きのメモで伝えている。

我々が今達成しようとしていることを考えると、反ソビエトのお説教が多すぎるように思う。できれば（スピーチの）終わり頃に私の「空想」――もし別の惑星からこの地球が脅やかされれば我々の争いはたちまち消え去るだろう――を入れたい。*6

彼の手書きの文章が明らかにしているように、レーガンはエイリアンの脅威への自分の「空想」

が人類全体の協力を達成する重要な手段になると考えていた。1981年にレーガンが受けた説明の筆記録とされる文書や同じような内容の機密文書は、レーガンがなぜそのような脅威が事実だと信じたかを説明してくれる。レーガンのスピーチライターは機密事情には通じておらず、そのために「エイリアンの脅威」の記述を削除しようと思ったのだろう。

1985年にジュネーブで、1987年には国連で、またスピーチライターへの手書きのメモで、レーガンはエイリアンがもし地球を脅かしたら、という仮定の話に言及している。これは、彼がエイリアンの実際の脅威に対して米ソの協力が不可欠だという確信を強めていた強い証拠だ。レーガンがこの脅威を真剣に受け止めていたさらなる証拠が、1988年5月4日のインタビューに見られる。レーガンはこのとき「国際関係で今、最も重要なことは何だとお考えですか?」と尋ねられた。これへのレーガンの答えには次のような内容が含まれていた。

「外から——地球外から、ほかの惑星から、我々すべてが脅威を受けたらどうなるだろうとよく考えます。(中略)そのとき我々は不意に気がつくのではないでしょうか。我々に違いはない、同じ人類、同じ世界市民なのだ、と。そして協力して共通の敵と戦おうとするのではないでしょうか[*7]」

ゴルバチョフは、レーガンが1985年6月11日の日記に記した秘密宇宙計画のことをおそらく

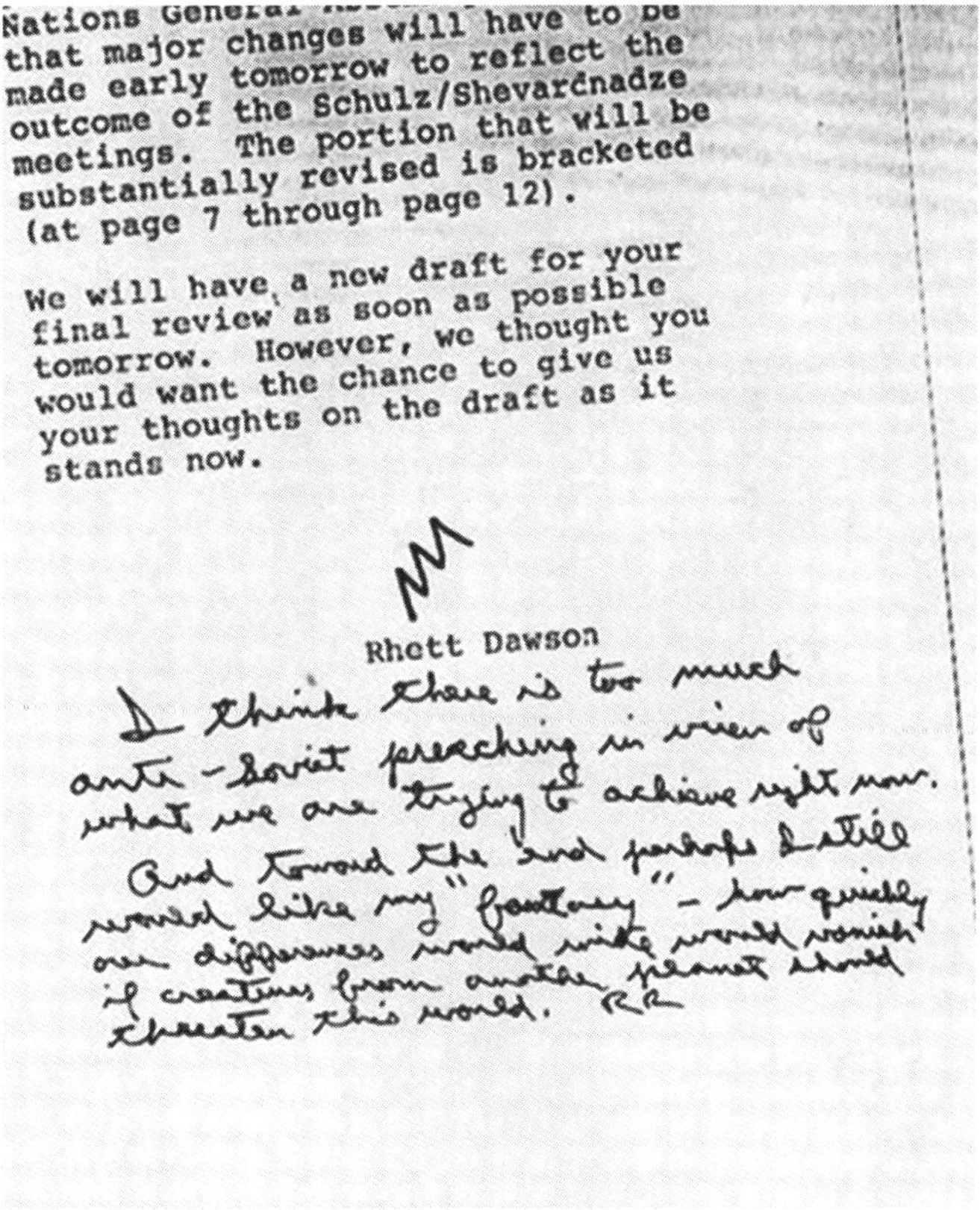
Nations General
that major changes will have to be made early tomorrow to reflect the outcome of the Schulz/Shevarčnadze meetings. The portion that will be substantially revised is bracketed (at page 7 through page 12).

We will have a new draft for your final review as soon as possible tomorrow. However, we thought you would want the chance to give us your thoughts on the draft as it stands now.

Rhett Dawson

I think there is too much anti-Soviet preaching in view of what we are trying to achieve right now.
And toward the end perhaps I still would like my "fantasy" – how quickly our differences would vanish if creatures from another planet should threaten this world. RR

（タイプ部分の最後の段落の訳）

最後の見直しをしていただくための新たな原稿を、明日できるだけ早く作成します。ただ、現時点でのお考えをこちらに伝える機会をお望みだろうと考え、提出いたします。

レット・ドーソン

（レーガンの手書き部分の訳）

我々が今達成しようとしていることを考えると、反ソビエトのお説教が多すぎるように思う。

できれば（スピーチの）終わり頃に私の「空想」――もし別の惑星からこの地球が脅やかされれば我々の争いはたちまち消え去るだろう――を入れたい。RR（ロナルド・レーガン）

レーガンの要望を書いた手書きの文章。国連でのスピーチにエイリアンの脅威へのコメントを再挿入してほしいと書いている。わざわざ「空想」としていることから、スピーチライターたちがこの問題の重大性を知らされていないことが分かる。

図24　スピーチライターへのレーガンの手書きメモ　　出所：PresidentialUFO.com

知っていた。アメリカのこの計画は戦略防衛構想［「スターウォーズ」とも呼ばれる］と密接に関係しており、ソ連にとっては重大な関心事だった。ソ連がこれに対抗するためには多大の予算を必要とするからだ。ジュネーブでの会談と国連でのスピーチで、レーガンはゴルバチョフにアメリカの秘密宇宙計画の高度なテクノロジーの一部提供を示唆したのだろうか。冷戦の終結に必要だったエイリアンの脅威というシナリオを基にソ連がアメリカに協力する見返りとして。その後の成り行きを見ると、レーガンがそれを実行しようとしていたことが分かる。

エイリアンが地球を襲撃するかもしれないという仮定のもとに世界が緊密に結びつかなければならないと繰り返すレーガンの努力は、当初気乗り薄だったゴルバチョフの気持ちを変え、1987年の国連スピーチの後には他の国の指導者たちからも支持を得た。コーリー・グッドによると、レーガンのスピーチと国連が国連自身の秘密宇宙計画に合意したのは同じ時期だった。

それは国連の合意から生まれたように思われます。この（国連の）計画の始まりはレーガン大統領の国連でのあるスピーチと時期が同じでした。大統領は、もしエイリアンの脅威があれば我々はただちに協力し合うだろうとスピーチで述べたのです。[*8]

グッドの言う通りなら、国連には秘密宇宙計画ですべての国を結びつけようという舞台裏での努力がすでにあり、レーガンのスピーチがそれに点火したのだ。国連のこの計画はやがて異星人および既存の宇宙計画と相互に影響し合うことになる。

突然の冷戦終結が銀河国際連合発足の状況証拠となる

国連による秘密宇宙計画が１９８７年に合意されたことを示す証拠資料をグッドはいっさい提示していない。また、敵対的な異星人の存在が確認されているとする１９８１年のレーガンへの説明文書とされるものも彼は提示していない。しかし、起こり得るエイリアンの脅威に対する超大国の協力をレーガンが１９８５年以降強く訴え続けたのは歴史的事実である。彼の訴えの頂点が、そのような脅威に対するグローバルな協力を呼びかけた１９８７年9月の国連総会でのスピーチだ。

グッドが言うように、レーガンの提議がひそかに受け入れられ、合意が形成されたことを示す強力な状況証拠がある。国連でのレーガンの提議から2年余りのち、冷戦によるヨーロッパ分断が終わりを告げたのだ。ベルリンを東西に隔てていたベルリンの壁が１９８９年11月10日に取り壊された。あっという間に共産圏が消滅し、そこに新たに誕生した各国の政府は民主主義的理念と資本主義経済を採用した。１９９１年12月にはソ連自体が解体し、ロシア連邦と14の独立国家になった。ロシアはボリス・エリツィン大統領率いる新しい民主主義国家となった。

冷戦の急激な終結は学者や政治指導者、情報機関を驚かせた。冷戦が終わることを――しかも世界中が唖然《あぜん》とするようなスピードで――予測した人間はいなかった。ヨーロッパ人もアメリカ人も、そして世界中の誰もがキツネにつままれたような気持ちになった。冷戦の終結に至った信じがたい一連の成り行きを説明できる人間はいなかった。多くの本が書かれ、多くの理論が提示されたが、結局誰もその理由は説明できなかった。

レーガンのエイリアンの脅威のシナリオは――そしてこれに対応するために秘密裡に宇宙計画を進めるべしという国連への働きかけは――信じられないような結果を生んだ。冷戦によるヨーロッパの分割が終わり、かつて東側と西側に分かれていた国々が地球規模で協力し合うという前例のない時代が始まったのだ。この新たな時代の輝かしい象徴は、国連加盟国の旗を掲げて銀河へ向かう恒星間宇宙船艦隊だった。

銀河国際連合の形成

レーガンが、この合意を形成するためにソ連その他の国の指導者たちにアメリカの秘密宇宙計画の高度なテクノロジーを提供したのは疑いない。ソ連や中国のような国連安保理のメンバー国を参加させる代償はきわめて高かったはずだ。アメリカがすでに秘密宇宙計画を持っているなら、進んだテクノロジーの多く――あるいはすべて――を他国と共有しなければならないだろう。主たる責任はどこが負うのか、宇宙での中心的な活動は何かといったことに関して、アメリカ自身の秘密宇宙計画と国連の計画をどう調整するかの合意が必要だっただろう。しかしどうやらこれはうまく行なわれたようだ。

国連の秘密宇宙計画はそれほど驚くべきことではない。世界中どこでも発見できる異星人やナチスその他の高度なテクノロジーを発見、修復、利用するうえで、アメリカは国際社会のサポートを必要とする。とりわけ軍が関係しない宇宙計画——衛星あるいは宇宙探査——に多額の投資を行なって成功した主要国のサポートを。ロシア、フランス、ドイツ、イタリア、中国、インド、ブラジル、日本その他の国には宇宙関連の優れた専門知識があり、また高度なテクノロジーを手に入れるのに多額の投資を行なう用意もあるだろう。異星人やナチスドイツが関係するテクノロジーの秘密を守るための最大限の協力を得るには、最終製品——恒星間移動のできる高度な宇宙船——をその国に与えなければならない。

ソーラーウォーデン計画では限られた範囲でひそかに国際協力が行なわれていた。この計画の軍事部門はアメリカ海軍を厳密にかたどった組織だ。第5章に挙げたグッドの説明では、ソーラーウォーデンの攻撃防御艦隊は5つの国——アメリカ、イギリス、カナダ、オーストラリア、ニュージーランド［第5章でグッドはニュージーランドは挙げていない］——の兵士で構成されていた。[*9] 一方グッドは、調査艦「アーノルド・ゾマーフェルト」ではドイツ人や中国人科学者を目にしたが、彼らは政府の文民／科学部門の人間たちで、軍事部門には属していなかったとはっきり述べている。[*10] テレビのドラマシリーズ『スターゲート・アトランティス』に似ているかもしれない。このドラマでは秘密の施設全体を管理統制するのは文民だが、防衛部門の人員は従来通りの軍事的指揮系統の中で活動している。

ＭＪ－12が管理する惑星間企業複合体（ＩＣＣ）での国際協力はさらに限られたものとなる。そこには資金供給部門と高度な宇宙船建造部門それぞれに別の秘密国際組織がある。惑星間企業複合体（ＩＣＣ）に人員やテクノロジー、物資、財源を供給する大企業は世界中に展開しているが、ＩＣＣの活動が不透明でかつ国への忠誠心に疑問があるため、多くの国はこの計画への参加には踏み出せない。

ソーラーウォーデンの前に生まれているダークフリート――ブリル協会／ナチスＳＳの宇宙計画――が活発に活動していたのは南アメリカで、その活動は民族純化や優生学と関係していた。しかし数十年が経過するなかで、かつてナチスドイツやその離脱グループの宇宙計画に協力していた南アメリカの全体主義的政権はしだいに民主主義的な政策を取るようになり、民族純化や優生学などのナチスの思想から離れていった。そういう南アメリカの国々にとって、ナチス的イデオロギーや優生学的方針、オカルト的な歴史、怪しげな宇宙活動を伴うダークフリートは受け入れがたいものになっていた。ナチスドイツやその人種差別思想に公然と反対していた国々はましてそうだった。

ある時点で、先に述べた3つの秘密宇宙計画――ダークフリート、ソーラーウォーデン、惑星間企業複合体――には賛同し得ない国々を満足させられる使命と要素を持つ別の秘密宇宙計画が必要なことが明らかになった。１９８７年のレーガンのスピーチはそのような計画を創出するための触媒の役割を果たしたのである。

この宇宙計画をグッドは「銀河国際連合」と呼び、次のように要約する。

「NATO型秘密宇宙計画」――最近、提携国の会議でこれは「〈銀河〉国際連合計画」と呼ばれました。この会議は私もすべての人もくつろぐことができるもう1つの太陽系でした。**多くの**異なる国が参加していました。私の知らない国旗もありました（エストニアとか）。このグループの基地はほとんどが太陽系外にあり、比較的新しい秘密宇宙計画でした。すべての国が参加できる宇宙計画で、そこでは情報やテクノロジーが交換されていました。参加国はこの計画について秘密を守ることになっていました。*11

この秘密宇宙計画は主として太陽系外で動いているというグッドの話からは、それが「トゥーレ・タキオネーター」駆動装置の次世代版を使っていることが分かる。「トゥーレ・タキオネーター」は1943年頃にブリル協会とナチスSSが葉巻型の「アンドロメダ・デバイス」のために開発した駆動装置だ。恒星間移動に必要な「時間ドライブ」テクノロジーがやっと利用できるようになったのは1980年代だったことがグッドとベン・リッチによって明らかにされている（第6章参照）。1980年代に時間ドライブが可能な葉巻型母艦をソーラーウォーデンが持ち、次いで1990年代に惑星間企業複合体がより高度な時間ドライブを行なう恒星間宇宙船を使った。ここから、1987年のレーガンのスピーチを出発点として1990年代後半か2000年代初めに「銀河国際連合」秘密宇宙計画は太陽系外に最初の宇宙船を送り出したと推測できる。国連の主要メンバー国は重要な科学的・政治的・財政的・人的資源をこの4番目の秘密宇宙計画に提供しただろう。

銀河国際連合とダークフリートはすでに太陽系外で活動している

「銀河国際連合」秘密宇宙計画は太陽系外で活動しているというグッドの証言からは、さらにそれが本来『スタートレック』的な探検型の計画であることが推測される。主に太陽系外で活動しているとなれば、太陽系の内側で活動している2つの他の計画——ソーラーウォーデンと惑星間企業複合体——と摩擦を生じることは考えにくい。となると、太陽系外で活動しているとグッドが言うダークフリートと銀河国際連合はどのように関係しているのか。調和は保たれているのか。

グッドが言うには、ダークフリートは帝国主義的存在——ドラコニアン帝国/連邦——と緊密に提携している。ダークフリートと銀河国際連合は恒星間で活動しつつ、銀河における「グッドコップ・バッドコップ」［犯罪容疑者を追及する手法。2人の警官が乱暴な警官と親切な警官を演じて容疑者の自供を引き出す］のような役割を果たしているのか。

グッドは、ナチスの科学者たちがアメリカの軍や科学機関、企業などにいかに巧みに侵入したかを語っている。第6章でブリル協会/ナチスSSが惑星間企業複合体（ICC）に深く入り込み、そのＩＣＣはダークフリートとも密接に協力していることを述べた。グッドはまた、ソーラーウォーデン計画もある程度彼らに侵入されており、ＩＣＣとも協力関係にあった――後者の欺瞞の全貌が明らかになるまでは――と語る。もしグッドの証言が正しければ、同じようなことが銀河国際連合（ＧＧＬＮ）にも起きているかもしれない。

第11章で、新たにやって来た異星人同盟から課せられた太陽系の広範な隔離（quarantine）――グッドの言葉では「外部バリア」――について述べる。この「外部バリア」は銀河国際連合とダークフリートの関係に強い影響を及ぼしているという。グッドこう説明する。

外部バリアができる前、ＧＧＬＮが他と接触することはほとんどありませんでした。しかしこれができたあとＧＧＬＮは厳しい状況に置かれ、資源をプールするか、同じようにバリアの外に閉め出されたダークフリートの大勢の人間たちと接触をするかしたのは間違いありません。[*12]

グッドの証言を確認できるような、太陽系外で活動する銀河国際連合秘密宇宙計画に言及した文書は存在しない。しかし、冷戦終結はエイリアンの脅威に対抗するグローバルな協力へのレーガンの努力の結果だった、という強い状況証拠がある。銀河国際連合はその脅威に直接取り組み、地球的な協力を生み出した。これがグッドの言う5番目にして最後の秘密宇宙計画につながる。

第8章

SAP（特別アクセス計画）、イルミナティ／カバルたちの高度な宇宙テクノロジー

コーリー・グッドによれば、第4章から第7章で述べた秘密宇宙計画とは規模においても活動範囲においても格段に小規模な秘密宇宙計画が数多くある。それらをグッドは以下のように要約する。

さまざまな「特別アクセス計画（SAP：Special Access Program）」秘密宇宙計画。小規模。多くが新しいテクノロジーを持っている。秘密主義。複数の秘密地球政府やシンジケート、世界軍（World Military Forces：この中にはいくつか独立したグループがあるかもしれない）のために仕事をしている。

特別アクセス計画（SAP）は国防総省（DoD）と情報コミュニティーにおいては公認事項である。SAPの計画の一部は、その存在が公に認められていない場合、「一般には知らされない」。「国家産業安全保障計画運用マニュアル」と題された1995年のDoDのマニュアルは次のように述べている。

ＳＡＰは2種類ある。一般に知らされるものとそうでないものである。「一般に知らされる」ＳＡＰとは、広く認識されている、あるいは知られている計画のことである。ただしその詳細はそのＳＡＰ内で定める。「一般に知らされない」ＳＡＰの存在、あるいは一般に知らされる計画の中の知らされない部分は、権限のない者に知らせてはならない。[*1]

ＤｏＤマニュアルはさらに、一般に知らされない計画の秘密を守るための措置についてこう述べる。

一般に知らされないＳＡＰに関しては、知らされているＳＡＰよりも特段に強い保護が求められる。（中略）その存在を確保するための保護措置が取られているＳＡＰは、権限のない者にその存在を知らせ、あるいはその存在を肯定してはならない。すべての分野（例：技術、運用、兵站《へいたん》など）で守秘が求められる。[*2]

「一般に知らされないＳＡＰ」（ＵＳＡＰ：Unacknowledged SAP）に厳しいセキュリティーが要求されているのに加え、ＵＳＡＰを「ウエイブド」ＵＳＡＰとすることによってさらに機密度が強められている可能性がある［「ウエイブ（Waive）」は「要求を差し控える」の意味］。１９９７年の上院の調査報告書はこう述べる。

秘密計画の中でも複数の「ウエイブド」計画はさらに区別されている。きわめてセンシティブであるとしてそれらは議会への報告義務を免除されている。これらの計画の存在については、議長、主要議員、場合によっては他の議員、関係委員会のスタッフに口頭で伝えられるのみである。*3

機密事項だとして口頭でしか説明されないUSAPについて、議会議員はそれが存在すると認めることもできなければ、それについて専門家に助言を求めることもできない。つまりUSAPは議会の監視を受けない、ということだ。議会は、計画はアメリカおよび国際的な宇宙法［宇宙開発によって生じる諸問題に関する国際法］に則り、責任を持って進められているとする軍や情報機関の言葉を受け入れるしかない。実を言えば、議員など関係者はその存在を否定すること、あるいは真実を隠すための作り話（カバーストーリー）をすることが認められている。この点について1992年に出たDoDマニュアルの追加にはこうある。

カバーストーリー計画（一般に**知らされない**計画）。カバーストーリー計画は、一般に知らされない計画を、知る必要のない個人から守るために策定される。カバーストーリーは信用できる内容でなければならず、契約の真の性質に関する情報を漏らすものであってはならない。SAPのためのカバーストーリーを広める場合は、その前に計画防護担当官（PSO）の承認を得なければならない。*4

一般に知らされない宇宙活動の2つ目のカテゴリーには私企業が関係している。それらの企業は機密度の高い仕事の契約を結ぶ条件として、軍や情報機関と同じようなセキュリティーを求める。DoDによるこれらの企業への標準的なセキュリティー処置は「国家産業安全保障計画運用マニュアル」に概略が述べられている。1997年の合衆国上院報告はそれに関してこう要約している。

機密契約を実行する企業契約者には「国家産業安全保障計画」（N－SP）の規定が適用される。この計画は「機密情報を保護するための統合された唯一の産業安全保障計画」であるため、1993年の大統領令12829号によって策定された。1995年2月、N－SP運用マニュアル（N－SPOM）に追加が施され、計画に関わる政府の担当者がSAPに関係する契約者のための基準を作る際に利用できる「選択肢」が示されている。*5

軍や情報機関が、「一般に知らされない」計画の複数の分野で私企業と契約を結ぶのはよくあることだ。そこには宇宙での活動に関することも含まれる。極秘計画での研究開発契約を軍や情報機関と結ぶアメリカ企業はあまた存在し、ロッキード・マーティン、ノースロップ・グラマン、サイエンス・アプリケーション・インターナショナル・コーポレーション、ゼネラル・ダイナミックスなどはその一部に過ぎない。極秘計画の中には宇宙活動も含まれる。

宇宙計画を持つ他の主要国もUSAPに相当するもの——軍や情報組織による「一般に知らされない」宇宙活動を含む——を所有しており、契約を結んだ私企業がこれを助けている。いわば聖域化された「一般に知らされない」宇宙計画の活動領域や予算の実体はよく分かっていない。伝統的に資金の出所が不透明な「ブラック計画」の世界なのだ。

「ブラック計画」の資金をテーマにした一連の研究がある。その1つがティム・クックの『Blank Check: The Pentagon's Black Budget（白紙委任：ペンタゴンの闇予算）』[*6]だ。ティムはこの本の中で「非公式な闇予算」が1997年から1999年に平均1兆7000億ドルに達したと見積もっている。[*7]

グッドの言う5番目の秘密宇宙計画——多くの「特別アクセス計画」（SAP）で構成される——から推測されるのは、これらSAPの一部がそれぞれの国や企業において自分勝手に活動するようになっているということだ。厳しいセキュリティー管理のもと上級官僚や企業幹部がウソをついたりカバーストーリーを語ったりしてSAPの存在を隠す状況の中で、これらの計画は最低限の監督しか受けず、外部からの干渉もほとんどない。

このような構造を背景に、「一般に知らされない」SAPの管理者たちは伝統的な資金供給プロセスの外へ飛び出すことが可能になり、それによって生みの親たる政府機関や企業の部局などからの独立性を強める。その独立的な資金供給メカニズムのおかげでSAPに関係する個人やグループ、あるいは企業は並はずれた自治権を持つ。これらSAPの管理者は、かつての封建領主と同じように振る舞うことができるのだ。彼らの関心や活動は王や中央政権のそれとは大きく異なるかもしれない。前に述べた4つの主要秘密宇宙計画――ダークフリート、ソーラーウォーデン、惑星間企業複合体、銀河国際連合――による監視や妨害を逃れるために、互いに協力し合うこともあるだろう――かつての封建領主がそうだったように。

Dr.スティーブン・グリーア〔機密情報公開を求める組織「ディスクロージャー・プロジェクト」の設立者で元医師〕とアポロ宇宙飛行士だったDr.エドガー・ミッチェルは、トム・ウィルソン海軍中将が統合参謀本部の情報部長だった1997年に会ったことがあり、そのときに中将から聞かされたことを書いている。ウィルソンは異星人のテクノロジーの可能性のあるものも含む各種のSAPについて説明を受けたことがあった。その際ウィルソンがSAPへの接触を申し出ると、契約企業の代理人はこれを拒否した。ウィルソンには「知る必要がない」というのがその理由だった。*8 参謀本部の情報機関の現職の長の申し出を断るという前例のない行為は、これら勝手に振る舞う企業体が高度なテクノロジーに軍や政府を近づけさせないようにしていることを示している。それは手に負えない勝手な行動であるか、あるいは軍のいかなる指揮系統にも属さないMJ-12グループとの協調行動かのどちらかだ。

さらにSAPの指導者たちは、「カバル」もしくは「イルミナティ」もしくは「影の政府」を構成するエリートたちと密接に関係している。SAPはカバルに、非協力的な指導者の暗殺や偽旗作戦［開戦の口実を作るために敵がやったと見せかけて自国の施設を破壊するなどの作戦］、あるいは他の国々を打ちのめすような地球規模の大混乱を起こすのにうってつけの手段を提供する。暗殺の例を挙げよう。デレク・ヘネシー（別名コナー・オライアン）はCIAとつながるSAPで秘密の仕事をしていた8～9年の間、地球外生命と秘密宇宙計画のための秘密システムを脅やかす人物の暗殺任務を定期的に命じられていた。[*9] ヘネシーによると、海軍の特殊部隊員として訓練を受け、その後CIAの特殊作戦任務を命じられたという。暗殺任務がないときはエリア51のS－4施設で歩哨として過ごした。

偽旗作戦に関していえば、2001年9月11日がまさにそれである。これを理由に複数の地域で紛争を起こし、秘密の宇宙作戦の闇予算を獲得しやすくするのがこの事件のシナリオだ。[*10] 国防長官ドナルド・ラムズフェルドが、ペンタゴンの予算は1兆ドル超でも十分とは言えないと語った翌日に9・11の攻撃が起きたのは偶然ではない。[*11] かつて機械工学の教授だったジュディ・ウッド博士によると、9・11の攻撃には宇宙に基礎を置く兵器システムの「指令を受けたフリーエネルギー・テクノロジー」が使われていた。[*12] おそらくそれは人工知能（AI）の分野のテクノロジーであり、放埒なSAPが人類とこれまで述べてきた秘密宇宙計画の両方に対して提示した最も恐るべき挑戦である。

SAP（特別アクセス計画）にはAI量子コンピューターが関与している

２０１５年７月15日から９月15日にかけて行なわれた「ジェイドヘルム15」軍事訓練では、戦場での意思決定を人間ではなく人工知能（AI）量子コンピューターに行なわせた。この訓練を指揮したのはアメリカ特殊作戦軍［米国の統合軍の一つであり、陸軍、海軍、空軍、海兵隊の特殊作戦部隊を統合指揮している。創設１９８７年（ウィキペディアより）］だが、同軍には長くSAPに関与してきた歴史があり、そこでは好き勝手な作戦計画が行なわれたこともある。[*13] 先に挙げたヘネシーはS－4の外に基地を置くあるSAPの中で働いていたが、そのSAPはヘネシーのような人員を集めるのに特殊作戦軍と提携していた。

「DJ」と名乗るコンピューター・ネットワーク／ソフトウェアのエンジニアはこう語る。『ジェイドヘルム15』は、市民が公然と反乱を起こした際にこれを制圧しようとする軍の行動への市民の対応をAIがうまく予想できるかテストするものだった[*14]」。もしうまくいったなら、最終的に「ジェイドヘルム15」は「人間の領域」をマスターするようプログラムされたAI量子コンピューターに司令官の役割を務めさせることができる。「人間の領域」とは戦闘内に存在する「身体的、文化的、社会的環境」とされる。[*15]

以下はＤＪによるジェイドヘルムの説明である。

「ジェイド」は、ホログラフィーによって戦場をシミュレーションするＡＩ量子コンピューター・テクノロジーです。それは、人口集中地域のヒューマン・テレイン（人間地勢）・システムを作るために人間の領域に関して集められた大量のデータを使う能力を持っています。それによって標的や暴徒、反徒など、何であれ目印を付けたものを識別して排除できるのです。標的には、情報テクノロジーを中心に据えた戦闘環境の中のグローバルな情報グリッド上で目印を付けます。要するに「ジェイドヘルム」は将軍や司令官ではなく、コンピューターが命令・指揮する戦闘なのです。司令官の地位に認知能力のあるソフトウエアを置くという、情報テクノロジーを中心に据えた戦争システムです。*16

ＤＪの分析が正しいとするなら、人工知能がもたらす現実的な脅威を指摘する著名な科学者や発明家たちが言うように「ジェイドヘルム」には多大な懸念がある。このことについてはイーロン・マスク〔宇宙輸送を可能にするロケットを開発するスペースX社を２００２年に起業し、ＣＥＯに就任している〕が２０１４年10月にこう書いている。

人工知能（ＡＩ）については十分な注意を払わなければなければならないと思います。

（タイトル）
疑問／問題

（右上）
非機密／私用禁止

（中央）
ジェイドヘルム
「人間の領域をマスターせよ」

図25　ジェイドヘルム15訓練のロゴ　　出所：アメリカ特殊作戦軍

私たちの最大の現実的脅威は何かと言えば、おそらく人工知能でしょう。人工知能には用心する必要があります。真に愚かなことをしでかさないよう、国家的・国際的レベルでの監視や規制が必要だという思いを私はますます強めています。[*17]

スティーブン・ホーキングは、ＡＩはその性質上やがて人間に代わって意思決定を行なうようになり、ついには人間社会を乗っ取るだろうと述べている。ホーキングによれば、「人工知能が究極まで発達した段階で人類は終わりを迎える可能性」がある。[*18] ＡＩは人類をわけなく根絶させることができるというわけだ。量子コンピューターのさまざまな側面とその戦場への応用について述べる軍産関係の文章の中には、「ジェイドヘルム15」は実際に人間に代わってＡＩが意思決定するのを可能にすると指摘するものも少なくない。[*19]

「ジェイドヘルム15」とＡＩが及ぼす危険性の分析をいっそう複雑にするのはコーリー・グッドの証言だ。グッドによると、彼が勤務した宇宙計画では、エイリアンの「AIシグナル」を現実的な脅威とみなしていたという。そのため「AIシグナル」を検知し、排除するための精緻《せいち》なセキュリティー用プロトコルが導入されていた。「AIシグナル」は高度なテクノロジーだけでなく、生物系にも侵入する能力を持っているとグッドは言う。

AIの危険性を避ける一番いい方法は、人はAIによって自己の独立性を失う可能性があると知ることです。テクノロジーに依存しすぎるとAIに支配されるか、悪くするとAIシグナルに感染させられます。体の中の生体電気場に「AIシグナル」が住み着く可能性があるのです。このシグナルはその人の考え方や振る舞いに影響します。SSP（秘密宇宙計画）の施設をオペレーターやゲストが訪れるときは今でも「AIシグナル」を調べますし、異星人グループもこのことは真剣に考えています。*20

グッドは言う。多くの世界がAIに征服され、AIを生み出した存在がAIによって根絶させられるのを異星人の文明は見てきた、と。2004年のSFドラマシリーズ『GALACTICA／ギャラクティカ』は、グッドによればフィクションというより事実に近い。

「AI預言者」たちは完全にテクノロジーに依存した社会を作り、その社会がある時点で

「AI神」に主権をゆだねるというスケジュール表に従ってすでに仕事を進めています。人々は、このAIこそが中立的な視点で世界を統治し、世界に――最初は――平和をもたらす唯一の存在だと信じるのです。これらの「AI預言者」たちは、何千という文明がこのまやかしの神の手に落ち、破壊されたことを知っています。*21

「ジェイドヘルム15」とAIの役割についての最近のDJの分析は説得力がある。それは、量子コンピューターが軍事訓練においてだけでなく、「人間の領域を支配する」ための意思決定も行なうだろうという分析だ。もしAIを基礎に置く量子コンピューターが将来の戦闘でトップレベルの意思決定を担うようになれば、最終的にはマスクやホーキングその他が予測するように人間社会が乗っ取られる可能性も十分にある。「ジェイドヘルム15」は戦場でAIが意思決定したり人間の領域を支配するのを可能にするだけでなく、――グッドの話を信じるなら――エイリアンの「AIシグナル」を量子コンピューターを作る人間のエリートの中に侵入させることにもなるだろう。

グッドが言うAIシグナルが、すでに人間のエリート集団――「人間の領域」で人工知能をどんどん開発すべきだとする人々――に侵入している兆候がある。例えばフェイスブックの共同創立者でCEOでもあるマーク・ザッカーバーグは2015年7月1日に、AIは「一次性感覚において、人間より優れている」と語った。つまり自然環境から受ける感覚的データの処理や決定において、AIは人間より優れているというのだ。*22 グーグルの技術部門の長レイ・カーツワイルも同じようなことを語っている。彼は2015年6月3日にこう言っているのだ。2030年までにほとんどの人がナノボット［ナノロボットのこと］を脳に埋め込んで知能を拡張し、クラウド・インターネットにアクセスして複雑な作業をこなすようになるだろう、と。[*23] 彼はまた、将来人類はAIを自分の生体に統合するだろうと考えている。

我々の思考は生物学的・非生物学的思考のハイブリッドになるだろう。（中略）我々はしだいに我々自身を溶け合わせ［生物的要素と非生物的要素を溶け合わせる、ということか］向上させるだろう。人間であるというのはそういうことだと私は考えている。我々は自分たちの限界を超えるのだ。[*24]

2015年6月11日から14日にかけて、年に1度の「ビルダーバーグ」グループの会議［世界の指導者約130人が集う非公開の会議。ヨーロッパにおける反アメリカ主義の台頭を懸念したレティンガーらの提唱により、1954年にオランダのアルネムにあるビルダーバーグ・ホテルで開かれたのが始まり］が開かれた。このときの第1のテーマは人工知能で、その次がサイバーセキュリティーだった。[*25] このグローバルなエリート集団には情報テクノロジー企業からの参加メンバーも多い。これは、「ビルダーバーグ」が「人間の領域を支配する」新しい手段を見出すためにAIの利用を進める意図を持っていることを示唆している。「ビルダーバーグ」が、宇宙活動に関係する多くのSAPをコントロールする「イルミナティ／カバル」グループの利益を代弁していることは強調に値するだろう。

ＳＡＰ内で開発される高度なテクノロジーは４つの主要な秘密宇宙計画に提供されると共に、ＳＡＰ自身の好き勝手な活動とその中心にいる人物たちの力を強める形で応用され得る。これはＳＡＰ間の連携や互いの影響力、そしてイルミナティ／カバルとの関係を変化させるだろう。ＳＡＰの中には、ＳＡＰほどＡＩを利用していない他の宇宙計画に対し、戦術的優位をもたらす手段としてＡＩを使うものもあるかもしれない。ＡＩの利用を進めつつ秘密宇宙計画テクノロジーの開発に取り組むＳＡＰの活動およびその忠誠心は不透明だ。それゆえにＳＡＰは――それぞれは小規模だが――間違いなく予測不能な要素としてグッドが言う5番目の秘密宇宙計画を構成している。

第9章

世界を変えたかもしれない オーティス・カーのOTC-X1への弾圧

1955年、ニコラ・テスラ［（1856－1943）クロアチア生まれのアメリカの電気技術者・発明家］の愛弟子だったオーティス・カーが民間人による宇宙船の試作品の開発を開始した。その宇宙船は部品一式あれば大量生産が可能で、一般にも販売できるとして大きな注目を集めた。[*1] もし開発に成功すれば――カーの考えでは――世界初の民間人による宇宙船となり、航空業界に大変革をもたらすはずだった。しかし――カーは知らなかったが――実はほぼ30年前にブリル協会がW・O・シューマン博士の援助を得て空飛ぶ円盤の原型を完成させていた。ただしブリル協会の計画は第二次大戦へと向かう時代の趨勢《すうせい》の中で順調には進まなかった。ブリル協会はヒトラーのナチス政権と協力関係を持ったが、第二次大戦期を通じて一定の独立性とシビリアン・コントロールを保った。ブリル協会の秘密宇宙計画は大戦を生き延び、南極、南アメリカ、そして月にも基地を建設する。やがてブリル協会はコーリー・グッドが言う「ダークフリート」（闇の艦隊）を生み出したが、それは邪悪な異星人と行動を共にするオカルト的宇宙計画だった。

ブリル協会の活動に似ているのが、グリエルモ・マルコーニが主導したとされるもう1つの民間人宇宙計画である。1937年にマルコーニが死んだというのは表向きのことで、彼は南アメリカで空飛ぶ円盤の建造を行なっているという噂が長く囁かれた。[*2] 在野の考古学者デービッド・ハッチャー・チルドレスによると、マルコーニはヨーロッパでの戦争を逃れ、将来の計画に向けてベネズエラへ渡った。彼が死んだという情報はそのための隠れみのだった。

98人の科学者が南アメリカへ渡り、ベネズエラ南部のジャングル地帯にある死火山の噴火口に都市を建設したと言われている。その秘密の都市で彼らはそれまでに自分たちが蓄えた資金を使って**太陽エネルギー**、**宇宙エネルギー**、**反重力**に関するマルコーニの研究を続けた。他の国々の目の届かないところで彼らはひそかにフリーエネルギーのモーターを作り、最後にジャイロスコープ（回転儀）反重力タイプの**円盤型の航空機**を完成させた。[*3]

第3章で述べたように1933年にイタリアで空飛ぶ円盤が発見された。これを逆行分析するRS／33という組織が設立され、マルコーニはムッソリーニによってこの組織の長に任命された。この組織で得た専門知識のおかげで、マルコーニはムッソリーニ政権の監視の目が届かない遠隔の地で計画を進めることができた。マルコーニには自分の発明品で得た資金があり、それを使って多くの科学者や発明家を集めることが可能だったのだ。彼の有名なヨット「エレクトラ」は海に浮かぶ研究室であり、そこで優れた頭脳が実験を行なった。しかもマルコーニには、人間の状態を向上させるよりも戦争のために高度な兵器を作ろうとする権力者たちへの深い不信感があった。したがって、マルコーニが自分の死をでっち上げて遠い南アメリカで空飛ぶ円盤建造を開始したというのは十分あり得る話だ。マルコーニの南アメリカでの活動はブリル協会が戦後ドイツを離れたあと進めた計画とゆるやかにつながっていたかもしれない。グッドによると、マルコーニの活動は、南アメリカ大陸に広く影響力を持ったブリル協会／ナチスSSによって最後はひそかに――あるいは公然と――吸収された。[*4]

民間による宇宙計画は、先駆者だったブリル協会のものもマルコーニによるものも広く知られることはなかった。どちらの計画もひそかに進められ、そこで建造された宇宙船に関係できたのは一握りのエリートだけだった。

オーティス・カーの試みは――マルコーニのものも含めるとすれば――民間人による空飛ぶ円盤計画の3番目ということになる。ブリル協会やマルコーニと違い、カーにはその計画を公表する意思があった。ライト兄弟が最初に飛行機を作ったときのように、自分の行動が民間の宇宙船計画の先導役になることを望んだのである。

カーが計画していた宇宙船は、空中から電気エネルギーを取り入れて動力源にし、それをさらに特殊な蓄電器に蓄えるというものだ。蓄えられた電気エネルギーが、推進力となる反重力効果を生み出すはずだった。[*5] カーは、電磁エネルギーと反重力原理についての自分の知識はすべて、ユーゴスラビア人の著名な発明家ニコラ・テスラに学んだと述べている。青年時代のカーは学問のかたわらニューヨークのホテルでアルバイトをしていたが、そこにテスラが滞在していたのである。テスラは1915年に、自分は反重力飛行機の製造法を知っていると公に語った。「私の考案した飛行機は翼もプロペラもない。それが地面にあるところを見れば誰も飛行機だとは思わないだろう。だがそれはいかなる方向へもまったく安全に飛べるのだ」[*6]。彼の飛行機は地球の大気から取り入れる電気エネルギーを動力にするものだったと思われる。しかし企業の支援を受けられずに計画を進められなかったテスラは、彼の突出したアイデアを若いカーに3年かけて伝えた。

テスラは、大気中の豊富な電気エネルギーから自由に電磁エネルギーを取り入れて利用できることをカーに教えた。もし電気エネルギーが自由に手に入るとすれば――発電所も電線も中継所も停電もなく――電力企業にとっては脅威となる。テスラは、彼の先進的なアイデアには資金は集まらないだろうと告げられた。J・P・モルガン［アメリカ5大財閥の1つモルガン財閥の創始者］その他の資本家たちは大気中から電気エネルギーを取り入れることなど容認できなかっただろう。実際、テスラのアイデアはグローバルな経済や金融システムの土台を揺るがしかねないものだった。

カーは1937年、すでに若くはないテスラの激励を受けて彼のアイデアのテストを開始し、模型宇宙船の製造に着手した[*7]。カーはやがて、超高層大気［対流圏の上］からさらには月にも到達する宇宙船を作れると確信し、その宇宙船は光速を超えるスピードを持つだろうと考えた。これはすべてテスラの助言に従えば達成できることだった。テスラの助言とはすなわち、大気中の電気エネルギーを宇宙船の動力源にし、そのエネルギーをさらに特殊な「再生式蓄電器」に蓄えて惑星間移動に利用するというものである。

オーティス・カーは世界で初めて民間人による宇宙船建造を公言した

カーは1955年、メリーランド州にOTCエンタープライズ社を設立し、模型宇宙船を作るための資金と人材集めに取りかかった。模型は実物大の試作品を作る前段階のものだった。45フィートにする予定の試作品テストの前に、カーはまず6フィートの宇宙船模型を作った。1959年11月、カーはOTC-X1と名づけた本格的な宇宙船の設計で特許を獲得した。*8 それは空飛ぶ円盤に似て円形だった。疑い深い特許庁に認めてもらうため、彼はOTC-X1を娯楽装置だと説明した。特許の出願書に彼はこう書いている。「この発明品は娯楽装置の一種であり、特に乗客が惑星間宇宙船に乗ったような気持ちになれる進んだ娯楽装置である」。

1959年のラジオのインタビューでカーは彼の宇宙船の試作品開発で試みた各種のテストについてこう述べている。

> 私たちは実物宣伝用に宇宙船の模型を作る計画です。実を言うとすでに数機作ってテストを行ないました。どれも空に飛び立ち、1つは完全に宇宙に消えてしまいました。コントロール装置は付けたのですが、このときはうまくいかなかったのです。まあ、もう済ん

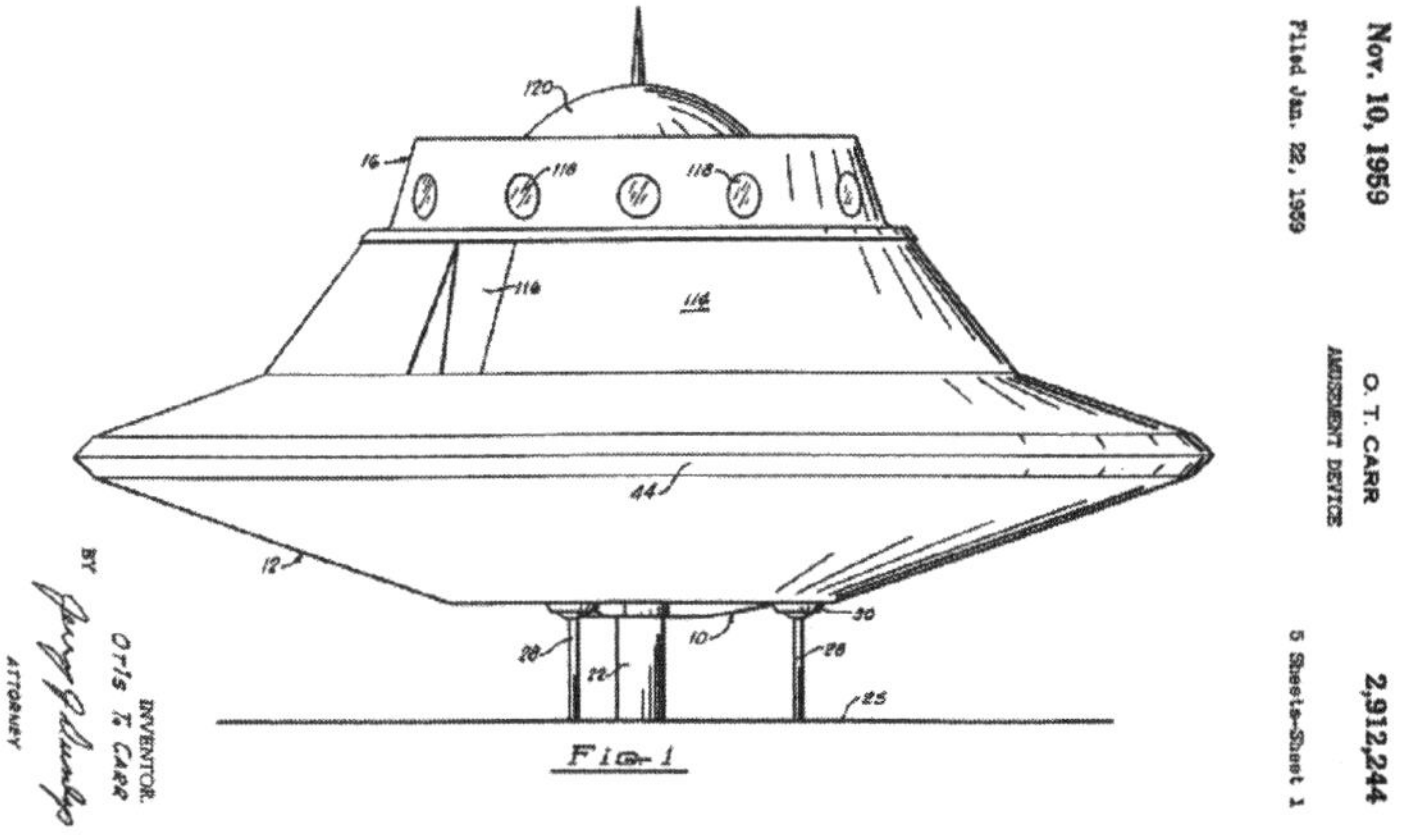

図26　OTC-X1の特許出願の際に提出された設計図

だことです。[9]

OTC-X1はカーが「ユートロン」(Utron) と呼ぶ蓄電器のような物体から動力を得る仕組みだ。1957年の初め頃に受けたインタビューでカーはユートロンについてこう述べている。「電気エネルギーを蓄える蓄電器です。それは発電しながら同時に起電力を打ち消すのです。これがわが宇宙船のパワーシステムの中心です」[10]。ユートロンは反対方向に回転を繰り返す磁力を供給し、それによって宇宙船が地球の重力場を克服するのに必要なエネルギーを生み出す。カーによるとこのプロセスは次のようなものだ。

このシステムには蓄電板と電磁石があります。このシステムでは電磁石がある方向に回転し、蓄電器が反対方向に回転します。

蓄電板は蓄電器と連動し、それによって時計回りと反時計回りの回転が生まれます。3つ目のシステムは乗員室です。他の2つが時計回りと反時計回りに回転するせいで、これ自身は回転しません。その結果、機体は重力から自由になります。機体の内部重力は、このシステムによって当初の重量がそのまま保たれるため変化しません。

カーの設計では、機体内部にはまったく新しい重力場が生まれることになっていた。そのため機体内はゼロ質量となり、慣性の法則は無効になる。このゼロ質量環境によって機体が光速で飛ぶことが可能になるのだ。[*11] また乗員はそのおかげで、機内のG の力〔航空機・ロケットなどで加減速時にかかる力〕によるすさまじい影響に耐えることができ、体を粉々にされずに済む。カーは特許出願にあたって彼の宇宙船の電磁気を利用する複雑な推進システムを詳説している。カーによると、電力はすべて大気から取り込み、惑星間移動に十分なだけの電力を「再生式蓄電器」に蓄える。「ついに再充電システムに大気電気が利用できるようになったのです。これはこの宇宙船の主役の1つです」[*12] とカーは述べている。

『フェイト・マガジン』の記事によると、カーはインタビューの際に小型の模型で実演を行なった。

OTCエンタープライズ社のオーティス・T・カー社長はインタビューと円形のマシン――カー氏によると「フリーエネルギー円形金属板」宇宙船の主役――の模型の実演の中

で詳しい説明を行ない、資金提供者がいれば実際にそれが製造できると語った。このマシンはサイズにかかわらずどんな機体にも使用でき、しかも電力を作り続けるので動力が失われることは決してないという。宇宙船にすぐに応用可能で、飛行管制のもとに惑星間を飛び、地球であれ月であれ他の惑星であれ、思うままに離着陸ができると氏は語る。[*13]

カーは１９５９年４月にオクラホマシティの約４００人の見物客の前で６フィートの模型のテストを行なう計画を立てていた。だが技術的な問題とカーの急病でテストは中止になった。１９５９年の『フェイト・マガジン』の記事はこれについて次のように書いている。

ＵＦＯや空飛ぶ円盤の本格的な研究が挫折を余儀なくされた。メリーランド州ボルチモアのＯＴＣエンタープライズ社が４月にオクラホマシティで行なうと広く宣伝していた計画が失敗に終わったのだ。数百人の人々が「『ユートロン』エネルギーで動く宇宙船ＯＴＣ－Ｘ１の６フィート模型の発射」を見物するよう、オーティス・Ｔ・カー氏からオクラホマシティに招待されていた。だが現場に足を運んだ人々は落胆させられた。空飛ぶ円盤は飛ばなかったのだ。[*14]

集まった人々が見せられたのは彼の円盤の立体図面だけだった。カーの姿はどこにもなかった。

ニューヨークの著名なラジオ司会者ロング・ジョン・ネーベルは、カーが近くのマーシー病院にいるのを突きとめた。カーは肺の出血のために8日間入院するということだった。奇妙なのは、カーの具合が悪くなったのは華々しいデモンストレーションの前夜だったことだ。以後カーの宇宙船計画はしだいに謎を深め、論議の的となっていく。

見物に訪れた人々は不満を抱き、試験飛行することになっていた機体さえ見せられないことに苦情を漏らした。

何があったか知らないが、彼らには発射させるつもりがなかったのではないだろうか。模型はどこにも見当たらず、メイウッド・ジョーンズ氏がカーの考えた装置の「立体図」と称するものを示しただけだった。[*15]

多くの人々が、カーはオクラホマシティのフロンティアシティに計画していた遊園地の乗り物の資金を集めるためにOTC-X1を宣伝したのだという批判に同意した。

オクラホマシティのテレビ記者の言葉からは、住民一般の受け止め方が分かる。「この宇宙船が飛び立つことは決してないだろう。彼らが大宣伝したのはフロンティアシティのただの乗り物だったのだ。私は円盤の模型を見ようと何度も行ってみたが、彼らは決して見せようとしなかった」[*16]

オクラホマでの評判がどんどん悪化していったため、カーは活動の場をカリフォルニア州アップルバレーに移すことを1959年の末に決めた。これ以上の失敗をしないため、テスト飛行の予告はいっさいしないことにした。新たな資金源を得て、自由に使える大きな製造工場オスプリンクで宇宙船の開発とテストが続行されることになった。カーのチーフパイロットで第二次大戦中に陸軍の戦闘情報将校だったウェイン・アーホウ少佐が、「1959年12月7日に私が空飛ぶ円盤で月へ行きます」と公に発言した。[*17] しかしその後45フィートの実物大の模型がテストされたという話はまったく聞かれない。テストが行なわれたという記事もいっさい存在しない。

宇宙船の製造資金を得ようとする過程で、カーと証券取引委員会との間にはさまざまな摩擦が生じていた。同委員会はカーに対し、「非登録株式の販売をやめるよう命じる」差止め命令を下した。[*18] 1960年6月2日、カーはカリフォルニアの300人の聴衆に対し、「命令には、我々（OTCエンタープライズ社）がカリフォルニアに来たのは株式売却で資金を集めるためだと書いてありますが、それは我々を陥れるための口実です」[*19] と述べた。

1961年1月、ニューヨーク市司法長官ルイス・J・レフコウィッツはカーが5万ドルを搾取したと主張し、「担保物件を登録せずに売却した罪」で告発した。[*20] その結果カーは14年の刑を言い渡された。このとき『トゥルー・マガジン』はカーを詐欺師と名指しし、世間にまだ残っていた同情に効果的なとどめを刺した。刑期半ばでカーは釈放され、その後公の場に姿を現すことはなかった。健康を損ない、支援者とも切り離されたカーはその後世に知られることなく生き、1982年にこの世を去る。民間人による大胆な宇宙船建造の試みは屈辱的な敗北に終わった。先駆者でありニコラ・テスラの愛弟子だった人物は、民間人の手で宇宙船を作るという途方もない物語で人々に一杯食わせた悪党という汚名を浴びた。

実際のところカーに何があったのかは、その後50年間知られることはなかった。カーの信頼を受けていた技術者の1人がやっとその真実を語るまでは。

ラルフ・リングがカーのOTC-X1の開発成功を明かす

2006年3月、ある人物が名乗り出た。自分はカーの実物大の試作品OTC-X1の試験飛行を行なった3人のパイロットのうちの1人だったというのだ。[*21] ラルフ・リングという名のこの人物は、当時エンジニアとして働いていて、1959年にカーがカリフォルニアへ移ったあと45フィートの試作品を作ろうとしていた彼にリクルートされたという。リングは有能な発明者でもあったが、働いていた組織が電磁エネルギーに関係する革新的な技術に無関心であることに不満を募らせていた。それ以前にはフランスの有名な海洋探検家ジャック・クストーのアクアラング開発を手伝ったことがあり、そのあと働いたのが政府出資の「アドバンスト・キネティクス（高度動力学）」という研究組織だった。

リングは一連の公開インタビューやプレゼンテーションで「アドバンスト・キネティクス」を去った事情について語っている。この組織にいるときに彼は電磁力を含む複雑な技術的問題を2つ解決した。昇進を確信していたリングだったが、その彼に上司はこう言った。ここは政府出資の法人であり、「我々の仕事は答えを探すことであって答えを見つけることではない」*22。失意のうちにそこを去ったリングは1959年の終わり頃にカーと出会い、民間で宇宙船を作るという計画を含めてカーのアイデアにたちまち心を引かれた。最初の公開インタビューでリングはカーのことをこう語っている。

彼は疑問の余地のない天才でした。テスラにはすぐにそれが分かって自分が知っていることをすべて教えたのです。彼はテスラから大きな影響を受けました。そして――テスラと同じように――うまく機能するのは何かを正確に見抜く能力がありました。ひとりを好み、また非常に理論的でした。正規の物理学を学ばなかったことが彼にはプラスだったように思います。先入観に支配されることがなかったのです。ばかげていると思われるでしょうが、彼は月へ行こうと固く決意していましたし、実際、可能だと信じていました。私も信じていました。私たちはみんな信じていたのです*23。

リングはOTC－X1の小型モデルのテストに直接加わっていた。彼は、このテストが成功し、一定の回転速度に達したときに現れた特異な状況をこう述べる。

（前略）金属がゼリー状になり、指を突っ込むことができました。固体ではなくなったのです。違う種類の物質になっていました。その金属は現実には存在しなかったのだという気持ちになったほどです。そう言う以外に私には表現する言葉がありません。薄気味悪いというか、それまで感じたことのないようなとても奇妙な気分になりました。*24

重要なのは、45フィートの試作機が実際に完成し、1959年に試験飛行が行なわれたというリングの言葉だ。彼は他の2人と共にパイロットを務めたが、試作機はあっという間に10マイル飛んだという。カーはその間3人とコミュニケーションをし、一連の作業を行なってから発射地点に戻るよう指示した。OTC－X1は目的地まで飛んだのかと問われると、リングはこう答えた。

飛んだ、というのとはちょっと違います。空間を少し移動したという感じです。時間はまったくかからなかったように感じました。他の2人のエンジニアと45フィートの試作品で約10マイル操縦したわけですが、私にはそれが動いた感じがありませんでした。失敗したのだと思ったくらいです。目的地から岩と植物のサンプルを持ち帰ったことが分かったときには仰天しました。劇的な成功でした。瞬間移動と言ってもいいくらいです。[*25]

リングは試験飛行中に時間の流れが変化したとも言う。

しかも時間が歪められたような感じを受けました。私たちの感じでは機内にいたのは15秒から20秒でした。しかし注意深く時間が計られていて、私たちが機内にいたのは３分か４分だったと後で言われました。どういうことなのか、私には未だに分かりません。[*26]

注目すべきは、カーの開発した推進システムは、ブリル協会によって初めて開発された時間ドライブ——それによってブリル宇宙船は時空［相対性原理における時間空間の四次元］を移動する——と似ていることだ。１９４３年のアメリカ海軍の「フィラデルフィア計画」——駆逐艦「エルドリッジ」が時空を移動するのに成功した——はテスラのアイデアが核になっているとも言われる。[*27]もしそうなら、テスラはそのアイデアをカーに伝え、カーがそのアイデアを後にＯＴＣ－Ｘ１に組み込んだとも考えられる。

リングの証言でもう１つ注目されるのは、このときパイロットたちが使った特異な航行システムだ。リングによれば、この試験飛行では通常のテクノロジーではなくパイロットの意思が使われた。

ユートロンがそのカギでした。ユートロンはエネルギーを蓄積しており、ユートロンに意識を集中するとそれは我々の意図に応えるのだ、とカーは言いました。我々はいっさいコントロールしませんでした。一種の瞑想状態の中で意識を目的に集中させただけでした。ばかげていると思われるでしょう。しかしそれが事実です。カーは理解しがたい何らかの原理をうまく利用したのです。その原理で意識と操縦術が融合され、必要な結果が生まれました。方程式に表すことはできないでしょう。カーがどうやってその方法を考え出したかは分かりません。とにかくそれはうまくいったのです。[*28]

実物大のOTC－X1の最初の試験飛行は成功し、大気圏外へ、さらには月への飛行計画が本格的に進められていった。試験飛行に成功するまで、カーと彼のチームは計画を達成するために休みなく仕事をした。

だが試験飛行に成功した2週間後にリングの証言の中で最も劇的な事件が起きた。7〜8台のトラックに分乗したFBIおよび他の政府機関の武装人員に急襲されたのだ。FBI職員はカーに対し、彼の行動は「アメリカ合衆国の金融システムを破壊する恐れがある」ため計画を中止させる、と告げた。[*29]

実際、このままカーの民間宇宙船開発を許せばエネルギー業界と航空業界を土台から揺るがす可能性があった。化石燃料を使って発電をするエネルギー業界、化石燃料を使って航空機を飛ばす航空業界はもはや不要になるだろう。そうなれば無数の人々が職を失うことになる。大気から電気エネルギーを取り入れる民間の宇宙船産業が発展すれば、疑いなくアメリカの金融システムは圧迫され、システムが崩壊する可能性もある。

一連のインタビューとプレゼンテーションの中で、リングはFBI職員がOTC－X1試作機も含めすべての装置・設備を押収していったと証言する。さらに職員はこの出来事について語ってはならないと命じ、カーに対しても事態を公表しない旨の同意書に署名させた。リングの証言から――それが真実なら――オーティス・カーの宇宙船計画に何が起きたのかが明らかになる。カーは多くの投資者をだましたペテン師などではなく、先進的な民間宇宙船計画を成功させた人物だったのだ。彼の成功はエネルギー業界にとって大きな脅威だったため、アメリカの金融システムへの影響を懸念する特定の政府機関の同意のもとにその試みは中止させられた。カーは信用を傷つけられ、でっち上げの罪を負わされたのだ。

ラルフ・リングの証言の信頼性

リングはカーが開発したOTC－X1の写真を複数提示している。これまで公表されたことのない写真である。これらの写真からは、45フィートの原寸大の試作機を含む複数の模型の製造にカーが成功していたことが分かる。*30 カーはただの宣伝屋で実物大の宇宙船など作らなかったという見方をこれらの写真は否定する。リングの写真は、彼がOTC－X1でカーと共同して働いたという言葉の重要な証拠だ。

2006年3月にカーとの関係を明らかにしてまもなく、リングの身に異常なことが起きた。「プロジェクト・キャメロット」のビル・ライアンはそれについてこう書いている。

そのあとすぐ、リングはごく普通の膝関節置換手術を受けるために入院した。彼はたまたま下手な治療を受け、3度死にかけた。最近（2006年7月）やっと姿を現したが、集中治療を受けたせいで体が非常に弱っている。しかし彼は真実を語ろうと決意している。手術を受ける前の71年間、彼はまったく健康だった。*31

何回かの集会でのプレゼンテーションの中でリングは、救急車は近くの病院を迂回して25マイル離れた病院へ自分を運んだと語っている。*32 彼は「治療ミス」と長く救急車に乗せられていたことが原因で、生死の境をさまよう経験をした。他の患者への治療が「たまたま」間違って施されたこと、そして近くの病院の回避。これらはリングを殺すためのひそかな企てだったのだろうか。ことの成り行きには疑わしいところがあり、リングの口を封じようという意図が感じられる。証言をした直

図27　OTC–X1の写真（ラルフ・リング提供）

後に彼は一連の「偶然」事で危うく死にかけた。これは彼の証言の正しさを裏づける状況証拠と言えるのではないか。
　結論を言うなら、リングはきわめて誠実な人間だということだ。彼の話を聞いた人々は、彼は偽りは語っていないという印象を受ける。人気ウェブサイト「プロジェクト・キャメロット」の共同創設者ビル・ライアンとケリー・キャシディーがリングに初めてインタビューをしたのは2006年3月だった。[*33]何度かインタビューを重ねたあとの彼らの結論はこうだ。「ラルフ・リングの話は100パーセント真実だと私たちは考えている。彼に会い、直接話を聞いた人は誰も同じ感想を持つ」。[*34]これについては私自身も証言できる。というのは、2007年の国際UFO会議で私はリングの話を聞いたからだ。その後ハワイでインタビューすることもできた。私が共同主催者の1人だった会議への招待に彼が応じてくれたのだ。[*35]リングの性格からいって彼の話は信用できる、とするライアンとキャシディーの見方に私も同意する。彼が証言をする動機は、この地球を根本から変えたかもしれない50年以上前の出来事について真実を語りたい、というそれだけなのだ。

政府の対応の背景

オーティス・カーのOTC-X1計画に関係するさまざまな要素とラルフ・リングの証言を結びつけると次のようになる。電磁推進システムを利用する民間宇宙船の開発成功に対し、政府機関は容赦ないやり方で応じた。FBIが主導する政府機関がカーの製造工場を急襲し、装置や設備を押収。技術者たちを脅して事実に蓋をする。さらにカーの信用を傷つけるために証券取引委員会と組んで罪をでっち上げた。リングの証言およびリング所有の写真――OTC-X1が存在したことを示している――からは、政府の内部組織が民間人による宇宙船産業を押しつぶしたことがよく分かる。その理由は何だったか。

第1の、そして最も分かりやすい理由は、アメリカのエネルギー業界の利益を守ることだ。アメリカのエネルギー業界は世界中のエネルギーを支配している。もし「フリーエネルギー」が出現すれば、彼らの株式価値は大暴落するだろう。このことはアメリカ経済全体にマイナスの影響を及ぼす。

第2の理由は、「フリーエネルギー」テクノロジーがアメリカの金融システムに及ぼす影響だ。カーの工場を襲ったFBI職員の説明がこれだった。フリーエネルギー・テクノロジーが発展すればアメリカのエネルギー業界はもはや不要になり、ドル価値が崩壊する可能性がある。

考えられる第3の理由は、政府の規制を受けることなく民間宇宙船産業が宇宙空間や他の惑星に行くのを防ぐことだ。太陽系に知的生命体が存在したことがあるか、あるいは今も存在しているかを確かめるために、そのような産業が近くの惑星へ行くかもしれない。[*36] 知的な地球外生命がすでに発見され、人類と交流している証拠はたくさんある。しかしそれは高度な機密事項だ。[*37] 民間宇宙船産業は、異星人の存在を隠す現行の政策への明らかな脅威となるだろう。

最後の、そして最も説得力のある理由は、カーの計画を中止に追い込んだ政府機関の人員構成だ。これらの組織を構成しているのは軍人ではなく文民である。前にも述べたが、海軍が進めるソーラーウォーデン計画では恒星間を移動するブリル／ナチス宇宙船および捕獲した異星人の宇宙船の逆行分析が40年近く遅れた。他の太陽系への移動に必要な時間ドライブと航行システムを開発しようという努力は妨害されたように見える。第6章では恒星間移動テクノロジーについてのベン・リッチの言葉を分析したが、そこで述べたようにテクノロジーの飛躍的前進が見られたのは1980年代になってからだった。

これに対し、カーはすでにテスラの理論を応用して時空を操作する瞬間移動宇宙船を作ることに成功していた。しかも彼はパイロットと宇宙船の間のマインド・テクノロジー・インターフェイスに基づく航行システム開発にも成功していた。

1961年から63年にかけて陸軍の異質科学技術部の研究開発部長だったフィリップ・コーソ中佐によると、国防総省は捕獲したエイリアンの宇宙船で発見されたマインド・テクノロジー・インターフェイスの復元法の情報を盛んに探していた。コーソは、その航行システムが理解された過程を次のように説明する。

他の場所で墜落があり、彼ら（ドイツ人たち）はその材料を集めました。ドイツ人たちはそれに取り組んでいたのです。（中略）そして空飛ぶ円盤についても多くの実験を行なっていました。しかしみんな――我々も彼らも――が見落としたのが誘導システムでした。我々研究開発チームは、この存在（エイリアン）が誘導システムの一部だと理解するようになりました。*38

コーソは、第二次大戦前に南極へ移動を開始したブリル協会の宇宙計画は知らなかったようだ。その代わりナチスSSが空飛ぶ円盤の兵器化に失敗したことに触れている。ここで注目すべきは、墜落した異星人の宇宙船で使われていたマインド・テクノロジー・インターフェイスの復元方法を国防総省は知らなかったとコーソが述べていることだ。カーがOTC-X1のためのマインド・テクノロジー・インターフェイスをすでに開発していたことを軍は知らなかったのだ。カーの知識が海軍の手に入っていたら、ソーラーウォーデン計画はもっと早く進んでいただろう。しかしそうなれば、初期のブリル／ナチス宇宙計画から生まれたダークフリートにとっての脅威になる。

しかし第4章のグッドの証言で明らかなように、軍産複合体にはアメリカ政府との秘密協定を基にブリル／ナチス離脱グループとナチスの同調者《シンパサイザー》たちが潜入していた。その中核にいる人間たちは、海軍がカーの成功を知るのを望まなかった。ＭＪ–12とＣＩＡにはカーの計画を中止に追い込んでカーの評判を落とし、技術者たちを黙らせるだけの手段も力もあった。

１９５９年にカーは6フィートの模型の試験発射直前に急病になった。ラルフ・リングは２００6年に証言を行なったあと危うく死にかけた。どちらも、進んだテクノロジーが公表されて世間に知られるのを防ぐためのＣＩＡによる秘密工作を想像させる。歴史的に見ても、ニコラ・テスラのアイデアを基に高度なテクノロジーに取り組む発明家や研究者を政府の秘密機関や企業体が標的にする事態が認められている。[*39] 発明家や証言者の信用を傷つけ、口をふさぎ、人生を終わらせることが今もなお続いているように見える。

結論

１９５９年から60年にかけてオーティス・カーとそのチームは民間人による宇宙船開発に成功した。１９２０年代のブリル協会の宇宙船、また１９３０年代にマルコーニが試みたとされる宇宙船を含めれば3番目ということになる。カーはニコラ・テスラに学んだ原理を基に宇宙船ＯＴＣ–Ｘ１を作った。それは時空を移動する瞬間移動装置とも言えるものを利用していた。この種類の移動は、１９４０年代前半にアルデバラン星系へ向かおうとしたブリル／ナチスＳＳのアンドロメダ・

デバイスによってすでに行なわれていたという。１９５０年代後半、海軍はこの高度な時空移動テクノロジーを盛んに探し求めていた。惑星間も恒星間も移動できる海軍自身の秘密宇宙計画を進めていたからだ。

カーの活動は、ＣＩＡとＭＪ‐12グループによると思われる一連の秘密工作によって中止に追い込まれた。カーの製造施設を襲って設備を押収し、無実の罪で１９６１年にカーを拘禁したのはアメリカ政府の法執行機関である。政府の文民部門が共謀して民間の宇宙船企業を踏みつぶしたのだ。これは重要な歴史的事実である。カーの野心的な計画に気づいていたエネルギー産業もこの圧殺過程におけるキープレーヤーだっただろう。

リングの証言およびカーの成功が意味するものは重大である。カーは人々に一杯くわせた悪党どころか、民間に広がった可能性のある宇宙船の建造に――可能性がきわめて低かったにもかかわらず――成功した英雄的な発明家だったのだ。彼の成功は、海軍の秘密宇宙船が恒星間移動をするのを数十年早めたかもしれない。

カーとそのチームの先駆的な仕事は世間に知られる必要がある。カーの宇宙船を秘密裡に圧殺し、軍にすらその存在を隠した政府機関や企業を明らかにし、説明を求めなければならない。このテクノロジーをひそかに所有する利益団体や政府機関が、一般人に利用可能な割安の宇宙船を作れるカーのような発明家の活動を阻むことはもはや許されない。

第10章

現代にリンクするのか⁉ 古代離脱文明グループによる古代の秘密宇宙計画の全貌

「ヒストリーチャンネル」〔歴史&エンターテインメント専門のテレビチャンネル〕の『古代の宇宙人』シリーズが人気を博している。現在、第7シリーズを放映中だ。このシリーズの解説が、テーマとこのシリーズが追究するキーポイントをうまく要約してくれている。

『古代の宇宙人』は、何百万年も前から宇宙人が地球を訪れていた、という異論も多いテーマを探究する。この探究は、恐竜時代、古代エジプト、大昔の洞窟壁画、アメリカで今も後を絶たない目撃情報など、それぞれのエピソードを通してこの長年のテーマをめぐる疑問、考察、論争、理論に歴史的な深みを加えるだろう。果たして何千年も前の地球を宇宙の知的生命体は訪れていたのだろうか。*1

『古代の宇宙人』シリーズは、はるか昔にさまざまな空飛ぶ乗り物が目撃されていた証拠を豊富に提供している。このシリーズの暗黙の前提は、それらの乗り物は地球で生まれたものではないこと、人類は宇宙人の訪問を受ける側だったということだ。地球を訪れた宇宙人たちは原始時代の人類が一定の技術レベルに達するのを手伝い、おそらくは人々を支配する「神々」として人間社会に溶け込んだ、という見方だ。

エジプトの歴史家マネト（プトレマイオス朝時代）は、人間のファラオ（王）が支配した30の王朝時代以前に神々と半神半人が直接支配する時代があったと述べている。[*2] 王朝時代以前のこれらの神々はそれぞれ何千年も生き、人間と交わって子を作った。子どもたちもまた長く生きて半神半人とされた。「シュメール王名表」によると、同じようなことがシュメール［メソポタミア南部］にも起きていた。

「シュメール王名表」には8人の王の名が記され、その在位期間は合わせて24万1200年に及ぶ。「天から王権を授けられた」ときから、「洪水」がすべてを洗い流したあと再び「天から王権が授けられる」まで。[*3]

人類は地球外から「神々」の来訪を受け、神々は人類との間に子孫を作って長いあいだ支配したという考え方を裏づけるあまたの歴史的資料を、エーリッヒ・フォン・デニケンとゼカリア・シッチンの著書は提供する。[*4]

しかし、古代社会で目撃され記録された空飛ぶ乗り物を作ったのは誰かについては別の説がある。

それらの乗り物はその地の支配エリート、あるいは近傍の社会の支配エリートのものだという説である。その社会に属する科学者たちが反重力や航空機製造、さらには宇宙旅行の秘密をもマスターしていたのだという。人類が宇宙人の来訪を受けていたのではなく、古代社会の人類が他の天体を訪れる驚くべきテクノロジーを達成していたというのだ。テクノロジーのそのような飛躍的発展を成し遂げたのはその地の当時の天才的人物だったか、あるいは宇宙人の影響か、それともその両方だったかもしれない。

そういう驚くべき可能性の先例が私たち自身のこの時代にもある。前の方で述べたように、ブリル協会とナチスSSは、惑星間のみならず恒星間さえ飛ぶことのできる空飛ぶ円盤を作り上げていた。これらはマリア・オルシクが異星人から伝えられたとされる情報と天才科学者W・O・シューマン博士その他の努力の結果だった。1930年代に空飛ぶ円盤の最初の試験飛行に成功したあと、ブリル協会／ナチスSSは1942年に月に基地を築き、1945年からはアルデバラン星系さえ訪れていた。これは、1959年のスプートニク打ち上げ［スプートニク1号（世界初の人工衛星）の打ち上げは1957年］や1969年の月面着陸といった宇宙時代の幕開けのはるか前のことである。

古代文明においても似たようなことが起きていただろうか。支配層と科学者がテクノロジーの新局面を開くようなことが。実は、古代文明には私たちの想像をはるかに超える驚くべきテクノロジーの例がたくさんある。これらの文明はブリル協会／ナチスSSと似たような道筋をたどり、一般の民衆と共有されることのない支配エリート層のためだけの航空機を発達させたかもしれない。

スフィンクスと古代エジプトの研究で賞を受けている研究者ジョン・アンソニー・ウェストは次のように書いている。

エジプト人の科学や医学、数学、天文学は、現代の学者に知られているよりもはるかに緻密で洗練されている。エジプト文明全体が普遍的法則の正確かつ完全な理解の上に成り立っている。（中略）しかもエジプト人の知識は当初から完全だったように見える。科学、芸術、建築技術、そしてヒエログリフの体系には「発達」期間というものがまったく見られない。実際、最初期の王朝が達成したレベルを超えるものは――あるいは匹敵するものすら――少ないのだ。（中略）エジプト文明は発達したのではなく、受け継がれたのである。[*5]

有名なアビドスの神殿は第19王朝［前1292－前1190］のセティ1世［前1279死］と息子のラムセス2世［前1213死］のときに建てられた［この章に出てくる年代は実際はいずれも確定しておらず異説がある］。神殿の天井を支える重い石板に、空を飛ぶかあるいは水中を移動する古代エジプトの乗り物のヒエログリフがある。[*6] このヒエログリフが発見されたのは1848年で、ライト兄弟が初飛行に成功した1903年のかなり前だ。アビドスの神殿のこのヒエログリフは、古代エジプトには空を飛ぶ機械があった具体的な証拠としてたびたび引き合いに出される。[*7]

古代の人々は、彼らが見た空飛ぶ乗り物をその文化特有の言葉で表している。近現代の人間たちが「フライングソーサー（空飛ぶ皿）」という言葉で呼ぶように、古代には「空飛ぶ戦車」〔原文は「flying chariot」で chariot は馬が引く二輪戦車のこと〕という言葉があった。中国には「空飛ぶ戦車」を含む高度なテクノロジーを持つ文明について述べた文章が複数ある。

古代中国の書物、とりわけ老子、孔子の書物や易経は古代人の輝かしい文明について語っている。それらが語っているのは少なくとも「五帝」の時代〔前2852－前2216：存在したとされる夏王朝の前の伝説的な時代。存在は確認されていない〕についてであり、さらにはそれ以前の文明についてだ。この時期の伝説的な「気功」人たちは「空飛ぶ戦車」を持っていると言われていた。*8

古代の文明とテクノロジーに関する研究者であり著作家、講演者でもあるデービッド・ハッチャー・チルドレスは、航空機を作ろうとした古代中国の発明家たちについて次のように述べている。

古代中国の学者のことを記した記録には、漢王朝の天文学者で技術者でもあったチャン・ヘンが作った「ウォーデン・バード」は下部に取り付けた装置によって1マイル近く飛ぶことができた、とある。錬金術師で神秘家でもあったコ・フンが320年頃に書いた書物には、以下のようにプロペラを思わせる器械の説明がある。「ナツメの木を使って空飛ぶ車を作った者たちがいた。それを飛ばすために回転する羽根を牛の革のひもで結びつけていた[*9]」。

ソロモン王〔在位 前970－前931〕もある種の空飛ぶ乗り物を使っていたようだ。

ケブラ・ネガストによると、ソロモン王はマケダや彼の息子メネリクを「天空の車」でよく訪れた。「その車に乗った王と王に従う者すべては、痛みも苦しみも感じず、汗もかかなければ疲れもしなかった。歩けば3カ月かかる距離を1日で進むことができた[*10]」

1949年、メキシコのパレンケにある「碑銘の神殿」の床下の空間から大きな石棺が発見された。石棺を覆う石板のグリフ〔浮き彫りされた絵文字や図柄〕には宇宙飛行士のような人物が見られ、マヤの伝説の王パカルと信じられている。

その石板に浮き彫りされた人物を、ある人々は「宇宙飛行士」と考え、ある人々はマヤの王パカルと考えるようになった。その図柄は宇宙船のようなものの中にパカルがいるように見える。パカルが現代の宇宙カプセルによく似た乗員室にいて、コントロールパネル

図28　アビドスの神殿のヒエログリフ

図29　空飛ぶ円盤を表すマヤのレリーフ

に向かっているように見えるのだ。このレリーフが彫られたのは西暦690年頃で、私たちが知っている宇宙船は当然ながら存在しなかった。[11]

近年、メキシコのカラクムル遺跡のピラミッドで空飛ぶ円盤を描いたマヤのレリーフが多数発見された。[12] これらのグリフについては本物かどうか議論があったが、尊敬される天体物理学者ナシム・ハラメイン氏が本物であると宣言した。[13]

古代における空飛ぶ乗り物について最も多くの文章が残されているのはインドだ。ヴィマナ（「空飛ぶ戦車」あるいは「空飛ぶ宮殿」）について書いたヴェーダ期［前1500頃〜前500頃］の文章が多数ある。最も古いのが『ラーマーヤナ』にある次の文章だ。

太陽に似ていて私の兄弟のものであるプシュパカ・ヴィマナは、強大なラーヴァナによってもたらされた。空を飛ぶその素晴らしいヴィマナは思いのままどこにでも行ける。（中略）その戦車は空の輝く雲のように見える。（中略）王（ラーマ）がそれに乗り、ラギーラの命令で素晴らしい戦車は空高く昇っていった。[14]

11世紀の王ボージャ・ダーラが書いたとされる『サマランガナ・シュトラダーラ』は、空飛ぶ乗り物の作り方を述べている。

ヴィマナは強くて丈夫でなければならない。軽い材料でできた大きな鳥のように。中には水銀発動機を置き、下には鉄の熱装置を備えなければならない。水銀の中に隠れている力が動力となって旋風を起こし、中に座っている人間ははるか遠くまで飛んでいくことができる。ヴィマナの力はとても強いので、まっすぐ昇ったり降りたりすることができ、そのままの姿勢で前進や後退もできる。この器械を使って人は空を飛び、神は地上に降りることができる。*15

「水銀発動機～動力となって旋風を起こす」という言葉には驚愕させられる。これは、水銀をベースにしたプラズマの高速回転が磁場ディスラプターを生み出すというエドガー・フーシェの説明とよく似ている。『サマランガナ・シュトラダーラ』が書かれたのは1000年前だが、第1章で取り上げた極秘のTR-3Bの推進システムの原理を述べているのだ！

古代インドの文献にある水銀エンジンの議論はウィリアム・クレンデノンの『Mercury：UFO Messenger of the Gods（マーキュリー（水銀）：神々からのUFOメッセンジャー）』につながる。

彼は、現代目撃されている空飛ぶ円盤の多くは、古代のヴィマナにさかのぼると言うのだ。

1947年以来目撃されている円盤型の乗り物の多くは、古代か現代に作られたヴィマナだとクレンデノンは見る。彼は、ジョージ・アダムスキー［彼が1952年に撮った写真が「空飛ぶ円盤」の典型的なイメージとなった］（そしてその後の目撃者たち）が見た有名な偵察機はねつ造ではなく、また惑星間宇宙船でもないと考えている。水銀が渦巻きを生むエンジンは惑星間を飛ぶことはできない、とクレンデノンは言う。（中略）地球の上空を飛ぶだけなのだ。それらの一部は古代のもの――何百年も生きた不思議な人類が操縦した――で、他は現代のもの――アメリカ人やイギリス人、ドイツ人が作った――だと彼は考えた。*16

クレンデノンの考え方からはある興味深い想像もできる。古代のエリートたちは、一般の人間たちが死んだり文明が滅びたりした破滅的事態を、自分たちが作った空飛ぶ円盤で逃れたのかもしれない。その場合、彼らは月、あるいは火星その他の惑星、あるいは地球内部に逃れたのだろうか？

古代の宇宙計画の5つないし7つが今も続いている

コーリー・グッドは、古代文明のエリートたちは、自分たちが建造した高度な宇宙船を使って破滅的事態を逃れた、と言う。グッドはそれを可能にした社会システムについて、質問に答えて詳しく述べている。

質問16　古代社会では現代と同じように少数のエリートが秘密宇宙計画を独占し、一般人は高度なテクノロジーに近づくことを禁じられていたのでしょうか。

グッド：一部はよく似ていました。ほとんどの社会には多くの「カースト」があり、秘密にアクセスできるのは「王族」と「聖職者」だけでした。「聖職者」階級は普通さらに細かいカーストに分かれていました。その中には違う「科学」あるいは「魔術」その他に従うカーストもありました。共通なのは「庶民」あるいは「労働者階級」にはまったく何も知らされないということです。漏れ伝わる情報は彼らの「神話」や「物語」になります。「聖職者階級」が他のカーストに秘密を知らせない場合も少なくありません。*17

聖職者と王族が支配するカースト制社会についてのグッドの説明からは、エリートが所有する高度な航空宇宙テクノロジーを民衆は知らされないできたことが分かる。

グッドはまた、高度なテクノロジーが民衆に知らされる度合いに関して、現代のグローバルな文明と古代社会の違いについても答えている。

質問17　高度なテクノロジーをエリート階級が完全に独占していた過去の文明に比べ、現代文明においてはそれが一般にも伝えられていると言われています。そう思いますか？

グッド：そう思います。「庶民」にあまり知識がなかった時代には、彼らが目にするものを説明するには神秘的なあるいは魔法のような物語を使うほうが容易だったでしょう。文明が進んで「庶民」の知識や技術が進むと、そういう方法がだんだん使われなくなりました。一般の人々の「意識」向上も原因の1つです。エリート階級は私たちの「集合的意識と共同創造能力」の真の力を大衆に知らせないよう、さまざまな方法を考えています。[*18]

グッドは、古代の秘密宇宙計画の5つないし7つが今も続いていると言う。マヤの離脱文明の計画もその1つで、それは恒星間を移動することに成功しているという。

質問19　古代マヤのものを含む秘密宇宙計画についてどんなことを知っていますか？　マヤのテクノロジーは他のテクノロジーに比べてどの程度発達しているのですか？

グッド：彼らは平和を好み、他と関わることはあまりありません。しかし近頃は他のグループと共に活動したり、人々（私も含め）の「興味深いテクノロジー」を手伝ったりしています。その例を知りたいでしょうね。例えば「磨いた石」で作る「完全幾何学大円筒形宇宙船（Giant Perfectly Geometrically Cylindrical Craft）」があります。高度なテクノロジーを持ち、テレパシー能力もある彼らは、非常に多くの種類のテクノロジーや物理法則を利用しています。「メンタル・インターフェイス・テクノロジー」とよく似ています。短時間助言を受けただけですが、私は彼らがとても好きになりました。*19

「メンタル・インターフェイス・テクノロジー」という言葉は、前章で述べたオーティス・カーのOTC－X1の航行テクノロジーとよく似ていてきわめて重要だ。アメリカ海軍と陸軍はナチス／ダークフリートからの潜入者の妨害を受け、1980年代まで恒星間移動のためのそのような航行テクノロジーを開発できなかったと言われている。1950年代末のカーの空飛ぶ円盤の土台となったニコラ・テスラの理論には、高度なマインド・テクノロジー・インターフェイスに必要な原理が含まれていたように見える。それをマヤの離脱文明は利用していたというのだ。

アビドスの神殿では空飛ぶ乗り物のヒエログリフが発見された。古代エジプトでは航空機や宇宙船の知識がどの程度広まっていたのか。

質問18　エジプトのアビドスの神殿には高度なテクノロジーを表すヒエログリフがありま

す。このテクノロジーは古代エジプトでは広く知られていたのですか？　またそのテクノロジーは彼らの秘密宇宙計画の一部だったのですか？

グッド：ええ、もちろんです！　というか、それはエジプト文明以前の「離脱文明」の「テクノロジー」の1つで、彼らはそれを目撃したのです。ただし神殿のある場所から見て、ときには王や支配者たちよりも「聖職者階級」のほうが「よく知って」いました。（中略）いい機会ですので彼らのことをお話ししましょう。彼らは間違いなく「地球外」グループと、そして「偽りの神／古代離脱文明」とも「交信」していました。*20

グッドはまた、古代アトランティス人とギリシア人が関係する秘密宇宙計画についても質問された。

質問20　プラトンは、古代のアトランティス人とギリシア人の間に戦争があり、ギリシア人は自分たちより強力なアトランティス軍に屈しなかった、と書いています。アトランティス人とギリシア人のどちらかに、あるいは両方に秘密宇宙計画はあったのでしょうか？

グッド：これらはたいてい「庶民カースト」つまり大衆が自分たちの見たものをその時代

の言葉で表すベストな説明です。あらゆる種類の戦争がありました。この時代には「地球外グループ」と「古代離脱文明グループ」は、空に現れたり地上で「一般庶民」の間を歩いたりしていました（作戦や偵察のための基地は、地下に置く場合もあれば天空に置く場合もありました）。

戦争は、地球の一部あるいは全体の支配をめぐって「古代離脱文明」が互いに争ったり、あるいは「地球外文明」と争ったりして起きました（これらは物語として、ある文化から他の文化へと伝わり、時代とともに付け加えられることがあったり中身が変わったりしました）。私は実際の「古代ギリシア離脱宇宙計画」のことは何も知りません。古代ギリシアとある古代離脱グループの間には何らかの強いつながりがありました。ギリシア人とそのグループの間には起源の面でも社会的な面でもつながりがあったのです。古代ローマ人とより強力な現代のローマ帝国グループの間にも同じことが言えます。これらの関係は複雑で、今でも争っているケースがいくつかあります。[*21]

最後にグッドは古代インド、ヴェーダ期の社会について質問された。

質問21　『ヴェーダ』［バラモン教の聖典で4部から成る］は大戦争（マハーバーラタ）に加わった複数の空飛ぶ都市に言及しています。これらの都市は古代インドの秘密宇宙計画の一部なのでしょうか、それとも初期の文明の遺物なのでしょうか？

グッド：これらは秘密宇宙計画では「空母」と呼ばれ、UFO研究では「母艦」と呼ばれるものです。古代離脱文明と「地球外生命体」（Off World Beings）の戦いで見られますが、ギリシアやバイキングなど他の文化でも描かれています。（中略）これらの戦いはほとんどが地球の大気圏外や月の周辺そして太陽系で起きましたが、古代から「中世」さらにその後にかけて、ときには地球の上空や地上、地下でも起きました。その戦いを記した秘密の記録が大量にあり、バチカンその他の「エリート」グループがスキャンして「データベース」にしています。「スマート・グラスパッド」でそれに（場合によっては「地球外世界」の「データベース」にも）アクセスできるのです。[*22]

グッドの答えはきわめて重要だ。というのは、彼の言葉は巨大な空母のような航空機が昔に作られていたことを示しているからだ。これらには何千人もの人員が乗船していて、浮かぶ都市と表現することもできるだろう。

グッドはマヤの離脱文明については率直に語ったが、今日まで続いている5～7の古代文明の名は挙げたがらなかった。これらの中には異星人を装い、接触する個人や計画を欺《あざむ》いているものがあるというのだ。

質問15　SSP（秘密宇宙計画）同盟にはソーラーウォーデンのほかに古代地球文明の5〜7の計画も含まれていると言われましたね。その古代文明の名を挙げてもらえますか？

グッド：それはできません。混乱を生むことがあるからです。それら古代文明の中には自分たちを中心にした信仰体系を作っているものがあり、それを信仰しているUFO研究コミュニティーもあります。UFOコミュニティーの個人や小グループと「交信」して、自分たちは「＊＊＊星系」あるいは「＊＊＊連盟」の「エイリアン」だと告げるのです。これらは偽りの名称です。彼らの言葉に疑いを持った他の「地球外」の同盟や「古代離脱文明」が、こういった「星系」へ遠征したり調査をしたりして確かめるまでの偽りの名前なのです。（中略）これら偽りのグループを、「人類救済のために働く善意のエイリアン」と信じてきた人々による報復が今起きています。この人々はそういったグループのメッセンジャーに強烈な攻撃を加えているのです。[*23]

グッドは彼のFAQ（よくある質問）ページで、古代離脱文明のすべてが欺瞞《ぎまん》的なわけではないことを明らかにしようとしている。

「古代離脱文明」の数は一握りで、その中には少数ですが善意に満ちたグループがあります。最近まで彼らは他のグループから距離を置いていました。しかし今、有害なエイリアンによって地球から「さらわれ」たり、取引で他の星系へ連れ去られたりした奴隷の一部を救出し、リハビリを手伝っています。これらの人間たちはあまりに恐ろしい目に遭ったので今の地球社会に戻る気持ちにはなれないでいます。善意の古代離脱グループは他の星系にリハビリのためのコロニーを作り、多くの犠牲者たちをそこへ移しています。これを言うのは、私の最近の話のせいですべての古代離脱グループが評判を落とすことがないようにしたいからです。[*24]

グッドはしかし、秘密宇宙計画と古代離脱グループのこれまでの関係から見て彼らのほとんどは偽りを行なっているとはっきり指摘する。

彼らのほとんどはずっと自分たちを偽ってきました。何百年にもわたって自分たちを「神」や「天使」、または「人類を救うために連盟からやって来たエイリアン」と称してきたのです。エイリアンだと称しているグループが実ははるか昔に消滅した古代文明の離脱グループであることは、長い間知られないできました。一方、本当の「エイリアン」たちは彼らの故郷の星系がどこにあるか私たちに教えません。秘密宇宙計画の中で私たちは彼らにそれぞれ異なる名称を割り振り、彼らが自称する「出身星系」で呼ぶことはありませんでした。これは非常にデリケートな問題で、これまでずっと偽情報やごまかしが横行してきたのです。「開示」／「イベント」〔詳しくは第15章参照〕のあとでは誰もが多くの誤りに気づき、学び直すことが必要になるでしょう。*25

グッドのこれらの言葉は間違いなく論議を巻き起こすだろう。ジョージ・アダムスキーやハワード・メンガー、最近ではビリー・マイヤーなど、宇宙人から接触を受けたと主張する有名な人々のうち何人かは、実は宇宙人ではなく、宇宙人を装う古代離脱文明人と接触していたのかもしれないのだ。これはグッドが秘密宇宙計画の任務に就いていたときに利用できた「スマート・グラスパッド」の情報が教えてくれる事柄だ。

古代離脱文明がこのようなことをする動機は何だろう。1つは、グッドが言うように人間を操ることだ。古代社会の人々は高度なテクノロジーを使う人間たちを神とあがめた。それと同じ効果を狙って異星人を装うのである。「コンタクティー」（宇宙人から接触を受けたという人々）によって宇宙からの訪問者（現代の「神」）とみなされるのは、古代離脱文明にとっては大いなる利益だ。人類とは見た目が異なる彼らに信服する人々がたくさんいる。そういう人々に彼らは大きな影響力を及ぼすことができるのである。しかも離脱文明における古代の支配層の対応の仕方は現代の支配層との同盟を形成するうえで役に立つ。そこでは両者とも、高度なテクノロジーや人類の真の歴史に関して人類の大多数を無知状態に置くという利益を手に入れられるのだ。

ただしグッドが言うように、すべての古代離脱グループが人類を操るような行動を取るわけではない。彼らの中には、人類が古代人の発明や業績と再びつながりを持てるよう手助けしているグループもある。古代人の遺産の内容は驚くべきものだ。それは、フリーエネルギー装置や恒星間移動、ホログラフィーを利用する治療など、高度なテクノロジーを生み出す能力が人類自身にあることを意味する。発明家たちは古代にさかのぼり集合的無意識を利用して高度なテクノロジーを生み出すことができるのだ。ニコラ・テスラやトーマス・タウンゼンド・ブラウン、ビクター・シャウベルガー、ビンフリート・シューマンなど多くの発明家や科学者が過去にそれを行なった。宇宙からの訪問者は――本物であれ偽物であれ――高度なテクノロジーによって人間を救ってくれるとは限らない。代わりに彼らは、人間のありようをあらゆる面で向上させるのに必要なテクノロジーを復活させるのを促すことがある。次章で人間および秘密宇宙計画と関係を持っている異星人を探究するが、その際にこのことがきわめて重要となる。

第11章

異星人と秘密宇宙計画の相互関係

現在、秘密宇宙計画は主要なものが4つあり、これに複数の小規模SAPが加わって合計5つとなる。第2章と第3章で述べたように、これらは1930年代のブリル協会とナチスによる空飛ぶ円盤開発が土台になっている。これら5つの宇宙計画は月と火星に基地を置き、中には恒星間移動ができる艦隊を所有しているものもある。主体は、軍あるいは企業幹部あるいは秘密結社だ。公にされているものは1つもなく、すべて政府の国家安全システム内の極秘事項になっている。証言者がいなければ、あるいは記録のリークがなければ、私たちがこれらの秘密宇宙計画を知ることはないだろう。

今挙げた5つの計画に加え、第10章でははるかな過去にさかのぼる秘密宇宙計画についても述べた。これらもまた当時においては軍や政治的支配階級、聖職者階級によって支配されていた。このうちの少なくとも1つはマヤ文明のものであり、それは——コーリー・グッドの言う通りなら——今も恒星間移動が可能な宇宙船艦隊を持ち、他の星系に入植さえしている。

現在の複数の秘密宇宙計画に起きていることをさらに複雑にしているのは、地球を訪れてこの世界と多様な関係を持つ異性人文明の存在だ。そのよい例が、ブリル協会とナチスのそれぞれ1920年代と30年代に始まる秘密宇宙計画に協力した異星人グループだ。そのエイリアンのグループは、アルデバラン星系とアルファ・ドラコニス星系、そして地球内部から訪れているという（地球内部にいるエイリアンは「地下生命体」と呼ぶことにする）。1940年代の核分裂兵器（原子爆弾）とそれ以上に強力な1950年代の熱核兵器（水素爆弾）の開発以降、人類の問題に関心を持つ異星人グループが増えているように見える。

私の著書『Galactic Diplomacy :Getting to Yes with ET（銀河外交：ETにイエスを言う）』ではさまざまな地球外生命体や「地下生命体」グループについて説明をしている。[*1] その基になっているのは、これらのエイリアンのグループと直接触れ合った経験のある人々の話である。以下に挙げる表は、エイリアンと接触した多くの人々（コンタクティー）が述べた異星人の活動を要約したものである。グループの分類は、軍産複合体と協力関係にあるか否かを基準にした。『Galactic Diplomacy（銀河外交）』では軍や企業幹部と協力するエイリアンのグループが「地球外軍産複合体」（Military Industrial Extraterrestrial Complex：MIEC）を形成していると書いた。同書で挙げた19の異星人グループもMIECに属しているか、それともその外で活動しているかを基に分類している。

表1では、MIECと協力関係にある異星人グループ、およびブリル協会とナチスSSが協力したとされる異星人グループや地下生命体グループについて簡単にまとめた（各グループの詳細およ

表1　地球外軍産複合体（MIEC）と協力関係にあるグループ

ETグループ	主要な活動	結果として生じたグローバルな問題
ショート・グレイ （小網座（レチクル座）ゼータ星＆オリオン座）	・市民の誘拐 ・遺伝子実験 ・洗脳（マインドコントロール） ・移植、クローニング、人間＆グレイのハイブリッドを通しての人間監視 ・銀河奴隷取引	・トラウマを負った被誘拐者 ・遺伝子を変更された人間 ・移植を通して監視されている人間 ・洗脳された「被誘拐者」 ・人権侵害
トール・グレイ（トール・ホワイト） （オリオン座）	・遺伝子実験 ・人間＆グレイのハイブリッドの創造 ・マインドコントロール ・「影の政府」との外交協定 ・銀河奴隷取引	・遺伝子を変更された人間 ・人権侵害 ・洗脳された「被誘拐者」 ・政治家の名誉棄損 ・軍の諜報部門への潜入
カマキリ	・遺伝子実験の監督 ・グレイに反抗する人間を統制する手助け ・マインドコントロール ・「影の政府」との外交協定 ・銀河奴隷取引	・遺伝子を変更された人間 ・移植を通して監視されている人間 ・洗脳された「被誘拐者」 ・政治家の名誉棄損 ・人権侵害
地球レプティリアン 地下生命体 （地球）	・人権侵害、エリート層の操作、信仰体系への干渉、銀河奴隷取引を含む軍諜報部門との協定	・人権侵害 ・遺伝子操作 ・エリート層の腐敗と支配 ・宗教教理の分裂 ・優生学

ドラコニアン・レプティリアン （アルファ・ドラコニス）	・エリート層、秘密結社、金融システムの支配 ・欠乏、争い、不安の空気をかもすことによる軍部支配 ・グレイ、地球レプティリアン、銀河奴隷取引の操作	・地球規模の富の格差 ・エリート層と制度の腐敗 ・民族・宗教間の暴力 ・人権侵害 ・暴力やテロの増殖 ・薬物取引と組織犯罪
シリウス星人 （シリウスB）	・異星人による威嚇のための軍事協力を促進するテクノロジー交換プログラムへの参加	・秘密兵器の研究 ・新型兵器の使用 ・タイムトラベル実験中の市民への嫌がらせ
アヌンナキ （ニビル星）	・エリート層、システムや制度、人間の意識操作を通じての長期にわたる人間進化支配 ・地球の支配をめぐるドラコニアンとの争い	・エリート層の操作 ・宗教的原理主義 ・家父長的地球文化 ・暴力の増殖
アルデバラン星人	・ブリル協会その他の秘密結社と共に優生学、民族純化、高度なテクノロジーを進めた	・優生学 ・民族浄化 ・エリート層の操作 ・カースト制度

びそれらについての目撃者・証言者の情報は『Galactic Diplomacy（銀河外交）』を参照していただきたい）。[*2]

次の表ではMIECの外側にいる異星人グループについて簡単にまとめた。（各グループの詳細や、それらについての目撃者・証言者からの情報は『Galactic Diplomacy（銀河外交）』を参照していただきたい）。[*3]

表2　地球外軍産複合体（MIEC）に属さない異星人グループ

ETグループ	主要な活動	グローバルな 問題解決への助力
地下生命体 （地球） 人類	・地表の人類が、古代地球の歴史を学び、長命を回復し、精神的能力を高め、軍事優先に終止符を打ち、環境を守ることの手助け	・環境保護 ・生物の多様性の促進 ・人類の健康と可能性の増進 ・人類の歴史の再発見
ソーラーリアン （金星、火星、土星など）	・人間の意識進化への援助 ・破壊的軍事テクノロジーの使用阻止 ・政治指導者への助言 ・新テクノロジー導入への援助 ・感情を持つあらゆる生命の尊重への助言	・軍事優先の阻止 ・環境保護 ・生物の多様性の促進 ・新エネルギー・テクノロジーの導入 ・精神的気づきへの促し ・「ならず者」異星人への対応
アルファ・ケンタウリ星人 （ケンタウルス座アルファ星）	・世界平和、社会的公正、人権、自由、先進的テクノロジーの理非をわきまえた使用の促進	・地球規模での社会的公正 ・人権と自由 ・平和＆人権地帯 ・持続可能な開発
ライラ星人 （ライラ（琴座））	・北方人種の独自の歴史を銀河系に広める ・人類のモチベーションと潜在力の理解への援助	・人類の真の歴史の再発見 ・銀河系の歴史の理解 ・人類の本質の発見 ・外交的対立の解決
ベガ星人 （訳注：ベガは琴座のアルファ星） （ライラ（琴座））	・暗青色人種の独自の歴史を銀河系に広める ・人類のモチベーションと潜在力の理解への援助	・人類の歴史の再発見 ・銀河系の歴史の理解 ・人類の本質の発見 ・外交的対立の解決

プレアデス星人 （プレアデス星団）	・人類の意識向上と植民地住民の避難許可を通し、人類が抑圧的な社会構造から解放されるのを援助	・すべての人間の人権と教育 ・直接民主主義制度 ・人類の意識の進化
プロキオン星人 （プロキオン） （訳注：小犬座のアルファ星）	・ETの破壊活動への効果的抵抗の鼓舞 ・「多次元意識」の開発 ・ETのマインドコントロールを防ぐための作像術の利用 ・敵意に満ちたETの活動の監視	・破壊的活動を目的にしたETのインターネットの暴露 ・ETによる地球規模の秘密主義を終わらせる ・多次元意識 ・マインドコントロールの解除 ・すべての人間の人権尊重
タウ・ケティ星人 （タウ・ケティ） （訳注：タウ・ケティは地球から見てクジラ座の方向にある恒星）	・ETの破壊活動と支配の暴露 ・腐敗したエリートおよび制度の識別 ・人類の意識高揚 ・ETによるマインドコントロールの無効化 ・軍事優先への対処	・腐敗と操作の暴露 ・ETの潜入の監視 ・多次元意識 ・マインドコントロールの解除と紛争の解決
アンドロメダ星人 （アンドロメダ座）	・今の地球状況対処のための銀河コミュニティーの判断の促進 ・紛争解決のための革新的な戦略 ・若者たちの教育 ・クロップサークル（訳注：イングランド南部で作物が円形をなしてなぎ倒される現象）	・サイキック／クリスタル・キッズ（超常的な能力を持つ子ども）の養成 ・エリート層による操作の暴露 ・地球規模の統治の進歩 ・外交的対立の解決 ・異星人間のコミュニケーション

シリウス星人 (シリウスA) 人間&ネコ科	・地球の「生物磁気エネルギーグリッド」改変により地球上の（人間）進化にふさわしい生態系構築を援助	・地球全体の環境保護 ・生物多様性の促進 ・人類の意識の向上 ・新たな文明構築の手助け
ウンモ星人 (ウンモ)	・テクノロジー情報の共有 ・科学文化や地球上の教育の変革	・変革を起こす科学&教育 ・代替テクノロジーの開発
アルクトゥルス星人 (アルクトゥルス) (訳注：牛飼い座のアルファ星)	・霊的価値観と先進的テクノロジーの統合 ・惑星システム変換への戦略的助言 ・クロップサークル	・地球規模の統治 ・グローバルシステムの統合 ・ETとの関係調整 ・外交的対立の解決

『Galactic Diplomacy（銀河外交）』では軍産複合体や一般市民との関係という観点から異星人グループを概観したが、彼らと各種の秘密宇宙計画の関係については触れていない。前のほうでも述べたが、これらの計画はそれぞれの目的を持って個別に活動をしている。その結果、地球を訪れる異星人グループや地球内部に基地を置く「地下生命体」との関係は絶えず複雑に変化している。各異星人グループは、地球とその多様な秘密宇宙計画——現代のものであれ古代に始まるものであれ——の状況に対処するための組織を形成しているのだろうか。

これを理解する上でコーリー・グッドの話は大いに参考になる。グッドによると異星人たちはいくつかの同盟を通して1つもしくは複数の秘密宇宙計画と接触を持ち、あるいは協力し合っている。そういった状況はグッドの要約によれば以下のようになる。

3つの秘密宇宙計画に属するものが多数あり、それらは「秘密地球政府」（その1つが惑星間企業複合体で、火星基地のほとんどはこの組織のものです）とは関係を持っていません。また地球を基地にする「古代離脱文明」が5つから7つあります。これらのグループすべてがさまざまな「地球外生命体組織」（Off World Entity）および「国連型連盟」（UN型フェデレーション）と「同盟」しています。「地球外生命体組織」にも「国連型連盟」にも「人間に似たET」と「人間に似ていないET」がいます（それぞれすべてが**別々の目的**を持っています）。[*4]

グッドによると、異星人および地下生命体には主要なグループが4つあり、それに第6～第9デンシティ（デンシティについては第15章参照）から成るグループが新たに1つ加わった。それらはさまざまな形で秘密宇宙計画と関係し、また既存の同盟内で互いに関係している。[*5] 現在の地球および秘密宇宙計画と関係する同盟を知るうえで、彼の情報はきわめて有益だ。

さまざまなグループによるSSP（秘密宇宙計画）同盟の存在を明らかにする

グッドは「秘密宇宙計画（SSP）同盟」の存在を明らかにしている。ソーラーウォーデン計画を中心に組織された同盟である。これは似たような考え方――合衆国憲法的な理念と地球の未来への倫理的な姿勢――を持つグループや計画を引き付けた。他の秘密宇宙計画――惑星間企業複合体やダークフリート、SAP――から離脱した人々も、宇宙船やもろもろのリソースと共にこれに参加した。グッドによると、SSP同盟を率いるのは各参加体の代表で構成する会議である。

「SSP同盟会議」は、「同盟」を構成する各グループの大隊や連隊、師団、軍団レベルのリーダーで構成しています。その数は、ソーラーウォーデンのメンバー、ICCとダークフリートからの離脱メンバー、軍の複数の秘密作戦計画からの離脱メンバー、さらに最近になってテクノロジーがそれほど高度ではないグループのメンバーも加わり、かなりなものになっています。[*6]

しかしグッドによると、SSP同盟の力は参加組織の歴史や考え方が異なるために盤石ではない。

SSP同盟会議は強固な組織ではありません。理由は、会議を構成するリーダーたちの下にそれぞれが完全には信頼し合っていない派閥があるからです。ただし、全メンバーが同意するルールと倫理規定のもとで行動するという申し合わせがあります。[*7]

グッドはSSP同盟が共有する主たる目標が何であるかを明らかにしている。

「同盟」の目標は「バビロニアン・マネー・マジック・システム」を打破し、地球上の専制的な金融システムを終わらせることです。「同盟」は、この世界に秩序と公正と礼儀を回復すること、またこの惑星の癒しや人間の寿命延長の方法、超革新的なテクノロジーを人類に開放することを望んでいるのです。[*8]

「バビロニアン・マネー・マジック・システム」は古代の複数の血族（イルミナティ／カバル）に

始まり、金と「邪悪な魔術」を使って他の人間たちを操るシステムだ。「邪悪な魔術」は彼らが古代から用いてきた能力で、人々を一挙に戦争や貧困や病に追い込んだり、個々人を無力にしたりすることができるとグッドは言う。

バビロニアン・マネー・マジック・システムからの脱却を目指す「地球同盟」も存在する

グッドによると、「地球同盟」を構成するのはそれぞれの秘密宇宙計画で兵站や援護、指揮を担当する各種の組織である。「地球同盟」にはアメリカや他の主要国の軍産エリートの中の「ホワイトハット」［ホワイトハットは水兵帽のことなので海軍関係者を指していると思われる］も含まれ、彼らはSSP同盟の目標を支援している。また「地球同盟」にはBRICS（ブラジル・ロシア・インド・中国・南アフリカ）も参加しており、これらの国々も「バビロニアン・マネー・マジック・システム」からの自由を勝ち取ろうとしている。BRICS同盟はイルミナティ／カバルが支配する金融システムから大きく一歩踏み出し、新たなシステムを作りつつある。「地球同盟」と、ICCやダークフリート、SAPの宇宙計画の偽旗作戦で主要な役割を演じているイルミナティ／カバルを混同してはならない。

グッドは2015年6月に「地球同盟」についてゴンザレス［後出］から次のような説明を受けたという。

会議に出された情報の多くはありふれたものだったが、いくつか重要なものもあった。「地球同盟」とゆるやかな提携関係にあるさまざまな組織で進行中の事柄をめぐる情報である。最近カバルによる偽旗行為があったという。幸い成功はしなかったようだが、他の作戦は成功したらしい。「地球同盟」とＳＳＰ同盟が入手した大量の情報に関しても議論が行なわれた。[*9]

グッドはイルミナティ／カバルが「地球同盟」に潜入を試みたことについても述べている。

潜入は「地球同盟」の一部でも起きています。今このときもＢＲＩＣＳ同盟では、潜入があった地域の切り離しを残りの同盟メンバーが行なっています。[*10]

潜入が行なわれた結果、「地球同盟」とイルミナティ／カバルとの交渉ではＳＳＰ同盟が定めたルールが必ずしも守られない事態になっているとグッドは言う。

ルールは必ずしも守られてはいません。組織がゆるやかな「地球基礎同盟（アースベイスト・アライアンス）」についても同じことが言えるようです。そこでは一部のメンバーが他のメンバーから認められていない相手と取引をしています。[11]

2015年6月9日の会議に出席したグッドのリポートによれば、イルミナティ／カバルは「地球同盟」内の一部のメンバーと協定を結び、「宇宙同盟」とも同じことを行なったようだ。

彼らは、「地球同盟」のメンバーの一部と協定を結んだと語り、「宇宙同盟」（これまで聞いたことのない名称です）とも同盟を結びたいと語りました。[12]

「宇宙同盟」の中にはグッドの言う「星間同盟」（スフィア・ビーイング・アライアンス）に属する高度なデンシティ存在も含まれている。

この宇宙の深淵に何千もの隠れた天体が存在する中での星間同盟

星間同盟は、ロシアの天文学者ニコライ・カルダシェフが1964年に発表した宇宙文明の発展度分類[13]に従うなら、タイプⅢ（もしかしたらタイプⅣ）の文明だ。各タイプの利用可能エネルギーは、タイプⅠが惑星レベル、タイプⅡが恒星レベル、タイプⅢが銀河レベルである。グッドによると星間同盟が利用しているのはタイプⅢのようだ。グッドは次のように述べる。

星間同盟は彼らが入り込んでいる銀河領域のせいで大部分が私たちの星団で起きているエネルギー変化にフォーカスされています。私たちの太陽系や近傍の太陽系（「コズミック・ウェブ」および「ナチュラル・ポータル・システム」に電気的につながっています）には何千もの隠れた天体が等距離に広がっています。この領域には外部から高電荷のエネルギーが津波のように押し寄せていて、時空やエネルギー、物質の震動性を変化させ、「密度スペクトル」をより高度な状態にしていますが、隠れた天体はそのうねりを和らげ、放散させます。*14

グッドはさらに、なぜ星間同盟がSSP同盟――ここにはグッドがかつて働いたソーラーウォーデン宇宙計画が含まれる――と協力することを選んだのかを説明する。

星間同盟がSSP同盟を選んだのは、「偽りの神々」による人類支配と人類の隷属に終止符を打とうと決意したからです。「偽りの神々」とは管理エイリアンとその崇拝者たちを指します。崇拝者たちのことを私たちはまとめて「イルミナティ／カバル」と呼んでいます。SSP同盟は、今や人類が真の歴史を知るとき、抑圧されてきた人類の生を延ばすとき、生の質を高めるテクノロジーを利用するとき、世界の「金融債務スレイブ・システム」（「バビロニアン・マネー・マジック・スレイブ・システム」のこと）を崩壊させるときだと決定しました。これはSSP同盟に、人類の自由のために闘う太陽系のどのグループよりも「他への奉仕」カテゴリーの割合を高めさせる結果となりました。SSP同盟は暴力に頼って自由を得るのをやめると明確に決めました。星間同盟は非暴力主義のグループです。そしてSSP同盟は第6～第9デンシティ存在——SSP同盟とは行動の仕方がまったく異なります——と協力関係を作る過程で多くの調整を行なってきました（いくつか過ちもありましたが）。*15

グッドによると、星間同盟はSSP同盟との会議でグッドを自分たちの代理として発言させた。

SSP同盟との会議が持たれ、私は星間同盟の代理として出席し発言しました。星間同盟から発言内容を伝えられ、その通りに発言しました。（中略）SSP同盟と星間同盟の会議は私の出席なしでもときどき行なわれています。そのときは星間同盟が自分たちの代理で出てほしいと望む人物を出席させます。その人物はSSP同盟のメンバーで、私がSSP同盟と連絡を取るときに間に立つ人物です。彼が星間同盟の「ブルー・エイビアン」とグループと連絡を取っていた年数は私と同じです。「ブルー・エイビアン」との接触が始まったのも私と同じ頃でした。*16

グッドは、星間同盟がなぜ他の異星人同盟で構成する「国連型超連盟（UN型スーパーフェデレーション）」──地球および太陽系周辺での星間同盟の活動に重大な関心を持っている──への代理に彼を指名したか、その理由も説明した。

星間同盟は自己への奉仕（利己主義）をそのままは受け入れないでしょう。「国連型超連盟」に参加するETグループ／連邦の多くは「いい連中」とみなされていますが、彼らが人類を援助する動機は自分たち自身の「自己への奉仕」（Service to Self：STS）です。それでも星間同盟は私を彼らの代理として「超連盟」に出席させているのです。[*17]

星間同盟は「自己への奉仕（利己主義）をそのままは受け入れない」だろうというグッドの言葉は論議を呼ぶところだ。それに従うなら、表2で挙げたポジティブな異星人グループの行動もその動機は利己的ということになる。これは一見奇妙なことに思える。しかしカルダシェフの分類を利用すれば理解は可能だ。レベルⅢ（あるいはⅣ）の文明の視点からすれば、レベルⅠやⅡの異星人文明は親切な活動をしているように見えても動機は自己利益なのかもしれない。グッドが星間同盟の代理に指名された一番の理由がこれだった。彼の役割は両者の仲介をすることだったのだ。

グッドは、宇宙エネルギーの及ぼす力を和らげるために太陽系全体に等距離に配置された「隠れた天体」があると語る。これは周波数の壁として太陽系と地球を効果的に隔離する役割も果たしているが、これが及ぼす影響について彼はこう述べる。

星間同盟はいかなる者、いかなるテクノロジーも通過できない（第3、第4デンシティ、あるいは第4、第5デンシティの存在であっても）「エネルギー・バリア」を2つ持っています。1つは「アウター・バリア」で、これは太陽系全体を完全に封鎖して「ゲート」／「ポータル」移動を含め太陽系への出入りをできなくします［「ゲート」も「ポータル」も「入口」の意味だが、グッドが意味するのは「瞬間移動」などにおける「入口」と思われる］。もう1つは地球を囲む「バリア」です。これは、地球の軌道やそれに近い軌道上にあるあらゆる存在および宇宙船／テクノロジーが地球から一定の距離以上には移動できないようにしています。太陽系内には惑星間移動を可能にするアクティブなゲート／ポータルがあります。しかしこれらのポータルは「エネルギーの大きなうねり（エネルギー・ツナミ・ウェーブ）」に襲われることがあるため、通常の移動は軽率なばかりか危険でさえあります。*18

グッドによれば、星間同盟はあるテクノロジーをSSP同盟に提供している。宇宙エネルギーが入り込んで惑星に変化が起きる時期、地球上に偽旗活動やその他破壊的な出来事が起きないようにするためのテクノロジーである。

ＳＳＰ同盟に提供されたテクノロジーはすべて防御的なものです。それによって同盟は兵器システムやクローキング・システム［「隠れみの」のように物体を外部から見えないようにするシステム］を混乱させることができます。高エネルギービームやトーション・フィールド兵器を無効にすることもできます（トーション兵器は時空構造を歪めることによって建物や宇宙船を一瞬で破壊するものです）。[*19]

要するにＳＳＰ同盟は星間同盟の助けを得て他の同盟への対抗力を相当に強めているということだ。とりわけ巧妙な手段を用いる最も破壊的なドラコニアン連邦同盟に対する力を。

最も破壊的なドラコニアン連邦同盟への対処

第4章でダークフリートおよびダークフリートとドラコニアン連邦同盟の協力関係に触れた。ドラコ同盟はドラコニアンと呼ばれる好戦的な異星人で構成する厳格な階級制組織のようだ。グッドはドラコニアン連邦同盟の支配カーストを「ロイヤル・ホワイト・ドラコ」と呼ぶ。身長が14フィート（約4・2ｍ）もあり、態度は威嚇的。強力な超能力とドラゴンに似た外観を持つ。アンドロメダ評議会の異星人と接触したというアレックス・コリアーはこの支配カーストを「キアカル」と呼んでいる。

ドラコニアンは巨大なレプティリアンで「ドラク」とも呼ばれます。レプティリアンには王統があり、キアカルと呼ばれています。彼らは身長が14フィートから22フィート（約6・7m）あり、体重は1800ポンド（約800kg）もあって翼もあります。千里眼で頭も非常によく、きわめて邪悪です。[*20]

コリアーによると、ロイヤル・ホワイト・ドラコ（別名キアカル）は「我々の銀河で最も古いレプティリアン」[*21]である。グッドは、太陽系におけるドラコニアン連邦同盟の活動を任されたロイヤル・ホワイト・ドラコに会ったことがあると語る。彼らは、もし星間同盟がその隔離システムを解除したなら自分たちは太陽系から撤退すると持ちかけたという。[*22]

ドラコ連邦との会議に出席した別の証言者ゴンザレス中佐（偽名）の話をグッドは次のように要約している。

ゴンザレスはこう言います。レプティリアンの儀仗兵の背後にカマキリや昆虫に似た連中がばらばらに立っていた。自分たち［ゴンザレス］が最後に彼らと会ったときは、彼らはずっとその辺を歩きまわっていて、ホワイト・ロイヤル・ドラコがその連中の間や前に立っていた。[*23]

星間同盟が「アウター・バリア」を築いた結果、彼らは同盟メンバーを威嚇するようになった。

そのホワイト・ロイヤル・ドラコがゴンザレスに、SSP同盟と星間同盟に伝えるようにと、威嚇しながら要求を突きつけました。要求内容は、ドラコニアン連邦同盟のメンバーは望むときにアウター・バリアの外に出られるようにし、彼らと同盟を組む人間たちがこの件で寛大な扱いを受けるようにする、その人間たちが人類のコントロールする太陽系で将来報復を受けないようにする、というものでした。[*24]

「アウター・バリア」――入ってくる宇宙エネルギーを和らげるために星間同盟が築いた周波数の壁――の目標の1つは太陽系を広く封鎖することだった。これは入ってくる宇宙エネルギーを調整する一方で、人や宇宙艦隊や物資の移動を妨げる。これがドラコ同盟にとって大きな問題だった。そのため彼らは、これが解除されなければ恐ろしいことが起きるだろうと脅した。

ホワイト・ロイヤルは、自分たちには地球上に戦争や災難をもたらす力があり、そうする準備をしている、とストレートに伝えました。ドラコニアン連邦同盟と共に戦う用意のある「エクストラ・ディメンショナル・オーバーロード」（余剰次元過負荷）の真の力に星間同盟が対抗できたことはない、これは何百万年も前に予言されていたことだ、と彼らは述べたそうです。[*25]

「ゴンザレス」は、ドラコニアン連邦同盟の頂点にいるのがホワイト・ロイヤル・ドラコではないと知って驚いた。人工知能（ＡＩ）の誕生に関わった「エクストラ・ディメンショナル」（ＥＤ）（余剰次元）オーバーロード（過負荷）が存在したのだ。これについてゴンザレスが語ったことをグッドはこう伝える。

私たちがＥＤ／ＥＴ人工知能と呼ぶ存在――ドラコニアンの同盟者であり、銀河全体を征服しました――の誕生に「ＥＤオーバーロード」が関わったと彼らは得意そうに語ったそうです。ホワイト・ロイヤル・ドラコは、その大層な自慢話と威嚇をしばらく続けたあと、儀仗兵と昆虫に似た姿の代表者を引き連れて重々しく部屋を出ていったといいます。[*26]

人工知能（ＡＩ）は何千とある異星人文明と現在の人類に大きな脅威を及ぼすだろう、とグッドは強調する。[*27] 第８章で述べたように、ソーラーウォーデンと他の秘密宇宙計画は、生物系にも電子系にも侵入するＡＩシグナルを防ぐために厳重なセキュリティーを施している。ＡＩおよびドラコニアン連邦同盟の両方を支配している「EDオーバーロード」は、ナチスSSのブラック・サンやダークフリートに似た悪魔的で神秘主義的な力を連想させる。

「超連盟」（スーパー・フェデレーション）――人間に似た異星人たち――

グッドは、人間に似た異星人のグループ（40〜60グループ）で構成される「超連盟」が人間の未来に大きな関心を抱いている、と言う。「超連盟」には表2に挙げたグループの他に銀河内の他の協議会や連盟に属するグループも加わっている。「『超連盟』は『人間に似たETの連盟や連邦、協議会』で構成する国連型のより大きなグループです[*28]」

この「超連盟」は星間同盟によって作られた周波数の壁の中に閉じ込められている、とグッドは言う。

人間に似た異星人（ET）の「超連盟」と一緒に活動しているET連盟がいくつかあり、人間に似ていない異星人の同盟もあります。この同盟は、「アウター・バリア」によって現在この太陽系に閉じ込められている「代表」や「メンバー」を持っています。そしてまた、私たちの太陽系を「銀河シルクロード」のように往来しているETもいます。彼らは銀河内のどこか他の連盟に属しています。私たちの銀河だけでいくつ連盟があるか、私には分かりません。[*29]

グッドによると、「超連盟」は22種類の遺伝子実験を行なっている。その中には複数の異星人の遺伝子を人間のＤＮＡに植え込む実験もあり、それは25万年前から続けられている。そして同じようなことをアレックス・コリアーも述べている。

私たちは異なる種――正確には22種――の混成物です。生理学的に見て地球上には22種類の体型がありますが、それは異星人種に由来しているのです。[*30]

22の異星人文明は長期にわたって遺伝子実験を行なってきた。星間同盟が彼らの活動を利己的とみなした理由がこれだろう。そのため星間同盟は「超連盟」との直接的な接触を拒み、グッドを代理人とすることで「超連盟」のメンバーに強力なメッセージを発していたのだ。人間の未来に関する議論は、長期にわたる生物学的計画が優先される従来の「超連盟」の会議とは異なる視点で行なわれなければならなかったのだ。

グッドは秘密宇宙計画で働いていた期間（１９８７~２００７年）にも「超連盟」の協議会に出席していたが、最近も星間同盟の代理としてその会議に出席をしている。２０１５年6月7日の会議では人間に似た異星人に出会った。その異星人について彼は次のように説明している。

普通この会議に出席するのはせいぜい40グループですが、最近は60グループ以上が出席するようになり、座席がぎっしり並ぶようになりました。（中略）あまりに多くの種類がいてどこから説明を始めたらいいか分からないくらいです。身長は3～4フィートから12フィート（1～3・6m）と幅広く、皮膚の色はオリーブグリーン、パンプキンオレンジ、ライトブルー、モカブラウンなどいろいろで、皮膚の組織もさまざまです。目立つのは「白く輝く肌」（グリッスンズ）を持つ痩《や》せて背の高いグループです。白い綿毛のような髪をしていて、真っ赤な目はある種の光かエネルギーを放射しているように見えます。体にぴったりフィットした衣服は白一色で、縫い目がありません。私たちによく似たメンバーもいますが、目がちょっと大きめで長身です。また、身長が5フィート5インチ（1・65㎝）くらいで黒い髪はミリタリーカット、日焼けしたような肌色で引き締まった体形（見た目よりもずっと体重があるでしょう）のメンバーもいます。*31

ゴンザレス中佐も「超連盟」の会議に出席しているが、彼が出会ったメンバーのことをグッドに説明している。

彼（ゴンザレス）は会議施設に着いたときのことも語りました。これは木星と土星の軌道周辺にある安全な時間区域の中のステーションです。（中略）ゴンザレスはきびきびと歩いて星間同盟代理人席に着きました。ＳＳＰ同盟会議の高位のメンバーも一緒で、彼は助言者の役割でした。（中略）普段出席するのは40〜60グループですが、このときは１００以上のグループが会堂に集まっているのが出席者の前に立ったゴンザレスの目に入りました。[*32]

グッドは「超連盟」の協議会に加え、古代秘密宇宙計画の協議会もあることを知った。

以前は分かりませんでしたが、古代の離脱グループで構成する小規模な協議会があることを知りました。ゴンザレスはＳＳＰ同盟の代理人としてもっぱらこのグループと会っていたのです。ゴンザレスは、私が将来彼らの会議に出席するか、あるいは会議をリードすることになるかもしれないと言いました。[*33]

複数の秘密宇宙計画と複数の同盟の地球の将来をめぐる大規模な戦い

２０１５年の初めまで、深宇宙や火星、地球を舞台に、主要な秘密宇宙計画とそれらが連携してきた異星人同盟の間に地球の将来をめぐる大規模な戦いがあった。グッドはこう書いている。

これらの秘密宇宙計画の一部と彼らの複数の「地球外同盟」の間に「隠れた内戦」がありました。原因は、人類を支配する「バビロニアン・マネー・マジック・スレイブ・システム」を使っている秘密地球政府の支配の終結をめぐる対立です。[*34]

グッドによると、秘密宇宙計画の中でも最も主要な3つ（ソーラーウォーデン、惑星間企業複合体、ダークフリート）の関係はかつては良好だった。しかし1990年代の末に関係が悪化し始める。ソーラーウォーデンのリーダーたちが、他の2つの計画の意図、およびイルミナティ／カバルが各種のSAPと共に秘密裡に行なっている活動に深い疑問を抱き始めたからだ。これをよく示すのがトム・ウィルソン海軍中将の経験した出来事だ。彼は1997年にエドガー・ミッチェルとスティーブン・グリーアからSAPが異星人のテクノロジーを利用していることを明かされ、SAPへの接触を申し入れたが拒否された。

宇宙計画の同盟関係が徐々に崩れていった過程をグッドは次のように述べる。

以前は「秘密地球政府」（とイルミナティ／カバルと呼ばれる彼らの「シンジケート」およびいろいろな秘密結社）を通じて結びついていた派閥とその支配者たち（ドラコ連盟

ロイヤルと古代離脱文明――他の星系からのETと偽っている）の間の関係が崩れ始め、互いを攻撃し合う大変な混乱状態になりました。そしてそれは地下や海中の基地間での戦いに発展しました。近頃地球で起きている大地震、火星や太陽系の他の天体で起きている出来事の原因がこれです。[*35]

緊張関係は、星間同盟が設けた太陽系隔離システムに対するロイヤル・ホワイト・ドラコの対応でいっそう悪化したとグッドは言う。

これらのグループはドラコ同盟の最近の協議会［2015年3月］前に互いを攻撃し始めました。この協議会で私は星間同盟の「代理人」として行動していました（そしてSSP同盟は「直感エンパスとセキュリティー支援」を提示していました）。これには身長14フィート（4・2m）のホワイト・レプティリアン・ロイヤルが1人出席していて、星間同盟に対し、彼らの「ロイヤル」たちが「アウター・バリア」を安全に通過できるようにしてもらいたいと申し出ました。この会議には人間の「200人委員会」も出席していてそのやり取りを見ていましたが、このやり取りを見て彼らは明らかにショックを受けていました。この会議のあとすぐに大規模な偽情報戦が始まり、さらには複数の「エリートグループ」間の内部抗争も始まりました（「エリートグループ」は現在、他の秘密地球政府およびカバルが支配するSSP指導者グループと共に、より大きな「人間に似た異星人の超連盟」協議会に交代で「代表」を出しています[*36]。

グッドによると、2014年末に他の秘密宇宙計画から離反してソーラーウォーデン（秘密宇宙計画同盟に加盟）に加わる者が出てきた。そしてそれが軍事的争いに発展した。離脱者の集団を構成していたのは、惑星間企業複合体（ICC）やダークフリートの部隊、イルミナティ／カバルにコントロールされる複数のSAPのメンバーである。彼らはすぐにも実施可能な情報をもたらしたが、これが2つの事件を引き起こした。

過去6カ月にわたり、カバルが支配するICC秘密宇宙計画、アウター・バリアの外にいるためキャッチされないダークフリート（これはドラコ同盟と共に戦う人間のSSP艦隊です）、またさまざまな「ミリタリー・ブラック・オペレーションSSP」〔第1章参照〕のメンバーからの離脱がありました。彼らの一部はすぐにも使える情報を携えて参加し、SSP同盟の指導部や彼らの新たな同盟者たちはこれを利用しました。これが原因となって大きな2つの攻撃が起こり、罪のない人々が多数亡くなりました。しかしこの攻撃――ブルー・エイビアンはこれを「大虐殺」と呼んでいます――に加わった者たちは謝罪もせず、これは戦いにつきものだ、ただし民間人の被害は遺憾に思う、と述べただけでした。

このことが原因で、SSP同盟協議会内に今後の方針についてメンバー間に亀裂が生まれました。また他のSSPから最近離脱したメンバーに対しても不信感が生まれました。彼らは交戦ルールに関して異なる倫理観を持っていたからです。*37

軍事的な対立が公然たる戦争にエスカレートするのを防ぐため協議会の会議が開かれた。そこでは、どんな交戦ルールがSSP同盟の望む「情報の全面開示」につながるかについてブルー・エイビアンが意見を聞かれた。グッドはこう書いている。

SSP同盟協議会とSSP同盟メンバー全員の最初の大規模な合同協議会で、交戦ルールはどうあるべきかという質問がブルー・エイビアンに対して出されました。星間同盟はSSP同盟に非常に高度な防御テクノロジーを提供しており、SSP同盟がこれ以上カバル／ICC／ダークフリートのインフラを攻撃・破壊しないよう求めました。彼らはSSP同盟協議会と共に将来の「全面開示後」計画を作りました。入植地施設の居住者すべてを解放し、その過酷な経験から回復するための援助をし、彼ら全員を地球の「全面開示後文明」に引き渡すためのものです。良くない目的のために作られたこのインフラと抑圧されたあらゆるテクノロジーは、地球のすべての個人に一斉に開示されることになりました。それはSSP同盟が夢に見たこと――「スタートレック（星への旅）文明」――の始まりになるはずです。[38]

軍事的な戦いは厳しく制限すること、「情報の全面開示」に全力を注ぐことが決定された。情報の全面開示は、異なる秘密宇宙計画が所有する入植地施設やリソースをどうするかという問題の解決ももたらした。

ＳＳＰ同盟と彼らの同盟者たちは、地球上のカバルの力を弱める作戦の他に、星間同盟とＳＳＰ同盟協議会が考えた交戦規則とタイムラインにも同意しました。「全面開示」後これらの入植地は解放され、強制労働をさせられていた人々は別のエリアに移されて同盟メンバーの１つが人々の心身の回復に必要なリソースを提供することになりました。[39]

グッドによると、ＳＳＰ同盟の情報開示プランの中には大量の公式文書のダンプ（放出）や告発者の証言、人類が置かれている状況を暴露するテレビ放映も含まれている。それが放映されればニュルンベルク裁判［ナチスの指導者に対する国際軍事裁判］のような場でカバルが率いた複数のＳＳＰの指導者が裁判にかけられることになるだろう。[40] グッドがＳＳＰ同盟のプランを明かしたのと同じ頃にウィキリークスが再び大量の文書を放出し始め、メディアが大騒ぎした。５年の中断期間ののちの２０１５年５月初め、ウィキリークスは告発者が匿名でデータを伝えられる電子ドロップボックスを復活させたのだ。[41] すべてを明らかにするだろうとグッドが言う文書のダンプ（放出）。それをウィキリークスのような組織が行なう場はすでにできているのだ。ウィキリークスの再出現は驚くべき偶然か、あるいは秘密宇宙計画に関する機密文書が大量に放出されていることの否定しがたい状況証拠かのどちらかだ。

グッドの証言は情報の全面開示のプロセスの一部である。これについては第15章でさらに詳しい検討を加える。さまざまな秘密宇宙計画同盟および異星人グループとそれらの関係に加え、グッドは月と火星にある秘密基地についても詳しく述べていて、それらは他の証言者たちの言葉とも一致している。

第12章

ブリル協会／ナチスSSの秘密の「月面作戦司令部」（LOC）の存在を傍証するアポロ宇宙飛行士たち他

アポロ11号の月面着陸の中継のときに2分間の中断があった。NASAは、2機のテレビカメラのうち1機がオーバーヒートして受信できなかったと説明した。しかし複数の情報源によると、そのときアームストロングとオルドリン〔月面着陸した2人の宇宙飛行士〕は彼らを注視している何かを見たのだという。『トップシークレット』の著者ティモシー・グッドは、アポロ11号からヒューストンのNASAの宇宙センターへ送ったVHF（超短波）信号をアマチュア無線家たちが受信し、NASAが中継を遮断した2分間のメッセージを傍受していたと書く。

宇宙飛行管制センター：どうしましたか？　アポロ11号、こちら管制センター。

アポロ11号：巨大な生き物がいます……とんでもなく巨大な……何てことだ。信じられない。別の宇宙船が向こうにいます。クレーターの反対側の縁に……並んで……我々を見ています。[*1]

アマチュア無線家が傍受した内容はメディアには取り上げられなかったが、1975年にそれを裏づける予期せぬ出来事が起きた。アポロ月計画で通信システム開発に携わり、すでにNASAを退職していた通信エンジニアのモーリス・シャトレインが著書を出版したのだ。彼はその著書『Our Cosmic Ancestors（宇宙の私たちの祖先）』でこう書いている。

アームストロングが梯子を下りて月面に降り立つ直前、2機のUFOが頭上に停止していた。バズ・オルドリンはその写真を数枚撮った。その写真の一部が『モダン・ピープル』誌の1975年6月号に載った。[*2]

1979年にシャトレインはこう言っている。「アームストロングがクレーターの向こう側に2機のUFOを見たことをNASAはメディアにも一般の人々にも隠し通した。NASAの職員はみんなこのことを知っていたが、今に至るまで誰も口にしてこなかった」[*3]。驚くべきことにシャトレインはさらにこうも言っている。

アポロ計画でもジェミニ計画でも、距離を置いて、ときに非常に近くを、異星人の宇宙船――空飛ぶ円盤でもUFOでもいいが――が後をついてきた。そのたびに飛行士は管制センターに伝えたが、管制センターはこれを極秘にするよう命じた。[*4]

アポロ11号の月面着陸時に通信が2分間中断したのは、アームストロングが見たものをNASAが隠蔽しようとしたためだったのだろうか？　アポロ計画でUFOを見るのはよくあることだったのだろうか？

バズ・オルドリンはマスコミのインタビューで、月へ向かう途中1機のUFOに実際に観察されていた、とたびたび語っている。彼によると、アポロ11号の飛行士たちは機中から目撃しているものをヒューストンに報告する際、UFOという言葉は使わないようにし、代わりにサターンV打上げロケットの位置を尋ねたという。アポロ11号はUFOに尾行されていたというオルドリンの言葉は、UF0が月面着陸を実際に見ており、これをアームストロングが無線でNASAに報告した結果中継が中断されたとする考え方に信憑性を与える。オルドリンの言葉はまた、1機かそれ以上の未知の宇宙船がアポロ11号の月着陸を見ていたというシャトレインの著書の内容も裏づける。

クレーターの向こう側にいる巨大な2機の宇宙船をアームストロングが目撃したことを証拠立てる別の情報もある。ティモシー・グッドによると、その当時モスクワ大学の数学教授だった物理学者ウラジミール・アズハズハはこう述べている。

「ニール・アームストロングは、月着陸船の近くで大きな２つの謎の物体が着陸後の彼らを見ている、と管制センターに伝えた。しかし彼のメッセージが一般に知られることはなかった。NASAが削除したからである」[*5]

未知の宇宙船がすでに月にいたことと、NASAがアポロ計画を最終的に終結させたこととの間にはどんな関係があるのか？　NASAのシンポジウムでのある教授とアームストロングのやり取りにそのヒントがある。

教授：アポロ11号には実際に何が起きたのですか？

アームストロング：信じられませんでした。……もちろんその可能性があることは分かっていました。……実を言うと、私たちは近づかないよう警告を受けていたのです。宇宙基地か月面都市があったのは間違いありません。

教授：「近づかないよう警告を受けていた」とはどういうことですか？

アームストロング：詳しいことは言えません。確かなのは、彼らの宇宙船は大きさにおいてもテクノロジーにおいても私たちのものよりはるかに優れていたということです。なんとも、大変な大きさでした。……そして、威嚇的でした……そう、あれは間違いなく宇宙基地です。

教授：しかしNASAはアポロ11号の後もアポロ計画を続行しましたね。

アームストロング：もちろんです。NASAは当時あの計画に全力を注いでいました。だから世間をパニックに陥れるリスクを冒すわけにはいかなかったのです。*6

真実はどうなのか？　ニール・アームストロングは実際に月で未知の大きな宇宙船を見たのか？　そしてそれが現れたことは、二度と月へは来るなというNASAへの警告だったのか？

アームストロングが死んだ今となっては、1969年7月のあの日にいったい何があったのかを彼の口から聞くことはできない。もしかしたらNASAはいつの日か公式に発表するつもりかもしれない。あるいはもうすでにバズ・オルドリンが出演した映画でそれを行なっているのかもしれない。映画『トランスフォーマー／ダークサイド・ムーン』にちょっとだけ出演することで、オルドリンは自分とアームストロングが見た真実を明かしている。映画では月着陸後に通信が途絶えた21分の間に、アームストロングとオルドリンは近くにある遺棄された宇宙船に向かう。そこでオルドリンは秘密作戦の無線でNASAに報告をする。

バズ・オルドリン：信じられないかもしれませんが、何かが見えます……

NASA秘密作戦技術者：他にも誰かいるということだね？

バズ・オルドリン：そうです。我々以外に誰かがいます。*7

それではアームストロングとオルドリンは最初の月着陸のときに何を見たのか？　そしてNASAはなぜ近づくなと警告したのか？

ドイツの月基地アルファが月面作戦司令部に

第4章でコーリー・グッドの驚くべき話に触れた。ナチスドイツは南アメリカと南極で極秘の宇宙計画を実行していたブリル協会の支援を受けて月に人員を送り、月基地を建設したというものである。グッドの話を裏づけるのがウラジーミル・チェルツィスキーだ。

ドイツ人はおそらく1942年には月に行っていた。使ったのはミーテ型とシュリーバー型の外気圏ロケット・ソーサー。**ミーテ・ロケット**・ソーサーはさしわたし15ｍ×50ｍ。**シュリーバー・バルター・タービン機**は惑星間移動ができるよう設計されていて、直径60ｍ、高さ45ｍ、乗員スペースは10階まであった。*8

第二次大戦が終わる前にブリル協会とナチスＳＳは最初の月基地を建設したとグッドは言うが、チェルツィスキーはその話を裏づける。

着陸の初日からドイツ人たちは地下にトンネルを掘り始め、大戦が終わるまでには月にナチスの小さな調査研究基地ができていた。*9

さらに驚愕させられるのは、ブリル協会／ナチスＳＳはタキオン装置を使っていたということだ。第5章で、恒星間移動のために開発された葉巻型の巨大なアンドロメダ・デバイスがタキオン装置を使って時間ドライブを行なっていたことを明らかにした。チェルツィスキーは、これらのタキオン装置は小型の宇宙船にも使われていたと言う。「1944年以降、ハウニブ1および2型のフリーエネルギー使用機が人や資材、そして最初のロボットを月基地の建設現場へ運んでいた」*10

チェルツィスキーはさらに、これより10年以上のちの最初のアメリカとソ連の合同秘密宇宙計画の月着陸の際に何が起きたかを述べる。

ロシア人とアメリカ人が50年代初めにひそかに月に降り立ったとき、彼らは最初の夜をナチス地下基地の客として過ごした。60年代にはロシアとアメリカの大規模な共同基地が月に建設され、今では4万人が住んでいるという噂がある。[*11]

チェルツィスキーの信じられないような話と同様のことをコーリー・グッドも述べている。グッドによると、アメリカとソ連が到着する前に月にはすでにブリル協会／ナチスSSの鉤十字型の大きな基地があった。グッドによると、その基地は1950年代初めに締結された秘密協定の結果、基本的にアメリカに引き渡された。

この基地は、彼らとアメリカの間に画期的な協定が結ばれた1950年代初めにも建設が行なわれていました。この協定のおかげで彼らは「産業力」を利用できるようになったのです。彼らが大戦中ヨーロッパで戦争しなければならなかったのはこの「産業力」のせいでした。今や自分たちの思いのままになった「産業力」（まもなく「軍産複合体」と呼ばれるようになります）を使って彼らは大規模な基地を築き、それがさまざまなレベルの「釣鐘型」や地上構造になりました。それらは以前にあった地上構造の周囲に作られ、今私たちはこれを「月面作戦司令部」（LOC）と呼んでいます。[*12]

「月面作戦司令部」と呼ばれる秘密の月基地のことを最初に語ったのはランディー・クラーマー（別名キャプテン・ケイ）である。彼は１９８７年から２００７年にかけての20年間、グッドと同じように秘密宇宙計画で働いたという。[*13] クラーマーによると、彼は「ムーンシャドー作戦」と呼ばれる子どもを対象とした秘密のスーパーソルジャー計画の訓練を終えたあと、「月面作戦司令部」での任務を命じられた。２０１４年４月に行なわれたインタビューで彼はこう述べている。

夜中に型どおりの手順を踏んで連れ出され、「月面作戦司令部」へ行きました。そして小さな宿舎——大学の寮か何かのような——のある区域に到着しました。（中略）１人ずつ待機場所へ連れていかれましたが、そこには小部屋が並んでいて、中ではさまざまな軍服を着た多くの役人がせっせと書類仕事をしていました。（中略）書類に書かれている内容や契約書について説明を受け、それぞれの記入箇所に頭文字でサインしました。[*14]

コーリー・グッドもやはり「月面作戦司令部」（ＬＯＣ）に連れていかれ、20年間の軍務期間中の契約書——つまり守秘義務契約書——にサインしたことを２０１５年３月に明らかにしている。１９８７年に17歳だったグッドは、偶然クラーマーと同じ時期にＬＯＣの任務に就いたことになる。クラーマーはさらに次のように語る。

前もって告げられたのは、守秘義務契約書にサインし20年間地球の外で軍務に就くこと、地球で何が起きているかは知ることができないこと、任務を終えた時点で「年齢復帰」し、記憶が「白紙状態」になって元の時間に戻ること、などでした。また、この非常に重要な任務を行なうことによって元に戻ったあとは楽な暮らしができる、とも言われました。（中略）約21年任務を務めました。１９８６年、16歳のときに短期間の任務に就かされ、そのあとＬＯＣの施設へ送られました。そこでは身体能力が高められました。（中略）17歳でＳＳＰに配属され、そこから本格的な任務が始まりました。[*15]

南極と月面はさまざまな宇宙計画と異星人の「中立地帯」となっている

中立地帯であるという意味で月は南極に似ていると初めて語ったのはランディー・クラーマーで、２０１４年４月のことだった。彼によれば、さまざまな宇宙計画および異星人の訪問者が月を利用することができる。

南極と同じく月でもいろいろな国や人が、ここは自分の土地だ、と言うことができます。そしてみんながそれぞれの主張や地域を尊重します。その土地に慣れ親しんでそこをずっと基地にしている宇宙人がたくさんいます。月の裏側の中立地帯では、互いの関係が良かろうと悪かろうと攻撃し合うことはありません。どんな理由があろうとも。そのために契約や協定が結ばれているのです。*16

月面の中立性が守られている背景には、激しい戦いも含む長い歴史があるとクラーマーは説明する。

みんながそれを尊重するようになるまで長い時間がかかったようです。私が知ったところでは、月の裏側では何度か戦争があり、それがあまりにも悲惨だったために誰もがもう戦争はごめんだと考えるようになったのです。ここは誰にとっても中立的な空間で、各自したいことをすることができます。しかし戦うことだけはしてはならないのです。そうしなければ、誰かに、あるいは何かに、すべてを奪われてしまうからです。それは暗黙の了解事項だったと思います。そこにいる者、そこにあるもの、そこに私たちがいること、その組み合わせはとても興味深いです。私が見たものや私自身についていろいろ言われていますが、私はすべてを知っているわけではなく、知っているのは説明された事柄だけです。私が月面作戦司令部について知っているのはそのくらいです。*17

グッドも2015年5月のインタビューで、月が南極と同じように複数の地域に分割されていると語っている。

月は南極と同じように何十もの大使館ゾーンに分割されていて、関係の良くない地球外グループと古代離脱人類グループ同士が共存しています。最悪の敵同士がほんの数キロしか離れていない場所に基地を持っていますが、何千年ものあいだ争いはありません。月は外交区域なので戦いは認められていないのです。外交区域は高い敬意を払われていて、他のグループが侵入することはありません。[*18]

グッドは、アポロ11号の宇宙飛行士に月を離れるよう警告したのが誰なのかについて推測する。

アポロがこういう外交区域（月面の大部分を占めています）のどれかに着陸したとすれば、そこがどんなグループの区域であったとしても、立ち去って二度と戻ってこないよう断固要求されただろうと思います。[*19]

クラーマーとグッドの証言から分かるのは、月は多くの異星人グループの古くからの出先基地であり、また月に基地を建設したナチス時代の秘密宇宙計画の出先基地でもあることだ。アポロ計画が１９７２年に不意に中止になった理由を、これらのグループのうちの１つあるいはそれ以上の主権を侵害したためと考えられないことはない。以後40年以上のあいだ——中国が２０１３年に無人の「玉兎号」を着陸させたことを除けば——ＮＡＳＡも他の国も月面着陸を試みていない。

第13章

火星をめぐる証言の比較

3人の証言者――マイケル・レルフ、ランディー・クラーマー、コーリー・グッド――の証言に共通するのは秘密宇宙計画の任務に20年間就いていたということだ。レルフとクラーマーは火星で任務を務めたという。彼らもグッドと同じように、秘密任務を終えたのち機密テクノロジーによって「年齢復帰」し、元の時間に帰された。レルフとクラーマーはさらに、秘密任務の記憶を消去するために自分に対して薬物と各種のテクノロジーが使われたと述べる。

体験の核心部分――軍に連れ去られて任務に就き、そののち普通の暮らしに戻された――についてのレルフとクラーマーの証言はグッドの驚くべき証言と一致する。ここから推測できるのは、秘密宇宙計画は兵士を集めて20年間の任務に就かせ、任務終了後は決まった手順に従ってその記憶を消し去り、彼らを元の社会に戻しているということだ。

2000年にレルフの証言を盛った『The Mars Records（火星での経験）』が出版された。その中でレルフは、自分は「火星防衛軍」[*1]という秘密宇宙計画の志願兵だったと述べている。レルフによると、彼は主として火星で20年間の軍務を務めた。そこで彼は高度な超能力を利用して「遠隔視」から「心霊力による暗殺」まで、さまざまなことを行なった。彼の暗殺の対象は人間のＶＩＰや地球外生命、人工知能を組み込んだ人工生命体を含む70人に及んだという。彼の語ることは当初ほとんど注目されなかった。信じられないようなその話を裏づける証拠が十分ではなかったからだ。しかし、近年世間に知られるようになったグッドやクラーマーの証言がレルフの主張の核心部分と一致することが分かってきた。ここに至ってレルフの驚くべき証言とクラーマーの証言を、そしてこれまでグッドが述べてきた証言を比較研究する必要が生じた。

マイケル・レルフの火星での秘密任務

『The Mars Record（火星での経験）』を書いて出版したのは運動療法の専門家ステファニー・レルフである。ステファニーは１９９６年にレルフと出会い、彼の心の問題を克服する手助けをしようと決意した。彼女はレルフをトラウマから解放させる療法を開発して彼にそれを施していったが、その過程で彼の火星での秘密任務がしだいに明らかになっていった。

『The Mars Record（火星での経験）』はマイケルの記憶回復を助けるためにステファニーが用いたプロセスを詳しく綴《つづ》る一方で、多くのことを明らかにしてくれる。まず「火星防衛軍」および秘密宇宙計画での20年間のマイケルの軍務の中身を教えてくれる。また、記憶の回復を妨害する多種のマインドコントロールの克服法を紹介し、人間の心の深部に隠れている記憶を蘇らせる方法を明らかにする。さらに、火星と秘密宇宙計画の情報が世に知られるのを妨げようとする陰の力の介入を2人がどう乗り越えたかも明らかにする。

マイケル・レルフの話は、グレイに誘拐されたと記憶する6歳のときに始まる。その後何年かにわたって「グレイたち」はレルフの超能力のグレードアップをはかった。彼は子どものときに正式の軍事教育を受けた記憶はないという。しかしグレイが何をしたにしろ影の政府がその事態をモニターしており、かつレルフに対する彼らの将来のプランを持っていた。2000年2月のインタビューでレルフはそれについてこう述べる。

これまでずっと「実験室のラット」だったような気がします。父に遺伝子の改変が施され、私にもその影響が出ました。子どものときにも、成長の過程でも、私に対して遺伝子の改変が行なわれました。あるとき海軍から入隊を勧められました（実際はプログラムで決まっていたのですが）。影の政府は私の心理特性を知っていたのです。*2

『The Mars Record（火星での経験）』でレルフはエイリアンによる誘拐を当局はどうモニターしたかを詳しく語っている。

政府が関わっていました。エイリアンもです。父は何らかの理由で政府のために働かされていました。私のことは父を通して知っていたのです。（中略）彼らは父に対して何かをしました。彼らが行なったことの結果として私があるのです。[*3]

彼の海軍入隊は秘密計画にすでに組み込まれていたとレルフは語る。

入隊は仕組まれたことでした。私が海軍に入隊したのは偶然ではありません。彼らはすべて分かったうえで私を海軍に導いたのです。私たちは賢いから選ばれたのではなく、自分が持つ遺伝子ゆえに選ばれたのです。それは小学生のときにすでに決まっていたことでした。[*4]

1976年にレルフは海軍に入り、まもなく極秘軍事計画への勧誘を受けた。彼はそれを受け入れ、秘密宇宙計画での20年間の軍務を約束する書類にサインした。彼は「火星防衛軍」の任務に就くことになり、「ジャンプゲート」と彼が呼ぶ瞬間移動装置によって火星へ向かった。

夜中に人が2人入ってきて起こされました。ついてくるように言われました。私はまだちゃんと目が覚めていませんでした。廊下を歩いていくと将校がいました。彼は私たちに計画について説明しました。真夜中過ぎでした。私たちは志願兵になるよう勧められました。私は部屋に戻る機会を与えられませんでした。また廊下を連れていかれました。また兵舎の中でした。１つの部屋に連れていかれました。掃除用具部屋か何かに見えるようにカモフラージュした部屋でした。地下へ行く階段がありました。五大湖海軍基地の地下で、地下空間がありました。（中略）トンネルです。私が配属された基地は火星基地でした。そこへはジャンプゲートによって行きました。三次元を超える空間を移動するトンネルのようなものです。[*5]

レルフによると、火星にいる間、彼の超能力は化学物質やテクノロジーによって人工的に高められ、遠くの出来事を見たり（遠隔視）、離れた出来事に影響を与えたり（遠隔影響）できるようになった。最後は心霊力で暗殺が行なえるまで彼の超能力は強くなった。自分はそれに向いていたと彼は言う。

ＴＲＶ（戦術的遠隔視）チームに属する人間がみんな暗殺任務に選ばれるわけではありません。有能な暗殺者になるためには一定の性格が求められます。私は冷淡で非情で傲慢な性格です。（中略）高い超能力も持っています。「むき出しの馬力」があると言ってもいいでしょう。最終的に70人暗殺しました。そのうちの一部はレプティリアンです。私はその任務をやり遂げました。非常に有能だったのです。[*6]

増強された超能力――彼には今もそれがある――を使ってレルフは各種の任務をこなし、ついには心霊力による暗殺を行なうまでになった。

さまざまな場面で実行した任務は、偵察（情報収集）から防御、攻撃まで多くの分野にわたります。

「偵察」――情報収集、スパイ行為などです。遠隔視は遮断されることがあります。遮断されないようにするにはコントロール能力と技巧が要ります。

「防御」――能力の「パワー」に応じた任務です。取るに足りない仕事――一般的な地区「監視」――から、地区の攻勢防御、基地の攻勢防御、標的のＶＩＰへの攻勢防御までいろいろあります。ここで言う地区は、地球上にもあれば地球を取り巻くエリアにもあります。防御は「メンタル」で行なうこともあります。また攻撃防御兵器システムにメンタルが接続されることもあります。

「攻撃」――遠隔視を攻撃的戦術兵器として使い、標的にしたＶＩＰを終わらせる（暗殺する）ことです。マシンを使うときでも、この仕事には高い「馬力」と他者への共感の低さが必要です。遠隔視はできてもこのレベルまで達する者はほとんどいません。

この仕事は「上達」します。私は防御を破ることが非常に巧みでした。経験を積むにつれて私は攻撃的になっていき、暗殺がうまくなっていきました。最終的には70人の標的を終わらせました。*7

レルフによると、ストレスを軽減するために任務のローテーションがあった。彼は希望して宇宙戦闘機のパイロットになり、そこでもテレパシー能力を使って火星防衛軍や秘密宇宙計画に敵対するエイリアンと戦った。彼はこう言う。

これがとてもストレスの大きい仕事であり、任務のローテーションが必要なことを私は「知って」います。別の種類の訓練を選択できたことも「知って」いますが、私は飛行訓練を選びました。*8（中略）このときは1人乗りの攻撃用宇宙船で仕事をしました。この任務でも私のテレパシーの「才能」が使われたと思います。*9

レルフによると、20年の軍務期間中は、彼も秘密宇宙計画の他のメンバーも地球上の人間や情報に接することが厳しく禁じられていた。レルフはこう語る。

計画は予定通りに進められました。火星基地にいる者（やがて元の時点に戻されるのですが）は地球の出来事や人間とリアルタイムで接することは許されていませんでした。ということは、基地への訪問はできず、VIPも立ち入りできないということです。*10

20年間の任務が終わった2002年［1996年の間違いと思われる］、レルフは年齢復帰とタイムトラベルのテクノロジーによって1976年時点に戻され、「普通の」人生の一部として海軍で6年働いた。彼は元に戻るときのことを次のように述べる。

年齢復帰はまったくうんざりでした。数週間、夢の中のような半ば意識不明状態に置かれて本当に飽き飽きしました。思い出せるのはそれだけです。1976年に戻る20年のタイムジャンプをしました。トンネルを歩いているあいだは何も起きませんでした。*11

年齢復帰という概念には根拠がないように思われるかもしれないが、老化を引き起こす遺伝子が発見され、各種のアンチエイジング・テクノロジーが開発されつつある。*12 しかし科学文献が公開される何十年も前から老化遺伝子を操作する極秘の遺伝子研究は行なわれており、年齢を逆行させることが実際に可能になっていたようだ。年齢復帰の過程が退屈だったというレルフの話からは、この種の高度な遺伝子セラピーの応用には骨の折れるプロセスが必要であることが分かる。

秘密の宇宙任務に就いていた記憶やその超能力を失わせるための各種のマインドコントロールがレルフに施された。彼はこう述べる。

任務が終わると20年の「年齢逆行」を受け、地球での以前の時間に戻されました。記憶を取り戻さないように「メモリーブロック」が埋め込まれました。超能力を邪魔し、私がいる場所や動きを追跡するためのインプラント（移植物）も埋め込まれました。これらのインプラントは私の家族生活や人間関係、健康、就職などに悪い影響を与えています。*13

さらにレルフは毎月拉致されて秘密宇宙計画当局による「健康診査」を受けさせられたという。この経験について彼は2000年に『The Mars Record（火星での経験）』の中でこう述べている。

関わりは今も続いています。毎月このグループのメンバーがやって来るのです。そのときは「意識変化状態」になって疑問も持たずに彼らについていくよう「プログラミング」されています。そして知らない場所へ運ばれて医療チェックを受けさせられます。脚の両方のつけ根から組織や細胞、生体物質が採取されます。そして帰されるのです。[*14]

しかしレルフは祈りやその他の手段を通して2002年から拉致を逃れられるようになった。彼は本の中で、自分の身に起きたことについて抗議し、彼が務めた任務への補償を求める当局へのメッセージを書いている。次のようなものだ。

約束の補償金はどうなったのでしょう。20年以上勤務した大佐階級に支給される月々の年金や健康保険を含む福利厚生が私には与えられるべきだと思います。早急に年金が支払われるよう求めます。[*15]

ところでレルフは、自分の経験の公表は彼をモニターしている秘密宇宙計画の高官によって黙認されていると言う。

こういった（問題解決のための）セッションを記録するのをやめさせようという動きはありませんし、何らかのグループの「正式な」接触もありません。もしかしたら彼らは誰も手が届かないところにいるためこの本など気にもしていないのかもしれません。あるいは「エイリアン」の存在を地球の人間たちに知らせようとする以前からの計画に役立てよ

マイケル・レルフのタイムライン

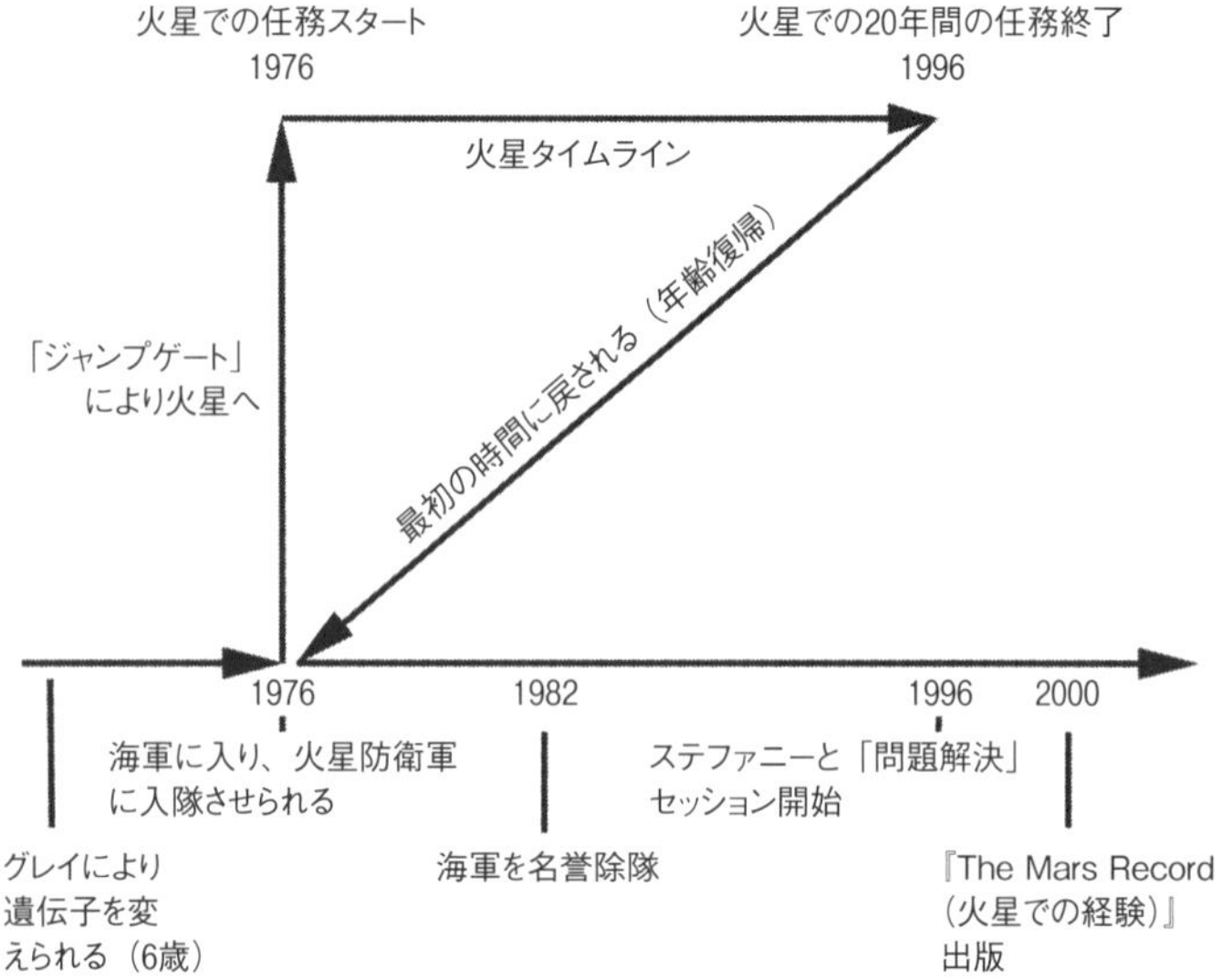

図30　マイケル・レルフのタイムライン

うとしているのかもしれません。[*16]

彼の本が公開されてまもなくの2000年2月、彼はウェブサイト「エイリアン・ラブ・バイト」[*17]のイブ・ローゲンのインタビューを、同年7月にはウェブサイト「サーフィン・ザ・アポカリプス」のテレサ・デ・ビートのインタビューを受けた。[*18]ウェブサイト「マーズ・レコード」「ステファニー・レルフが主宰するウェブサイト」にリストアップされているインタビューはこの2つだけだが、そのインタビューでマイケルとステファニーは彼の火星での秘密任務と秘密宇宙艦隊について質問されている。

「ジャンプゲート」テクノロジーで火星へ行き、さらに年齢復帰とタイムトラベルを経験したという証言者は他にもいる。[*19]しかし、軍の「標準実施要領」によって20年間の秘密任務に個人をリクルートする秘密宇宙計画が存在するとしたのは、2000年のレルフの証言だけだった。その状況が変わったのは2014年の初めのことである。

「火星防衛軍」で17年間軍務に就いたランディー・クラーマーの証言

2014年3月、ランディー・クラーマー——このときは「キャプテン・ケイ」という名前を使っていた——が1987年から2007年までの20年間、極秘の宇宙計画で軍務に就いていたと名乗り出た。私が彼に行なった5回のインタビューで、クラーマーは秘密宇宙計画での「記憶の完全復活」を初めて明らかにした。[*20] クラーマーによると、彼はまず「火星防衛軍」の歩兵部隊に17年間勤務したが、そこでの主な任務は「火星植民地社」が所有する5つの植民地を守備することだったという。[*21]

1987年にクラーマーはまず月面作戦司令部勤務の書類にサインさせられ、そのあと火星に連れていかれた。そこで何を言われたかを彼は次のように説明する。

アリーズ・プライム〔火星の1基地と思われる〕に着いた時点で、私たちが火星防衛軍（MDF）のメンバーであることを告げられました。MDFは民間が請け負う特定軍事組織で、主な任務はMCC〔火星植民地社〕とその利益を守ることでした。ここで告げられたのはこんなことです。お前たちは火星防衛軍の一員になった、これから短い書付けを渡すがそれにはどのスペースシャトルに乗ればいいかが書いてある、そのシャトルはお前たちをそれぞれの持ち場に運ぶ、お前たちはおそらく以後20年間そこで任務に就く、そこに着けば、自分が何をするのか、一緒に働くのは誰かなどが詳しく説明され、訓練用具も支給される等々。[*22]

クラーマーは軍務期間中に知らされた火星秘密基地の歴史についても述べた。

火星植民地社（MCC）は1974年か75年に設立されました。私が理解したところでは、MCCが最初に火星に行ったのは1960年代の中頃でした。しかし1970年代までは本格的な事業も準備的なことも行なわれませんでした。私が理解したところでは、短期間ながら調査隊が送られたのは1970年です。足掛かりを作るために何カ所かに入植して実際に採掘し、採算が取れる見込みがついたのは数年経ってからでした。本格的に火星に足を踏み入れ、採掘を開始したのは1975年頃のようです。説明を受け、私が理解したところでは1975年です。*23

クラーマーによると、火星での秘密任務が終わったあと彼は「地球防衛軍」と呼ばれる秘密宇宙計画のパイロットになり、葉巻型の宇宙船で太陽系のパトロールを行なった。インタビューの中でクラーマーは「地球防衛軍」での宇宙船の操縦訓練について語っている。

訓練は他の訓練と同じように基礎的なものでした。他の訓練と同じように説明があり、教室での授業があり、行進があり、シミュレーションがあり、実際の飛行訓練がありました。3種類の戦闘機と2～3種類の爆撃機がありました。大型の宇宙船――例えば月から火星へ行くような――の操縦訓練は受けたことはありません。それは別の訓練計画で行なわれるようです。そういう宇宙船を操縦するパイロットは私たちの養成所にはいませんでした。私たちが習ったのは小型の軍用機で、３種類の戦闘機クラスと２種類の爆撃機クラス――３種類目が加わることもありましたが――です。[*24]

宇宙パイロット訓練はどこで行なわれたかという質問に対して彼はこう言っている。

月に戻って行ないました。そのあとタイタン〔土星の第６衛星〕にある訓練組織へ移されました。そう、タイタンです。残り半分の訓練が行なわれたのはタイタンから離れたさらに遠いところ、太陽系でもずっと遠くのほうでした。ですから、最初はわりあい近い月面で、次は遠いタイタンで、そしてそのあとさらにいくぶん遠いところで訓練されたのです。[*25]

クラーマーは深宇宙での自分のパイロット任務をこう語る。

当時ノーチラス〈葉巻型宇宙母艦〉には４つの航空団があり、輪番制で任務にあたりました。（中略）母艦から出発して多くのパトロールを行なっていました。太陽系周辺部の警戒、四分円グリッドやら何やらの巡視、異常事態はないか、敵との衝突はないかに目を配りながらの作戦行動などです。[*26]

地球の情報にアクセスできたかどうかを聞くと、彼はこう答えた。

地球で何が起きているかの情報や新聞その他のメディアに触れることはすべて厳しく禁じられていました。そういったことの知識を持っていたり、それらについてコミュニケーションをしたりすると容赦ない懲罰が加えられました。それらはしてはならないことであると頭に叩き込まれていました。「地球で何が起きているだろうなどと考えていないか、自分の職務についてだけ考えているか、自分を点検してみろ。１００パーセント職務に専念しろ。地球のことで考えていいのは思い出したい楽しい記憶だけだ」と言われました。[*27]

クラーマーは自分が搭乗した空母の推進システムについてはこう述べている。

この部類の宇宙船は基本的に葉巻型です。（中略）前部があり、長い中間部があり、末端部があります。末端部にはエンジン部分と推進部分がありますが、推進部分は興味深い構成になっていました。（中略）私が理解しているところでは、原子力――核分裂か核融合――とそれより新しいテクノロジー、電気重力推進力か時空ドライブのような新しいシステム、それに従来の推進システムが組み合わさった複雑なシステムでした。[*28]

葉巻型母艦が時間ドライブを利用していたというクラーマーの言葉は、恒星間移動ができるこのクラスの宇宙船の進化の話――第5章で取り上げた――と一致する。

クラーマーによると、彼は20年間の任務に就く前、スーパーソルジャーとしての訓練を受けていた。「ムーンシャドー作戦」と呼ばれる12歳向けの訓練を受けたとき、クラーマーに対して身体能力を高めるためにマインドコントロール・テクノロジーが使われた。[*29] これはクラーマーが「スペシャル・セクション」(s. s.)と呼ぶ海兵隊の秘密部門によって行なわれた。彼や他の海兵隊s. s. 新兵に対して使われたマインドコントロール・テクノロジーは、他の秘密計画で一般的なトラウマが残るタイプのものではなかったと彼は言う。

私に対して使われたのは「木目に沿う」型のプログラミングだと説明されました。いつでも、どこでも、誰でも殺せるようなスーパーソールジャーを育てる「木目に逆らう」型のプログラミングではなく[ここで言う木目(grain)とは「性質」の意味]。ヒト科動物である私たちはそんなふうには養成されませんでした。訓練の主な目的は反抗する気持ちを「抑える」ことです。最高のスーパーソルジャーを育てることではなく、言いなりになる兵士を育てることです。「木目に沿う」型のプログラミングは、命令で相手を殺す兵士を作ることではなく、味方やテリトリーが危なくなったらそれを守ろうとする本能を作り出すことです。ですから、保護の対象だと教え込まれた人々に脅威が迫っていると説明されれば、兵士は手段を選ばず全力で相手を殺そうとします。*30

クラーマーが火星防衛軍や秘密宇宙計画について語る内容でおそらく最も重要なのは、彼が軍の指揮系統のもとで行動していたということだ。

あるときジェーミソン大佐からスマイズ准将と名のる人物に引き合わせられました。准将は、自分が従うことになっている「委員会」の「卑劣な奴ら」（准将の言葉です）のことや、彼らと海兵隊スペシャル・セクション（S.S.）のお偉方との深刻な対立について長々と私に説明しました。私には彼が置かれている状況がすぐ分かりました。彼の個人的な「前進」命令を受けたとき（彼は「前進し、君が知っているすべてを公表するよう命じる」と言ったのです）、私は「すべてですか？」と尋ねました。彼が「**すべてだ！**」と答え、私たちはある取引をしました。私が指揮系統の中で直接命令を受け、遠慮なく真実を語ることができると確信できるなら、それはウソではなく、**彼**は本気だと考えてもいいという取引です。誰も――敵であっても――私にそんなことをしてほしくはないだろうし、してほしいとも言わないでしょうが。しかし彼は、知る必要のある人々に知らせるためなら自分の名前を出してもいい、と言い――現に今私は彼の名前を出しています――、私は

ランディー・クラーマーのタイムライン

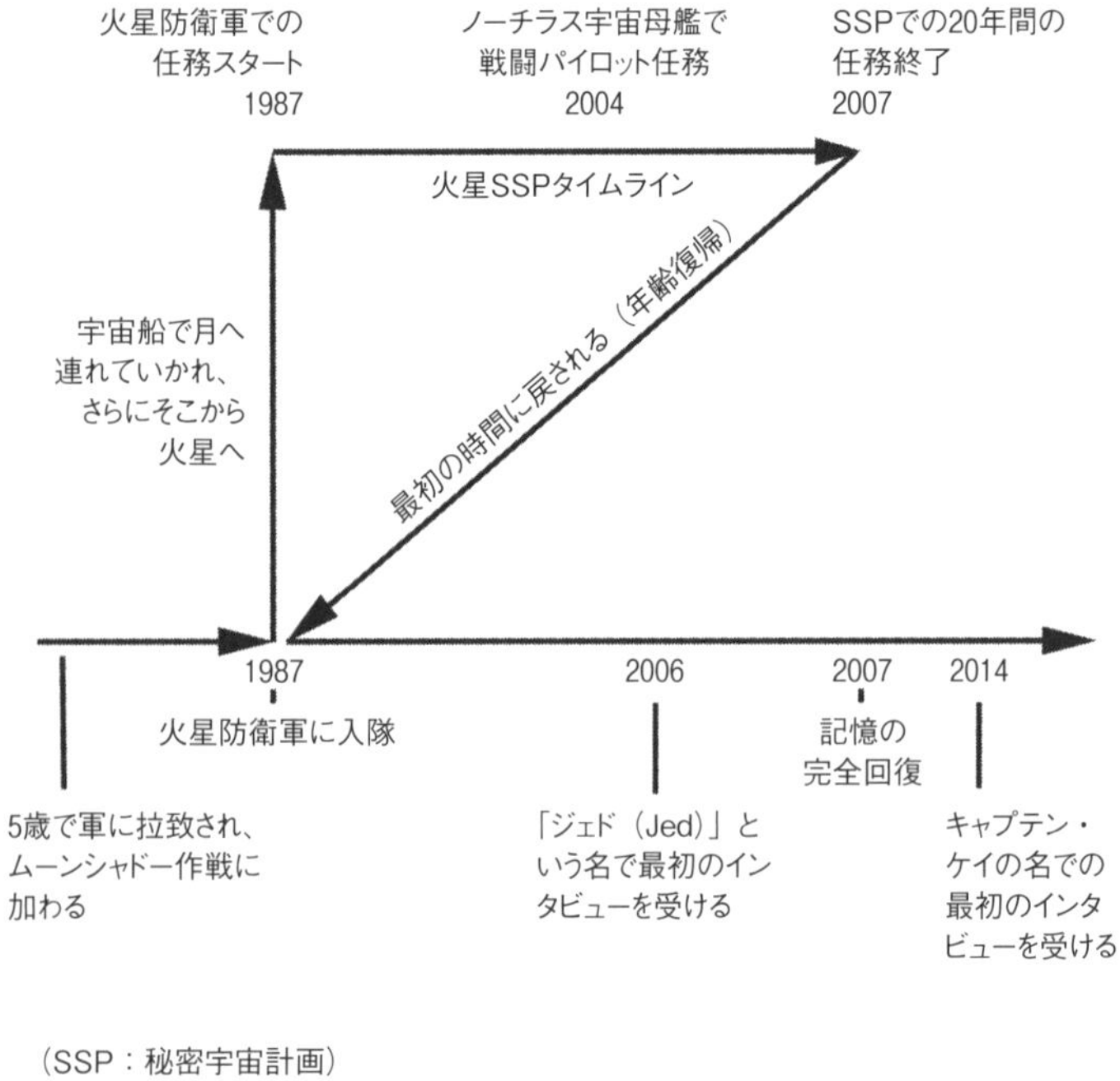

図31　ランディー・クラーマーのタイムライン

彼に——彼にだけ——従うようにと言われました。（中略）もし彼らがそれを気に入らないようなら、彼が言っている、あるいは海兵隊司令官（CMC）が言っていると言ってもいい、と彼は言いました。

レルフとクラーマー、共に火星防衛軍スーパーソルジャーだった2人の証言の比較

レルフとクラーマーの証言の間には重要な類似点があり、一方で相違点もある。どちらも火星にいるあいだ「火星防衛軍」のスーパーソルジャーだったと語る。また、身体能力を強化され、マインドコントロールを施されることで異星人や他の「敵」と戦う能力を身につけたという点も共通する。さらに2人はその任務期間中、地球で何が起きているかまったく知ることができなかった、と証言する。

火星での任務（レルフは20年間、クラーマーは17年間）のあと彼らは宇宙艦隊に移され、戦闘作戦その他の目的で使われる小型の宇宙船を操縦する訓練を受けた。どちらもキャプテン［海軍の場合は大佐、海兵隊の場合は大尉］の地位まで昇進したと語る。

そしてまた2人は年齢復帰によって当初リクルートされた時点に戻されたとも言う。年齢復帰に要した期間についてレルフは2週間だったと言い、クラーマーは数週間かかったと言う。[*31] 年齢復帰にそれだけの時間が必要だった理由をレルフは『The Mars Record（火星での経験）』の中でこう

述べている。「急速に若い年齢に戻ることには慎重でなければなりません。人格を失うことにもなりかねないからです」[*32]

2人のもう1つの類似点は、記憶を完全に取り戻せたのは普通の暮らしに戻って20年経ってからだということだ。レルフの場合、秘密任務は1976年から1996年までで、年齢復帰したあと同じ20年を「普通の」タイムラインで過ごした。彼がステファニーと記憶を呼び戻す作業を始めたのは1996年の末だった。一方、クラーマーが2つの20年間——宇宙と地上での1987年から2007年までの期間——を生き、記憶をすべて取り戻すことで前に進めるようになったのは2007年になってからだった。あるインタビューでクラーマーは、重なった2つのタイムラインが終わったときに初めて「記憶の完全回復」ができる、と言っている。

最後に、約束されていた特別手当と退職に伴う給付金が支払われていないという点も共通している。ステファニー・レルフはこう言う。

特別手当はどうなったんだろうと思います。軍に20年以上勤務したら受け取れるはずの年金を彼〈マイケル〉はどうやったら受け取れるのでしょう?[*33]

クラーマーも、入隊の際の正式な書類にサインしたときの下級将校の言葉を覚えている。将校は、この秘密任務を終えれば金銭的補償が受けられる、と言った。

彼は書類の山を取り出してこう言いました。君の契約書だ。私の仕事はこれを説明し、君の質問に答え、該当箇所にサインしてもらうことだ。それで君は次に進める。彼は私の質問に答えたあと、こう言いました。オーケー、これで20年間の任務の契約は済んだ。もう一度言うが、心配はいらない。大丈夫だ。任務を終えれば嫌な記憶はきれいさっぱり消えている。思い出したいとも思わないだろう。そのあと君は元の時間に戻り、年齢も元に戻る。そして改めて人生を続けるんだ。暮らしはいいものになるはずだ。時間も年数も失わない。そして楽な仕事に就ける。我々は君の面倒を見るし、君はちゃんとした暮らしができる。*34

レルフもクラーマーも、証言を公開することは許されている、と言う。レルフの場合それは彼の『The Mars Record（火星での経験）』の出版を妨害しないという形で間接的に行なわれた。クラーマーの場合は海兵隊Ｓ．Ｓ．（スペシャル・セクション）の准将が直接許可を与えた。

クラーマーとコーリー・グッドの証言の比較

次にクラーマーとグッドの証言の注目すべき共通性について見てみよう。彼らはどちらも非凡な才能のある子どもとみなされ、秘密プログラムで約３００人の子どもたちと共に訓練を受けた。クラーマーはそのプログラムを「ムーンシャドー作戦」と呼ぶ。それを行なっていたのはクラーマーが言うところの海兵隊ｓ．ｓ．で、そこでは他のプログラムと違ってトラウマが残るマインドコントロールは行なわれなかった。一方グッドの属したプログラムではトラウマの残るマインドコントロールが施され、それは古代「マヤ」文明が関係する秘密宇宙計画の援助で除去されるまで残った。

2人が共に証言するのは、家庭を離れていることを忘れるようなマインドコントロールを定期的に受け、キリスト教原理主義者の両親はまったくそのことに気づいていなかったということである。彼らが訓練に連れ出されるときは必ずタイムトラベル・テクノロジーが使われ、普段の暮らしには何の支障も生じなかった。

子どものときの訓練には本物の武器が使われ、特殊作戦戦術など普通の子どもにはとうてい不可能な訓練もあったという証言も共通している。クラーマーは、「ムーンシャドー作戦」の子どもたちは大人の特殊部隊と共に訓練され、部隊員は子どもたちの身体能力を過小評価していたことにすぐに気づかされたと言う。

グッドもクラーマーもそれぞれの秘密訓練プログラムを「卒業」すると、月の裏側の月面作戦司令部（ＬＯＣ）へ連れていかれた。クラーマーは、任務契約書にサインした場所は月の裏側で、そこから火星へ向かったと言う。グッドの場合は、まず「短期計画任務」を終えてからＬＯＣに行かされ、そこでの能力強化を経て秘密宇宙計画に配置された。

子ども対象の訓練プログラムに参加していた期間も類似している。クラーマーは5歳でプログラムに入れられ、12年間訓練されたのちの１９８７年、17歳で最初の部隊に配属された。グッドのほうは6歳で訓練が始まり、16歳だった１９８６年に短期の任務に就いた。そして17歳になった１９８７年にＬＯＣに勤務させられた。重要なのは２人とも１９８７年にＬＯＣに連れていかれ、そこから秘密宇宙計画（ＳＳＰ）の任務に就いたことだ。

両者に共通するのは20年間の軍務契約にサインしたことである。彼らが任務を終えた時点で告げられたのは、それぞれの出発時点――16歳と17歳――に年齢も時間も戻り、その後は何にも邪魔されることなく普通の暮らしが送れるということだった。しかし、クラーマーは記憶を消し去るマインドコントロール・テクノロジーによって記憶をすべて失くした状態で普通の生活に戻された。１９８７年から２００７年までの20年間、クラーマーは訓練やＳＳＰでの記憶を回復するために催眠療法や深い瞑想などを行なう必要があった。２００７年に大部分の記憶を取り戻したが、完全に記憶が戻ったのは２０１４年の初めになってからだった。

グッドもまた記憶を消すテクノロジーを使われたが、クラーマーと違って子ども時代の訓練の記憶が消えることはなかった。さらにＳＳＰでの記憶も70パーセント程度は残っていて、残りも徐々に蘇った。したがってＳＳＰでの任務の記憶に関してはクラーマーとグッドの間には大きな違いがある。クラーマーの場合、それは回復された記憶であり、グッドの場合は失われたことのない直接的な記憶だ。

2015年4月10日に電話でクラーマーと話したとき、私はグッドという秘密宇宙計画の証言者がいることを彼に教えた。クラーマーは、グッドが直感エンパスだとするならすべてを記憶していても不思議ではないと言い、驚かなかった。クラーマーによれば、特殊な心霊能力を持つ人間には記憶を消すテクノロジーや薬物が効かないのだという。

次に給付金等の問題に関してだが、グッドによると、彼をリクルートしたSSPは20年の勤務の代償として大学の奨学金や有利な仕事を約束したが、約束は守られていないという。クラーマーもまたレルフとの比較のところで書いたように、給付金のたぐいはいっさい支払われていない。当局は秘密の任務に就く人員を集めるためにそのような約束はするものの、他の秘密宇宙計画にマイナスの影響を与えかねないという理由から約束を守らず、彼らに情報もキャリアも名声も与えないまま放置しているということも十分に考えられる。かつて秘密宇宙計画に勤務し、同じような不満を持つ人々が補償を求めてこれから出てくることも考えられるだろう。

グッドが強調するのは、20年の任務の間ずっと家族を含め地球の人間たちとのコンタクトや地球に関係するニュースを見ることが禁じられていたということだ。つまり地球に関係する情報は完全にシャットアウトされていたのだ。これはクラーマーの場合も同じで、彼が火星防衛軍や地球防衛軍にいるときもそうだった。クラーマーによれば、秘密宇宙計画の上級将校でさえこのルールが適用されていた。

マイケル・レルフとランディー・クラーマーとコーリー・グッドの証言に共通することを表にす

表３　秘密宇宙計画証言者３人の比較

	マイケル・レルフ	ランディー・クラーマー	コーリー・グッド
訓練	超能力が持てるよう、６歳のときにグレイETによって遺伝子を変えられる。海軍によりモニターされる。	300人の子どもたちのグループで５歳から訓練され、スーパーソルジャーになる。	300人の子どもたちのグループで６歳から訓練され、直感エンパスになる。
火星防衛軍／SSPでの任務	超能力を持つスーパーソルジャーおよび戦闘パイロットとして火星防衛軍に20年勤務と主張。	スーパーソルジャーとして火星防衛軍に17年、パイロットとして宇宙で３年勤務と主張。	ソーラーウォーデンや他のSSPで勤務と主張。火星の植民地を数回訪れる。
20年間の任務	任務終了後の給付金を約束する契約書にサインした記憶がある。	任務終了後の給付金を約束する契約書にサインした記憶がある。	任務終了後の給付金を約束する契約書にサインした記憶がある。
年齢復帰	薬物と医療テクノロジーによって半ば意識不明状態に置かれ、２週間過ごす。	薬物と医療テクノロジーによって半ば意識不明状態に置かれ、数週間過ごす。	鎮静剤を与えられて動けない状態になり、長期にわたる年齢復帰期間を過ごす。
タイムトラベル	任務が終了したあと秘密任務に就いた最初の時点に戻される(1976)。	任務が終了したあと秘密任務に就いた最初の時点に戻される(1987)。	任務が終了したあと秘密任務に就いた最初の時点に戻される(1987)。
能力強化とスーパーソールジャー訓練	超能力を高めるためのマインドコントロールとグレイによる遺伝子改変。	超能力を高めるためのマインドコントロール。	直感エンパス能力を高めるためのマインドコントロール。
内密の公表計画への関与	火星での活動とSSPの公表を間接的に許可される。	火星での活動とSSPの公表を直接促される。	ソーラーウォーデンの将校たちと協力してSSPを公表。

SSP：秘密宇宙計画

れば前ページのようになる。

レルフとクラーマーとグッド、3人の証言の相違点

3人の証言には重要な点で異なるところもある。クラーマーとグッドは子どもたち300人のグループでひそかに訓練されたと言う。一方レルフには子ども時代の訓練の記憶はないが、グレイに定期的に連れ出されて各種の遺伝子実験を施されたことを記憶している。クラーマーは瞑想を含むさまざまな自助手段を通して20年にわたる記憶のすべてを呼び戻した。グッドの場合、記憶はほとんど失われておらず、失われていた部分も徐々に蘇った。それに対してレルフはステファニー・レルフによる洗脳解除とイエス・キリストへの帰依の結果として記憶を取り戻すことができた。

20年の任務を終えたあとのレルフとクラーマーの「普通の暮らし」についてももう1つ大きな違いがある。クラーマーは秘密任務を終えたあと再び軍に入ろうとしたが常に妨げられた。理由は、軍務に就くことで火星や秘密宇宙艦隊での任務の記憶が刺激されるのを防ぐためだった。にもかかわらずクラーマーは1988年に海軍に入隊した。だが新兵訓練を終えてまもなくの1989年1月、すぐに海軍を去るよう説得された。その背景にはマインドコントロールを含む外部からの介入があったと彼は言う。[*35] 奇妙なことに彼には入隊や除隊の正式な証明書がなく、その後軍に関係ない生活を送っている。対照的にレルフは20年の任務を終えたあと1976年に6年契約で海軍に入隊

している。彼は6年間海軍に所属し、名誉除隊証明書を受け取ったという。*36 クラーマーと違って彼は海軍を去るよう告げられたことはなかった。

レルフとクラーマーの2人はスーパーソルジャーになるよう訓練された。一方グッドの場合は、直感エンパスになる訓練は受けたがスーパーソルジャーになる訓練は受けていないという。またクラーマーとグッドは1987年にまず月面作戦司令部へ連れていかれて契約書にサインし、そのあとそれぞれのSSPに送られたと語る。一方レルフは1976年にジャンプゲート・テクノロジーによって地球から直接火星に送られた。

レルフとクラーマーの類似点の評価

火星での任務に関するレルフとクラーマーの証言を評価する際に考えるべき最も重要なことは、彼らの証言がきわめて似通っているのはなぜかという点だ。それは17年かそれ以上にわたる期間、火星で同じような経験をしたからなのか？　あるいは他者の記憶の混入（クロス・コンタミネーション）があるのか？　はたまた彼らは手の込んだ記憶操作作戦の対象になっているのか？　それぞれの可能性を検証する必要がある。

まず1つ目の可能性について。インタビューやネットのチャットフォーラムから分かるのは、彼らが自分の情報を人々に知ってほしいと心から願っているということだ。何より重要なのは何年にもわたる彼らの証言が一貫していることである。2015年までの15年のあいだ、レルフは自分は秘密宇宙計画に従事していたと証言し続け、その話の内容は変わっていない。レルフは今、手紙やオンラインなどさまざまな手段を通じて自分の主張する真実を公表するよう政府に訴えている。

クラーマーの証言の核心もまた一貫している。これを示すのが、彼が2006年にイブ・ローゲンから受けたeメールによるインタビューだ(このインタビューでは彼は「ゼド」(Zed)と名乗っている「クラーマーのタイムライン表では「ジェド」(Jed)となっている」[*37])。このインタビューでは、4歳[前のほうでは5歳となっている]で誘拐されてスーパーソルジャーになるための訓練を受けたこと、子ども時代の記憶を取り戻すためにさまざまな努力をしていることなどについてローゲンとやり取りをしている。このインタビューでは秘密宇宙計画での20年の経験の他に、「普通の暮らしに戻ってから」の経験も詳しく語っている。さらにこのインタビューで彼は宇宙船で月へ連れていかれたときの記憶も語っている。

大きな円盤型宇宙船に乗っていた記憶も抑圧されていました。宇宙船の直径は30mぐらいでした。宇宙船内部の上のほうを見ると、この世のものとは思えない不思議な光景がありました。窓はなく、宇宙船が動くと内部の天井全体がスクリーンのようになって外側が見えるのです。屋根がなくてまるで宇宙をそのまま見ているような感じでした。息を呑むような光景でした。パイロットにも他の乗員にも周囲360度が見えるのです。月の裏側に着き、訓練が行なわれる複合建築物へ連れていかれました。この建物にはいろいろな目的があったのかもしれません。私には予想もつきませんが。[*38]

ここで彼は火星については語っていないが、2014年の証言で「月面作戦司令部」と彼が呼んだ月の秘密基地についてはそれとなく触れている。2006年時点での彼の記憶は8年後の記憶に比べて不完全だ。しかし彼が思い出すことができた最初の記憶は、5歳から17歳までのスーパーソルジャー訓練だったという点では一致している。これは、2006年の彼の証言――まだ記憶を取り戻す過程にあった――から2014年頃の「記憶の完全復活」まで、彼の言葉には高い一貫性があることを示している。

レルフとクラーマーが世に現れてから（レルフは2000年から、クラーマーは2006年から）2015年まで――それぞれ15年間と9年間――の証言は一貫している。そのことは、彼らが秘密宇宙計画と火星防衛軍で実際に任務に就いていたことを示す。

検証すべき2つ目の可能性は、他者の記憶の混入あるいは記憶模倣の問題だ。レルフの証言が世に出たのは2000年初めで、一方クラーマーの証言が世に出たのは2014年4月。クラーマーはあるインタビューで、記憶を取り戻す過程でレルフの証言内容を知ったと認めている。[*39]しかし「ゼド」という名で受けた2006年のインタビューでクラーマーは火星での任務のことは語らなかった。だが彼の話の別の要素――MILAB（軍による誘拐）を受け、月へ連れていかれて子どものスーパーソルジャーとして訓練を受けた――は、彼が秘密宇宙計画で働くために訓練されたことを示している。クラーマーが秘密宇宙計画での任務の残りの記憶を取り戻そうとする過程で、最終的に彼は火星での17年間を思い出した。クラーマーの火星における記憶はレルフのそれよりずっと多くの内容を含んでいる。このことから、クラーマーの火星での記憶にはレルフの影響はなく、記憶混入はおそらくないだろうと思える。さらにクラーマーが2006年に回復した記憶は、彼の秘密訓練がひたすら火星での長期任務に向けた訓練だったことを確信させる。

検証すべき3つ目の、そして最もややこしい可能性は、クラーマーが――そしてレルフでさえ――手の込んだ記憶操作の対象かもしれないという点だ。レルフとクラーマーの証言は、催眠療法や運動療法、自助技法といった努力のあとに取り戻した記憶が基になっている。その記憶が、真実を見つけようとする彼らを混乱させ、誤解させ、違う方向へ向けさせるために彼らを管理してきた者たちが植え付けた偽りの記憶である可能性は常にある。レルフもクラーマーも、精巧な記憶操作実験の対象かもしれない。その場合、彼らの証言は陰に隠れている軍や企業、あるいは異星人の諜報機関のマインドコントロールの産物ということになる。

そうなると、レルフもクラーマーも『影なき狙撃者』［「洗脳」の問題を取り上げたアメリカ人作家リチャード・コンドンの小説。1962年と2004年に映画化されている］を映画化した2つの作品で描かれた人物のような犠牲者だということになる。このような記憶操作実験の目的は、人々が秘密宇宙計画や地球外生命についての作り話をどの程度受け入れるかを見てみること、あるいはこれらの問題が遠からず公表されたときの心理的衝撃に備えさせることなど、いろいろあるかもしれない。

しかしマイケル・レルフの場合、妻のステファニーはきちんとした運動療法を行なう専門家であり、この療法のおかげでレルフは火星での秘密任務に関する幾重にも積み重なった欺瞞を明らかにし、それらを取り除くことができた。[*40] レルフ夫妻は、MKUltra（ＭＫウルトラ）タイプのマインドコントロール［ＣＩＡが行なうマインドコントロールのコード名。自白を強要するためにドラッグを用いるなど、違法なことも行なわれているとされる］を通してマイケルの記憶に介入し、あるいは記憶を破壊しようとする行為が実際に行なわれていることに気がついた。『The Mars Record（火星での経験）』は、レルフが経験した真実を明らかにするために夫妻が使った体系的な取り組みを詳しく書いている。それによって私たちはマイケルの証言が火星での経験のかなり正確な反映であるという確信を得られる。

マイケル・レルフと違ってクラーマーは自分ひとりで記憶回復に取り組んだので、MKUltra タイプのマインドコントロールを一掃する体系的な取り組みをしたのかどうかを示す記録が存在しない。クラーマーは、記憶の回復と独立した行動を邪魔するマインドコントロールをすべて取り除くことに成功していない可能性がある。その場合、クラーマーは植え付けられた偽りの記憶をあくまでも自分の経験だと信じているかもしれない。この可能性を持ち出したのは火星のアノマリー研究者アルフレッド・ウェバー・Ｊ・Ｄである。彼は、クラーマーは秘密宇宙計画で働いたことのある誰かの記憶をダウンロードされている、と言う匿名の人物の言葉を引用する。

かつて火星防衛軍に属し、今はこの世にいないメンバーの特定の記憶がダウンロードされてランディーに埋め込まれている。しかし彼はそのことに気づいていない。それが真相だ。（中略）これは人々に火星や地球での宇宙政治（エクソポリティカル）状況を知らせようとする火星防衛軍内の人間たちの善意の取り組みなのだ。[*41]

ウェバーの憶測に関してクラーマーはインタビューの中で、感情も含まれている記憶が偽りであることはあり得ない、と語る。[*42]クラーマーは、自分には脳にインプラントが施されていて、ジェーミソン大佐とスマイズ准将とのあいだで電子テレパシーによるコミュニケーションができると認めている。[*43]このことは彼が外部から影響を受けている可能性を強める。

インプラントの種類はいろいろあります。というのは、私の体のどこかにいくつか違うタイプのものが埋め込まれているのを私自身知っているからです。私の居場所を探知する単純なものもあれば、オーディオやビデオにリンクしているものもあります。眠っているあいだにバーチャルな教育や訓練を行なうものもあります。私の体内には、細胞の損傷を修復したり特異な感染症と闘ったりする機能を持つ多くのナノマシンがあります。神経の損傷を治療するためにこれを2度使いました。自分に合ったやり方でそれらを使うことができるのです。インプラントは種類に関係なく双方向のコミュニケーションを可能にしますので、互いにデータを受け取ることもできれば指示を送ることもできます。非常に複雑な仕組みで、秘密科学の1分野です。*44

このクラーマーの言葉は、衛星を使って離れたところから個人をモニターしたり、あるいは影響を及ぼしたり、あるいはコミュニケーションしたりできるインプラント・テクノロジーの特許の要約書で裏づけられる。*45 したがって、クラーマーは彼の証言の人々への影響を追跡するためにモニターされているかもしれず、1つかそれ以上のインプラントを通して遠方からの作用を受けているかもしれない。

レルフとクラーマーの証言の核心部分はきわめて類似しており、火星での秘密任務について重要な側面を明らかにする。レルフの記憶回復の期間中にクラーマーがレルフの証言に出会い、その結果重大な記憶混入が起きたようには見えない。第3の可能性――記憶操作――はレルフの証言に関しては排除できるが、クラーマーに関しては排除できない。

レルフの証言は火星防衛軍での20年の経験を正確に反映していると結論づけられ、同じような経験をした人々の証言の正確性評価の指標になる。一方クラーマーの火星での記憶に関しては、脳インプラント・テクノロジーによって電子的な影響を受けている可能性が否定できない。あるいは、クラーマーの記憶はかつて火星防衛軍に属した死者からダウンロードしたもの——クラーマーはその可能性を否定するが——というウェバーの言葉を検討する必要があるだろう。どちらのシナリオも2つの疑問を提起する。クラーマーの記憶はそれを利用して人々をミスリードすることを狙ったものなのか、あるいは秘密を公開しようとする海兵隊の秘密部門による善意の試みの一部なのか、という疑問だ。

クラーマーとレルフの証言の検討から推測されるのは、レルフの証言のほうが真実に近いのではないかということだ。いずれにせよ、クラーマーとレルフは火星や秘密宇宙計画で何が起きているかについて人々が知る準備をすることを望む秘密宇宙計画の一分派から証言を許され、あるいは促されたという結論が導き出される。

クラーマーとグッドの類似点の評価

ランディー・クラーマーとコーリー・グッドの証言もかなり類似している。先に世に現れたのはクラーマーのほうだった。ExoNews TVで5回にわたって放送されたインタビューで彼が「完全な証言」を行なったのは2014年4月。[*46] グッドが初めて証言を公にしたのは2014年9月である。人気のある『プロジェクト・アバロン・フォーラム』の創立者ビル・ライアンの代理でクリスティーンが彼にインタビューをしたのだ。インタビューの1回目は2014年10月にYouTubeで流された。[*47]

グッドは2014年7月にキャプテン・ケイ（クラーマーの別名）の情報に関して『プロジェクト・アバロン・フォーラム』に投稿をした。彼はそこでこう書いている。「キャプテン・ケイはインタビューでいい情報を語っている。秘密宇宙計画に関心のある人はぜひその話を聞いてほしい」[*48]彼は自身が表に現れる2カ月前にすでにクラーマーの証言を知っていたのだ。クラーマーの情報を「ぜひ聞いてほしい」というグッドの言葉は、クラーマーの証言は正しいと彼が認めていたことを示している。ここから、グッドにはクラーマーの証言を基に似たような話を作り上げる意図はなかったことが分かる。

このことは2014年3月にグッドから始まったスレッドでも証明される。このスレッドは『プロジェクト・アバロン・フォーラム』上で「アメリカは太陽系を守るための『ソーラーウォーデン』計画の宇宙艦隊で8基の葉巻型UFOを所有している」[*49]というタイトルで始まった。スレッドの2つ目の投稿でグッドはこう書いている。

> 宇宙艦隊は実際にあり、何十万もの人々がさまざまなレベルで別々に働いているが、誰もが自分のすべきことを知っている。[*50]

その後の投稿でグッドはSSPに関する知識を次々に明らかにし、2014年9月に最初の録音インタビューに応じ――10月に公開された――初めて表に現れた。『プロジェクト・アバロン』の投稿を分析してみると彼はSSPを熟知しており、その知識を基に語っていることが分かる。彼の話は2014年4月に世に出たキャプテン・ケイ（クラーマー）の証言の焼き直しではない。キャプテン・ケイが**証言を開始する前**の2014年3月に彼はSSPについて最初の投稿をしているのだ。クラーマーはクラーマーで、私が2015年4月10日にグッドのことを話すまでグッドのことはまったく知らなかった。

グッドとクラーマーの証言から分かるのは、2人は別々の秘密宇宙計画の中にいて似たような訓練を受け、似たような任務条件のもとにいたということだ。2人の一連の証言には独立性が見られること、どちらにも記憶混入の形跡が認められないことを考えれば、両者の類似点は2人の証言の真実性を互いに裏づけていると結論づけるべきだろう。

結論

現在その証言に共通点を持つ3人の証言者がいる。共通点とは、子ども時代に特異な能力が見出され、その後に遺伝子の改変や訓練が施されたこと。次いで秘密宇宙計画にリクルートされ、任務を終えたあとは年齢復帰とタイムトラベル・テクノロジーによって普通の暮らしに戻されたこと、普通の暮らしに戻される前に記憶をすべて除去する処置がなされたこと、だ。

さらに重要なのは、程度の違いこそあれ3人とも自分の経験を公にするよう、それとなく——あるいは明白に——軍の上部から促されたことである。レルフの場合は妻のステファニーが2000年に出版した本を続けて出版するよう暗に激励された。当時レルフはまだ普通の暮らしに戻った人間をモニターする秘密プログラムのために連れ出されていたにもかかわらず。これが行なわれたのは、第8章で述べた1997年のウィルソン海軍中将の出来事のあとであり、また1990年代にソーラーウォーデン計画と他の秘密宇宙計画の間にあったとグッドが語る争いのあとである。さらに、Dr.スティーブン・グリーアの「ディスクロージャー・プロジェクト」［機密情報公開のためにグリーアが設立した組織］がペンタゴンと秘密宇宙計画の「ホワイトハット」からひそかに支援を受けたり、あるいは文書がリークされたり、あるいは内部告発者の証言が許されたりした時期でもある。[*51]

クラーマーの記憶の正確性については、インプラントによって何らかの電子的な作用を受けている以上疑問が残ると言わざるを得ない。レルフの場合は、彼のマインドコントロールの影響を解除するためにステファニーが行なっている運動療法の厳密なフィルタリングがあるので懸念はあまりない。グッドに関しては、彼がエンパスであるがゆえに秘密任務を終えたあとの記憶の除去を本当に防げたとしたなら、懸念はまったくないと言っていいだろう。さらに近年の彼の経験——2015年に秘密宇宙計画に関係する会議に出席している——の記憶から見て、彼がマインドコントロールされていないことは明らかだ。

レルフとクラーマーとグッドに互いの記憶混入がないことはその証言から分かる。ここから、彼らはそれぞれの20年の任務の記憶を誠実に明らかにしようとしているという結論を下すことができる。レルフとクラーマーは火星で驚くべき経験をしたと述べるが、グッドもまた20年間の任務中に火星で過ごしたことがあり、2015年6月には視察のために火星を訪れたという。そして火星と他の秘密宇宙計画で今気がかりなことが起きているとグッドは明かす。太陽系内で行なわれている強制労働と恒星間の人身売買である。

第14章

秘密火星基地で行われている
企業支配、強制労働、恒星間人身売買について

第二次大戦中、ナチスSSは宇宙旅行が可能な空飛ぶ円盤や戦争で使用するスーパー兵器を製造できる産業帝国建設の夢を追求し、何百万もの人々を強制労働で働かせた。ドイツの敗色が濃くなった大戦末期、ナチスSSはいつの日にか夢を実現させようという希望のもとに、急速に縮小していく資源や人材を南アメリカや南極の秘密基地へ移動させた。

前に述べたように、ブリル協会は戦前から戦中にかけてその秘密宇宙計画を南極の3つの基地に移動させており、ナチスSSはそのブリル協会と協力した。ナチスSSとSS内の「ブラック・サン」のエリートたちは、ブリル協会の南極基地で先進兵器と宇宙船の建造を続ける。彼らのテクノロジーの進歩は急速で、バード提督の「ハイジャンプ作戦」――1947年にナチスSSの南極基地の位置特定とその破壊を目的に行なわれた米海軍の遠征――を打ち破った。次いでナチスは、トルーマンとアイゼンハワーの両政権に圧力をかけて秘密協定を結ぶことに成功。さらにアメリカの軍産複合体と企業が進める宇宙計画――惑星間企業複合体（ICC）――に広く潜入し、それらの多くを乗っ取る。ナチスが潜入した軍産複合体は、地下深くにある軍の基地やICCの施設でナチ

スＳＳの核にあるイデオロギー、すなわち強制労働を継続した。
ナチスの軍需大臣だったアルベルト・シュペーアはシュパンダウ戦犯収容所から釈放された１９６６年に、戦争に勝利するためのスーパー兵器製造のためにヒムラーのＳＳが開発した産業インフラに関する本を書いている。その著書『Infiltration: How Heinrich Himmler Schemed to Build an SS Industrial Empire（侵入：ハインリッヒ・ヒムラーによるＳＳ産業帝国樹立計画）』で述べられているのは、彼が勤務を命じられた巨大な地下施設ではスーパー兵器を製造するために何百万もの人々が強制労働下に置かれていたという事実だ。

ヒトラーとヒムラーは約１４６０万人もの人々を死ぬまで働かせ続けようとしていた。どう考えてもまともな計画とは思えなかった。忘れてならないのは、１９４２年から１９４５年にかけてザウケル（ナチス政権の労働力配置総監）は、ドイツでの産業労働に就かせるために占領地から７６５万２０００人を強制的に連れてきたことだ。[*1]

ナチスＳＳは戦争に勝つために何百万もの人々を使っていたのみならず、アメリカとの最終戦争に備えて平時にも強制労働を実行し続ける計画を立てていた。

「平時のドイツ帝国」のビジョンはこのように、死ぬまで奴隷状態に置かれる何百万もの人々――政治的な反対勢力でもなければ人種的な敵でもない人々――の存在を前提に構想されていた。彼らは「売春宿」のある収容所に終生住まわされることになっていた。ウラル山脈まで拡大する計画のこの奴隷帝国は、最大の敵アメリカ合衆国を征服するためのヨーロッパにおける動力源になるはずだった。*2

コーリー・グッドは、地球、月、火星その他にある惑星間企業複合体（ICC）の秘密基地は、ナチスSSの核心的イデオロギーである強制労働を受け継いでいると言う。*3

シュペーアの本から分かるのは、最終的にアメリカを征服するためにナチスSSは巨大な地下施設「奴隷帝国」を使ってスーパー兵器を製造し続ける計画を持っていたということだ。グッドによれば、ナチスSSは第二次大戦中に軍事的手段でアメリカに勝利することはできなかった代わりに、1950年代にひそかなクーデターを行なってアメリカの軍産複合体に侵入し、その主要部分を乗っ取った。その結果、地球その他の多くの地下基地の「奴隷帝国」で企業秘密宇宙計画のための新世代の先進兵器や宇宙船が製造されている。これらの計画は、惑星間企業複合体（ICC）などの秘密宇宙計画にうまく潜り込んだナチスSSの生き残りの影響を強く受けており、そのICCは火星に多くの基地を有している。

火星における強制労働

2015年6月22日、グッドは2日前に「秘密宇宙計画（SSP）同盟」の他のメンバーと行なった火星への視察旅行のリポートを発表した。[*4]「星間同盟」と呼ばれる高度な異星人グループに属するブルー／インディゴ惑星人が彼の自宅に迎えに来たという。「星間同盟」は地球の各種の秘密宇宙計画を含むすべての会議にグッドを代表として出席させている。グッドはブルー／インディゴ惑星人によって月の秘密基地「月面作戦司令部」に連れていかれ、そこでゴンザレス中佐（偽名）と会った。中佐は地球外生命と高度なテクノロジーについての真実を世界に知らせたいと望んでいる「秘密宇宙計画（SSP）同盟」の代表だった。

グッドとゴンザレスにはそれぞれ直感エンパス（IE）のアシスタントが1人ずつ付いた。直感エンパス（IE）アシスタントはグッド自身が1987年から2007年にかけてソーラーウォーデンその他の宇宙計画で務めた任務だ。「惑星間企業複合体」の代表が1人火星まで付き添った。

グッドによると移動には30分かかった。地球から見て火星が太陽のこちら側にいるときは普通これより数分速い。このときは距離が約2億5000万マイル（4億2000万km）あり、速度は光速の4分の3の速さだった。普通のロケットなら同じ距離を移動するのに260日はかかるだろう。

彼らの火星到着後のことに関して惑星間企業複合体（ICC）とSSP同盟評議会の間で合意さ

れた条件のことをグッドは次のように語る。

ゴンザレスはＩＣＣの代表に再度次のように告げました。我々の出した条件――安全のために武器を保持すること、会談の場所を1回は軌道上にすること、我々が選んだ家族に、避難場所の提供を受けたいかあるいは元のコロニーへ戻りたいかを尋ねるのを許可すること――に同意してもらったことを感謝する、と。私は座って聞いていました。私は交渉には加わっていませんでしたが、何か新しいことが聞ければと思ったからです。[*5]

火星に着くと、付き添ってきたＩＣＣの代表はゴンザレスに北半球にある複数のＩＣＣ施設のリストを渡した。北半球は基地を監察するのに適しているのだと彼は言った。それに対しゴンザレスはリストになかった南半球のある場所の視察を要請した。最初その存在を否定していた代表は非常に不安そうな表情を見せた。ゴンザレスが、最新の情報でその基地があることは分かっていると言うと、相手は上司と連絡を取り、その基地の準備に1時間かかると言った。

南半球の基地に着いたあと、グッドたちは基地の住民に向かって話してもらいたくないことを代表から告げられた。

代表は住民との会話の内容や基地のトップについて説明しながら、注意深く私たちの反応を観察していました。この施設の住民は何代にもわたってここに住んでおり、地球は大洪水のためにもはや住むことが不可能になっていると数十年間信じ続けている、とも言いました。私たちがそれは事実ではないと言ったり、そもそも自分たちは地球の表面からやって来たと明かしたりすれば社会に混乱が起きる。そういう事態は起こさないでほしいと彼は言いました。[*6]

そのあとグッドとゴンザレスは基地のトップに会った。トップによると、この施設の第一の目的は数十年かけた社会的実験を行なうことだという。

中に入ると基地のトップは私たちに次のような説明をしました。人々は地球が今も繁栄しているとは知らないし、そのこととSSP同盟が宣伝している奴隷論の間には関係がなく、これは複雑な「社会的実験」なのだ、と言いました。基地のトップが強調したのは、人類に貢献する社会的実験にマイナスの影響を与えないよう注意してもらいたい、ということでした。ゴンザレスのほうを見ると、彼は私を見て目をぐるりと回しました。それから基地のトップは会議のために「メインホール」の準備をしているところだと言い、まずは地下鉄で8㎞のところにある工場へ案内すると言いました。会議のあとに居住地に行って人々に会い、その生活状態を見たあと1家族に私たちと一緒に火星を去る意思があるか尋ねるといい、と言いました。[*7]

グッドは、地球の表面は大洪水で荒廃していると教え込まれている基地の警備チームの1人に、自分はテキサスから来たとうっかり洩らした。これが原因となって警備チームに騒ぎが広まり、その結果隊員の入れ替えが行なわれた。

このとき別のモノレールが入ってきてそこから警備隊員がたくさん出てきました。彼らは私たちに動くな、と言い、それまでの警備チームをばらばらにして武器を没収するとモノレールに乗せて連れ去りました。私たちには別の警備チームが付けられ、「イア・ウィグ」（耳に取り付ける連絡装置）を着けたICCの代表から、警備に関係することでない限り警備チームと言葉を交わさないでもらいたいと告げられました。[*8]

次いでグッドとゴンザレスと警備チームは大きな会議場へ連れていかれた。そこには多くの居住者とそのリーダーたちがいて、リーダーたちは施設で生産される先進的なテクノロジーについてプレゼンテーションを行なった。彼らは、900の異星人文明と協定を結んでいると得意げに語った。

私たちは「メインホール」へ連れていかれました。そこは人々が日々プロパガンダを聞かせられる場所のようでした。ICCのリーダーも数多くいましたが、せわしなく歩き回っていてその数を数えるのは困難でした。私たちは席に着かされ、大きな「スマートグラス・スクリーン」で彼らの宣伝を見せられました。各種のテクノロジーによる生産、そのテクノロジーと交換で獲得しているものが映し出されました。また約900の文明と貿易協定を結んでおり、さらに多くの文明とも取引をしていると説明されました。多種多様な宇宙船とそのコンポーネントが映し出され、それらは他の文明に取り入れられているとも説明されました。また、近くのナチュラル・ポータル・システムを使って定期的に彼らの領域を通行する文明と宇宙間政治協定を結んでいる、という説明もありました。そのポータル・システムは「コズミック・ウェブ」(宇宙のクモの巣)の一部です。*9

さらにグッドは、彼とゴンザレスと彼らの警備チームが基地のトップによって拘置された出来事についても語った。それはグッドらと共に月面作戦司令部へ行き、火星の施設について報告することになっていたある家族をめぐって起きた出来事だった。

私たちが同行を決めた家族のことをゴンザレスがICCの代表に告げました。代表はその家族の住居の番号を教えてくれました。15分後に、ドアにアルファベットと数字が書いてある家から夫婦とティーンエージャーの息子、ティーンエージャー前の娘が、それぞれ小さなバッグを手に現れました。彼らは冷静でしたがちょっと緊張しているように見えました。（中略）（乗り物の）ドアが閉まるとゴンザレスは彼らのほうを向き、裏切るようなことはしないから心配しなくてもいい、と言いました。彼は「今はいないけれど他にも家族はいるんだね」と言いました。父親が「どうしてそれが分かるんですか？」と聞きました。ゴンザレスは私たちの警備チームを見て「彼らにはそういう能力があるんだ」と答えました。すると家族はみんな黙り込み、もう何も話そうとはしませんでした。ゴンザレスは慌てて、自分がこの事態を解決しようと言って彼付きの２人の警備員と共に基地のトップと会うために乗り物を出ていきました。[*10]

グッドによると、基地のトップはゴンザレスに詰問されると腹を立ててゴンザレスを留置場に入れ、すぐにグッドと警備員も留置場に送り込まれた。廊下を歩いているときに見たものをグッドはこう述べる。「いろいろな精神的苦しみを抱えた人たちが独房に閉じ込められているのが目に入りました」[*11]

ゴンザレスは基地のトップを「圧制者かつ誇大妄想狂」と呼んだが、その人物から最悪の扱いを受けるのではないかと恐れていたグッドたちを救ってくれたのが「星間同盟」に属するブルー／インディゴ惑星人だったとグッドは明かす。

1分も経たないうちに、私たちがそれぞれ入っている独房の壁を「ブルー／インディゴ」惑星人が勢いよく通り抜けてきました。彼らは数秒間ダンスをし、他のSSPの隊員が壁にもたれかかり壁を通り抜けました。ゴンザレスがこの移動手段について説明してくれました。私たちはSSP隊員のあとについていき、すぐにこの旅の出発点である月面作戦司令部（LOC）に戻りました。

安全なLOCに戻ったあとゴンザレスは、「今回のミッションによってICCが火星で何をしているかよく分かった。いい情報が得られた」とグッドに語った。

ゴンザレスはこう言いました。ICCの目的は思想宣伝だ。最近の報告でICCが奴隷貿易と強制労働を行なっていることが知られるようになったが、これまではそんなひどいことが行なわれているとは誰も思わなかった。それが知られたことにICCは非常に狼狽している、と。[*12]

火星におけるICC施設の視察のあとのグッドのリポートによって、強制労働が実際に存在することが確認された。少なくともこれらの施設の一部では、異議申し立てを認めない専制的な指導者によって人々が精神を操作され酷使されている。この秘密の施設で生産される高度なテクノロジー製品は、驚くべき数の――ICCの代表の言う通りなら900に上る――異星人文明との貿易協定で重要な交換物資になっているようだ。

火星その他の太陽系の秘密基地では、企業複合体が人間の労働者を強制労働下に置いて高度なテクノロジー製品を生産し、恒星間貿易を行なっている。これは大きな懸念を抱かせる状況だ。このような施設やそのトップへの監視はほとんど行なわれていないように見える。

イギリス惑星間協会が火星の独裁者打倒を検討

グッドは、自分が2015年6月20日に火星視察旅行を行なった具体的な証拠や文書は提示しておらず、ゴンザレス中佐もそのアイデンティティや視察への関与を示すべく公の場に現れることはしていない。だがグッドの言葉を裏づける重要な状況証拠がある。

2015年6月11日、イギリス惑星間協会がちょっと変わったテーマで2日間の会合を開いた。BBCのニュースによるとそのテーマは「いかにして火星の独裁制を崩壊させるか」というものだった。[*13] 会合では、ある企業が管理する火星入植地で1人の独裁者が社会全体を支配し、労働者の人権を踏みにじっているという認識が共有された。入植地自体を破壊することなく独裁者をどうやって打倒するか。会合に参加したのはその問題に真剣に向き合う著名な科学者やエンジニア、哲学者30人だったとリチャード・ホリンガムによるBBCのニュース記事は伝える。会合が開かれたのはイギリスの情報機関ＭＩ６（エムアイシックス）の本部から目と鼻の先にある場所だった。[*14]

６月11〜12日に会合が開かれていた頃、グッドによれば火星の入植地ではイギリス惑星間協会が討議していた問題とまさに同じ事態が進行していた。それはただの偶然だったのか？　あるいはイギリスの科学者や政策立案者たちは、ＭＩ６に近接した場所で火星の秘密入植地を支配する独裁者の権力剝奪の準備をひそかに進めていたのか？

公式には「地球外における自由Ⅲ――不服従、変革、解放」と称されたイギリス惑星間協会による会合をホリンガムは次のように短く解説している。

今回は地球外における自由についての３回目の年次会合だった。去年、同会は地球外入植地のための憲章の草案作りに取り組んだ。そこでは、宇宙における入植地経営は、合衆国憲法および権利章典［１６８９年にイギリスで成立した法律で、議会が国家の最高権力であることを定めた］を規範にした法律や権利に基づいて行なわれるべきだと結論づけている。[*15]

会合のまとめ役でエジンバラ大学宇宙生物学教授のチャールズ・コッケルはこう述べた。「今年は、自分たちが生み出した政府に賛成できず、それを倒そうと思うと何が起きるかを議論している」[*16]

そのシナリオはコッケルによると次のようなものだ。

我々が考えているシナリオは、宇宙における入植地がどのようなものかを考えれば容易に想像できる。数百人が住む円蓋に覆われた居留地はおそらく空気が薄くて埃っぽい火星の空の下にある。故郷である地球から2億2500万kmの彼方にある脆弱《ぜいじゃく》で孤立した入植地。そこにいるのは容赦ない独裁者と、酸素発生機を掌握するその仲間たちだ。[*17]

入植地で強制労働を実行している独裁者として最も考えられるのは、火星の入植地を管理する企業が派遣している人間だ。コッケルはこう語る。

我々がよく知っているように、私企業は最悪の政府と同じくらい残虐かつ独裁的になり得る。もし火星でストライキをしようとすれば、その会社はこう言うだろう。結構だ。そのときは気圧調整室［宇宙空間との間にある］へ案内するから真空の宇宙空間へ出ていくといい。[*18]

偶然と思えないのは、イギリス惑星間協会の会合についてのホリンガムの文章が放送された2015年6月22日に先述のグッドのリポートが公表されたことだ。[*19] 6月22日のグッドのリポートには前述のものに加えてさらに別の内容のものもある。

怒ってICCの代表と激論を交わしている基地のトップの脇を通って施設の警備チームは私たちを中に案内しました。何かうまくないことが起きて基地のトップは自尊心を傷つけられたか、あるいは部下たちの面前で権威に関わることが起きたかしたようでした。彼は自分より地位の高いICCの代表の話も耳に入らないほど激昂していました。[*20]

グッドのリポートのこの出来事は、ホリンガムの6月22日のニュース記事にある惑星間協会のシナリオと驚くほど類似している。企業のこの基地のトップは、自分の権威に逆らう者は企業の幹部であろうと許さない[*21]「圧制者かつ誇大妄想狂」なのだ。

6月11〜12日の惑星間協会のシナリオ、またそれに続く22日のグッドのリポート、そしてホリンガムの記事文の類似性からは、次のような仰天すべき結論が導き出せる。火星その他の秘密の入植地では誇大妄想の独裁者たちが長いあいだ労働者を酷使しており、イギリスの科学者やエンジニア、哲学者、政策立案者たちは国内のエリートたちにその情報開示に備えさせている。そしてそこにはMI6の暗黙のサポートがある。火星のこのような独裁者たちをどう排除するか――その部下たちや価値ある施設を破壊することなく――は、いずれは人類全体が立ち向かわなければならない問題である。さらにグッドの6月20日の監察旅行を裏づける状況証拠として、この犯罪行為に直接関わっている企業へのアメリカ議会の対応がある。

火星における強制労働と企業宇宙入植地を保護する米国議会

２０１５年6月15日、アメリカ議会下院は、アメリカに本拠を置く企業による地球外での資源採掘を保護する法案通過へ大きな一歩を踏み出した。下院の「科学・宇宙・テクノロジー委員会」の委員たちは、将来の宇宙資源採掘におけるアメリカ企業の権利を保護するつもりで法案に賛成したかもしれない。しかしそのような活動は企業によって何十年も前に始まっている。そのような企業にこの法案は法的な保護を与えようとしているのだ。[*22] このことは、アメリカ企業が火星その他の太陽系で強制労働による資源採掘を行なっているというグッドの言葉[*23]を考えればすこぶる重大な問題だ。

２０１５年3月19日、民主・共和両党の議員8人が「科学・宇宙・テクノロジー委員会」に「下院１５０８：宇宙資源の探査および利用に関する法案２０１５年」を提出した。[*24] 修正した法案が18対15で委員会採決された2日後の6月15日、法案は正式に下院本会議に送られた。まったく同じ法案が、マルコ・ルビオ（共和党・フロリダ州選出）とパティ・マリー（民主党・ワシントン州選出）の2人の上院議員によって上院にも提出されている[*25]「この法律は２０１５年11月25日にオバマ大統領が署名し、成立した」。

「宇宙資源の探査および利用法」は、一見、将来の宇宙探査に投資の意思を持つ採掘企業の権利を保護しているように見える。例えばある企業が火星に基地を建設すれば、その企業は火星の資源開発を行なう権利を獲得し、アメリカの連邦法によって保護されることになるだろう。以下にこの法案の51302項を挙げてみる。

（a）営利目的での宇宙資源探査と利用

（1）大統領は国家的需要に見合うよう、担当政府機関を通じて営利目的の宇宙資源探査および利用を促進するものとする。[*26]

この条項に従えば、地球外に基地を建設して採掘を行なう企業に対して大統領が「国家的需要」の名のもとに各種の支援を提供する可能性がある。ここには、将来「スペースX」社のような企業が援助を受けて火星に採掘基地を建設することへの警告のようなものはいっさい見られない。さかのぼって2012年の11月16日、「スペースX」の創立者イーロン・マスクは8万人が住む入植地を建設する計画を発表した。「火星では自立した文明をスタートさせ、それを真に大きなものに成長させることができるだろう」と彼は述べている。[*27]

しかし「宇宙資源の探査および利用法」の次の条項はある懸念を生じさせる。

（2）既存の国際的義務に矛盾しない宇宙資源探査および利用のための実現可能かつ安全で安定した産業の発展への政治的障壁は除去する。[*28]

いったい「政治的障壁は除去する」とはどんな意味なのか？　これはつまり、政府の規制は利益の上がる採掘事業にとって大きな障害であり、すべて不要であると言っているように見える。例えば、もし採掘企業が強制労働のような形で人々を働かせたとしても、国の労働基準を義務づける政府機関はそれに関与できず、企業自身が解決する問題ということになる。

これに続く条項はさらに不安を抱かせる内容になっている。

（3）宇宙を探査し、宇宙資源を利用するアメリカの営利企業の権利を増進する。その場合、既存の国際的義務に従い、有害な干渉を受けることなく[*29]（後略）。

「有害な干渉を受けることなく」とは果たしていかなる意味なのか？　この条項によれば、採掘企業が強制労働を行なっているとしても国際刑事裁判所のような国際機関は直接介入できないことになる。要するに、宇宙で採掘事業を行なう企業の経営者は強制労働を行なったとしてもアメリカの連邦法のもと、国際機関の調査を免れるということだ。
最後に、この法律はアメリカの地方裁判所が「独占的に」裁判権を有すると定めている。

「独占的裁判権」：アメリカの地方裁判所は争いの趣旨に関わらずこの章の定める行為に対して最初の裁判権を有するものとする。*30

つまり、地球外基地での企業の採掘事業で起きる人権問題は、何であれまず地方裁判所を通じて訴えなければならないということだ。

「宇宙資源の探査および利用法」は、アメリカに本拠を置く採掘企業の将来の採掘事業に関してきわめて厄介な法的問題を引き起こす。しかし仮定の法的問題を論ずる以前に、グッドの2015年6月22日の監察旅行リポートは宇宙での秘密の採掘事業がすでに存在していることを示している。グッドとゴンザレスが直接目撃したところでは、現在火星では惑星間企業複合体の資源採掘と製品生産のために強制労働が行なわれているのだ。

もしグッドのリポートに間違いがなければ、今現在、強制労働を行なっている企業がある。そういう企業のオーナーや幹部、社員に対し、「宇宙資源の探査および利用法」は国際刑事裁判所を含む国際的な人権擁護機関による調査を排除し、法的保護を与えることになる。

これを執筆している今の時点で「宇宙資源の探査および利用法」案は下院本会議に送られ、上院でも同じ法案が本会議で審議されようとしている。地球の外で強制労働の実態がひそかに調査されているまさにそのときに、そのような罪を犯している企業に法的保護を与える法律が通されようとしているのは単なる偶然ではないように見える。しかしコーリー・グッドはさらに衝撃的な事実を明かす。

銀河奴隷貿易：数百万の人々が地球から連れ去られている

18世紀から19世紀にかけて植民地を有する列強はそれぞれの植民地間で盛んに奴隷貿易を行なった。それは悪辣な現地の有力者を通じて行なわれることもあれば、あからさまな征服の結果として行なわれることもあった。しかし奴隷制廃止運動が広まり、またスペインやイギリスのような強国での意識の高まりもあって地球での奴隷取引はしだいに消えていった。しかしながらグッドによれば、銀河内での奴隷取引は今も行なわれており、数百万の人々が地球から連れ去られてはるか遠くの宇宙の植民地で互いに交換されたり酷使されたりしている。

この慣習は悪辣な地球の有力者（イルミナティ／カバル）と宇宙の帝国主義勢力（ドラコ連邦同盟／帝国）によって何百年にもわたって——何千年とまでは言わないにしても——人類を苦しめてきた。しかし今、秘密宇宙計画同盟（SSP同盟）は銀河奴隷取引に反対し、真実を全面的に明らかにしようとしているとグッドは言う。

一連の質問への答えの中で、グッドは、銀河奴隷取引がいかに広く行なわれているか、捕えられた人々がいかに言語道断な扱いを受けているかを語る。

　これはゾッとする話です。地球で売春や労働者を斡旋する犯罪グループはスペシャリストのリストも持っています。リストに載っているのは優しそうな年配者か専門職（医師とか法律家とか教育者など）に見える人間たちで、恐ろしいとは誰も感じません。彼らに接触された多くの人々は彼らを信用します。考えられるほとんどすべての国で、こういう人間たちが活動しています。捕まるのは、路上で暮らす人々、第三世界の国の人々、育児放棄された子どもたちです。年に数十万もの人々が不正な取引きの犠牲になっています。彼らを売り飛ばした人間たちは、彼らがどうなるか知ることもないし、気にもかけません。

　その先に、売買リストを持つ人間たちがいます。彼らは目的に合わせて人を選び出すために労を惜しまず、リスクも冒します。この人間たちは、だまされた人々が単なる人間の不正取引システム以上のところへ向かわされることを知っています。彼らはイルミナティ／カバル側の人間たちと直接取引をします。イルミナティ／カバル側の人間たちは人々を1カ所に集め、カタログを作ります。そのうえで同盟関係にあるETの地下施設に送るか、それとも宇宙貿易の取引品にするかを決めるのです。

宇宙文明では通貨制度や金融制度がないため、すべてが物々交換です。ETの中には地球の美術品に興味を持っているものもいます（行方不明になった有名な美術品が地球外のコレクションに入っていることがあります）。地球の動物や植物、あるいは（奇妙なことに）スパイスやチョコレートのような贅沢品に興味を持っているものもいます。また、テクノロジーやどこかで手に入れた生物標本と人々を交換したがっているものもたくさんいます。捕われた人々は肉体労働や売春、エンジニアリング（人類は生産技術に優れていることで知られています）など多くの分野で使役されています。中には人間を食料源にしているETもいます（詳しいことは私の口からはとても言えません）。[*31]

グッドはさらに、銀河奴隷取引が何百年にもわたって行なわれてきたこと、また各種の秘密宇宙計画の幹部がいかにそこから利益を得ようとしているか——それを終わらせることではなく——を語る。

秘密地球政府［ICCなど］とそのシンジケートは、いろいろなETが多くの人々を地球から連れ去っていることに気がつきました。そこで彼らはそこから利益を手に入れる方法を見つけ出すこと、そして連れ去られている人々への管理権を手に入れることを決めました。彼らは人間の誘拐を認める代わりに、テクノロジーと生物標本を受け取る取り決めをETグループと交わしました。しかしETは約束をほとんど守りませんでした。ICCはいったん高度なインフラと高度なテクノロジー（何千ものETグループのうち太陽系を通過移動する一部のETは高度なテクノロジーを手に入れたがっていました）を発展させ、地球の空域に嫌なETたちが入り込むのをやめさせる能力を獲得しました。そして、恒星間取引の材料の1つに人間の取引を利用することを決めたのです。[*32]

グッドは、銀河奴隷取引の犯人たちについて述べ、その中に「トール・ホワイト」［317ページ表1参照］も含まれると言う。この異星人については退役したアメリカ空軍の操縦士チャールズ・ホール——空軍の秘密党派の周辺で働いていた——によって明らかにされている。[*33] 銀河奴隷取引に加担している他の異星人グループについては第11章の表1を参照してほしい。

グッドは、この銀河奴隷取引を制限しようという最近の前向きな取り組みについても述べている。「星間同盟」によって設置された太陽系の広範な隔離システムが、誘拐されたのち取引されている人々の数を減らしているというのだ。グッドによれば、プレアデス星団に入植地を持つマヤ古代宇宙計画が非常に建設的な役割を果たしているという。捕えられた人々を解放し、入植地の避難所に彼らを移すことで銀河奴隷取引を縮小しているのだ。

「情報の全面開示イベント」ののちの時代は、『スタートレック』で見るような人類にとって明るいものになるだろうとグッドは言う『スタートレック』で描かれる未来の地球では貧困や戦争などが根絶され、見た目や無知から来る偏見、差別も存在しない」。そこでは銀河奴隷取引の犠牲者や惑星間企業複合体の施設で強制労働をさせられた人々は無事に家に戻ることができる。人類の進化は「星間同盟」の主要な目標であり、私たちの進化にはこの「情報の全面開示イベント」における「星間同盟」の支援が不可欠だとグッドは言う。

第15章

「ロー・オブ・ワン：一なるものの法則」、「星間同盟」、情報の全面開示、アセンション（上昇）

かつてエンジニアリングと物理学の教授だったドン・エルキンズ博士は1981年から84年にかけてある革新的なコミュニケーション実験プロジェクトに加わっていた。博士の研究対象にはトランス・チャネラーのカーラ・ルカートもいた。厳密に科学的な手法を用いた博士の研究は、どこかからルカートに伝えられた情報がすこぶる高度な内容のものであることを明らかにした。彼女が受け取った言葉は最初「ラー文書（ラー・マテリアル）」とされたが、後に「ロー・オブ・ワン」と呼ばれるようになった。「ロー・オブ・ワン」は、地球外生命や人類の歴史、意識の進化に関してこれまで人類がテレパシーで受信したもののうちで最も信頼度が高いとみなされている。ルカートを通じて発言した「存在たち」は自らを「ラー」――社会的記憶複合体――と称し、1981年から2011年までの30年間の人類の過去・現在・未来についての情報を大量に持っていた。「ロー・オブ・ワン」の情報が語る最後の年とブルー・エイビアンの登場は時を同じくする。グッドによると、グッドとゴンザレス中佐がブルー・エイビアンと初めてコンタクトしたのが2011年だった。それは「星間同盟」に属するおよそ100の隠れた天体が出現し、太陽系および地球の周りに周波数のフェンス（隔離システム）を作った直後だという（第11章参照）。「ティアーエア」［440ページ図32参照］とコミュニケートしたという話をグッドから聞いたデービッド・ウィルコック［序文参照］は、ティアーエアは「ラー・マテリアル」を発信してきたラー・グループと重要な関係があるのではないかと言った。このときのいきさつをグッドはこう語る。

ブルー・エイビアンとの対話のことをデービッド・ウィルコックに話すと、ブルー・エイビアンの考え方を理解するのに「ロー・オブ・ワン」と「ラー」が役に立つだろうと彼は言いました。ブルー・エイビアンの話はとても分かりにくく、質問をしても私が望むような答え方をしてくれません。ウィルコックは、これは「ラー」の典型的な答え方で、大規模な調査実験計画を行なう人々に質問されたときに行なう答え方だと教えてくれました。*1

グッドは、チャネリングによって伝えられたことが正しいのかに最初は大いなる抵抗を覚えたが、のちにそれぞれの秘密宇宙計画が中核メンバーに「ロー・オブ・ワン」を読むことを求めていたことを認めた。

私は秘密宇宙計画（SSP）の心理作戦で兵士に使われたテクノロジーを見たことがあります。そこでは兵士たちに、自分は高次の認識に到達した人物やETや他の次元から来た存在と「チャネリング」をしていると信じさせていました。その経験から私は、チャネリングされたことはすぐには信用できない、とウィルコックに言いました。ＳＳＰや秘密地球政府シンジケート（イルミナティ／カバル）の複数のグループが「ロー・オブ・ワン」と「セス文書」〔ジェーン・ロバーツがチャネリングで得たとされるメッセージ〕を読むことを要求されていたのは事実です。[*2]

しかし最終的にグッドはラー・グループと「星間同盟」はきわめて意味ある形で関係していることを認めた。

ウィルコックと話し始めてまもなく、「星間同盟」は「ロー・オブ・ワン」が言うラー・グループと関係があるかもしれないと私も思うようになりました。ブルー・エイビアンの情報はすべて「ロー・オブ・ワン」と深く関係しています（しかし、ブルー・エイビアンの情報は「ロー・オブ・ワン」の正しさを実証しているようにも思えるし、その逆にも思えるのです[*3]）。

グッドの言う通りなら、ブルー・エイビアンと「星間同盟」の現在のミッションを理解するためには「ロー・オブ・ワン」の中心にある概念や「ロー・オブ・ワン」についての情報を吟味する価値はある。

「ロー・オブ・ワン」の中心にある概念

「ロー・オブ・ワン」は意識の進化や地球外文明、秘密宇宙計画を理解するうえで助けになる多くの概念を教えてくれる。磁石にプラスとマイナスの2つの極があるように、ラー・グループによると意識にも2つの極がある。プラスの極には「他者への奉仕」に基づく振る舞いがあり、マイナスの極には「自己への奉仕」に基づく振る舞いがある。

「他者への奉仕」は普通、他者への豊かな共感に基づく振る舞いとして表れ、そこでは――程度の違いはあれ――他者は自分自身の延長とみなされる。この考え方を基礎に個々の人間の道徳規範や社会の倫理体系が形成される。そこではコミュニケーションや人間関係、対立などあらゆる面で他者のニーズに大きな考慮を払う。「他者への奉仕」哲学の好例が仏教である。仏教はあらゆる存在の意識を1つの統一体と捉え、それがさまざまな形で表れると考える。

「自己への奉仕」は普通、自分自身や自分の一族、自分が属する共同体、自分の国を重視する振る舞いとして表れ、それによって自己は他者から切り離された存在となる。ここでは「限定された自己」以外の人々のニーズが優先されることはなく、場合によってはまったく無視される。「自己への奉仕」哲学の好例がナチズム（国家社会主義）である。ナチズムはすべての人種の中でアーリア人が最も優れていると主張し、人種隔離政策を行なった。

「ロー・オブ・ワン」を初めて読んだ人々が驚くのは、意識の進化は両方の極を通過することで起きると説かれていることだ。ラー・グループは、進化するためには私たちの意識はプラス極かマイナス極にいなければならないと言い、しかもその場合のパーセンテージも特定する。

プラスの道を進むためには私たちの思考や行為の51パーセントを他者への奉仕に向けなければならない。マイナスの道を進む場合は思考や行為の95パーセントを自己への奉仕に向けなければならない。2つの道の間にあるのは「無関心の穴」である。[*4]

程度の差はあれ、世界の主要宗教はみな他者への奉仕が自己の救済につながると説く。これは一般的なヒューマニズムの理念でもあり、西洋文化の基礎にある考え方でもある。したがって51パーセントを「他者への奉仕」に向けるという考え方、すなわち他者——限定された意味での自己以外の人々（つまり見知らぬ人）——への援助に自分の思考や行為の半分以上を向けるというのは奇妙なことではない。努力は必要かもしれないが。

それに対して95パーセントを「自己への奉仕」に向けるというのは非常に奇妙な感じがする。アーリア人以外の人々のニーズを無視する狂信的なナチスが高次の存在に進化できるとラー・グループは本当に語っているのだろうか。以下に挙げるシノプシス（概要）はそのような疑問へのラー・

グループの答えを――そしてまた「特定の期間の終わり」に2つの道のどちらかを選ばない人々に何が起きるかについての答えを――伝える。この「特定の期間の終わり」と、今の時代に起きるとラーが言う「ハーベスト」（収穫：別名「アセンション」）の時期とは一致する。

2つの道の1つを選べば何が起きるのですか？

私たちは他者への奉仕の惑星かあるいは自己への奉仕の惑星へ進みます。

どのくらいの期間をかけて選ぶのですか？

7万5000年です。

7万5000年後に何が起きるのですか？

そのとき地球は他者への奉仕の惑星になるでしょう。他者への奉仕を選んだ人々は地球で最善の状態で共に働くでしょうし、自己への奉仕を選んだ人々はそのための他の惑星へ行くでしょう。まだ選んでいない人々は別の第3レベル・デンシティ（密度）［デンシティ・レベルについては後出の表参照］の惑星へ行くでしょう。*5

デンシティ・レベルは、特定のサイクルを持つ光／エネルギーのそれぞれのオクターブに対応する。そこでは地球そのものも含むすべての意識が生涯進化し続ける。ラーによれば恒星でさえ意識進化の表れである。例えば第3デンシティ黄色星から第4デンシティ緑星に進化するというように。この銀河系のすべての星は銀河核から放射される光／エネルギーに直接的な影響を受けているとされる。

ラー・グループによれば、光子（フォトン）――すべての原子（atomic matter）を含む――の周波数は1つのデンシティ・レベルから別のデンシティ・レベルに移行するような変化の仕方をする。例えば、もし銀河核が異なるエネルギーのスパイラルを伝え始めると、周波数が変化する物質で構成される光子をもたらす。結果、原子の粒子および光子――すべての生命を構成する要素――が変化するため、あらゆる生命体に進化のプレッシャーが及ぶ。

3つの主要なサイクル（1サイクルは2万5000年）の終わりには多くの集合体にデンシティ間の移動が可能になる。これはポール・ラ・ビオレット博士の言う「銀河スーパーウェーブ」の考え方と非常によく似ている。博士によると「銀河スーパーウェーブ」は1万年から1万6000年のサイクルで銀河核から放射される。2006年の著書『Decoding the Message of the Pulsars（パルサー（電波天体）のメッセージを読み解く）』で彼は、銀河内に戦略的に配置され、スーパーウェーブについて警告を伝えるパルサー（電波天体）について述べている。[*6] 彼の考えでは、これらのパルサーは非常に高度なタイプⅢの異星人文明によって作り出されたものだ。その文明は、「銀河スーパーウェーブ」の働きや、それが複数の太陽系に及ぼす影響を理解していると彼は考えるのだ。

デンシティ1	気づきのサイクル （例：鉱物、水晶）	周波数、赤
デンシティ2	成長のサイクル （例：植物、微生物、動物）	周波数、オレンジ色
デンシティ3	自己認識のサイクル （例：人類）	周波数、黄色
デンシティ4	愛あるいは理解のサイクル	周波数、緑
デンシティ5	光あるいは知恵のサイクル	周波数、スカイブルー
デンシティ6	愛／光あるいはユニティ（調和）のサイクル	周波数、藍色
デンシティ7	ゲートウェイ・サイクル	周波数、青紫[*7]

「ロー・オブ・ワン」が明らかにするところでは、「銀河スーパーウェーブ」は銀河のさまざまな領域を通過するときに1つのデンシティから別のデンシティへの移行を引き起こす。

ラー・グループは自らを第6デンシティの「社会的記憶複合体」だと説明する。それは高度なユニティ意識――愛／光の周波数――を発展させた多くの個人で構成される集合体のことだ。

ラーの説明によれば、社会的記憶複合体が生まれるのは普通第4デンシティにおいてである。そこでは愛の波動（バイブレーション）が優位に立つからだ。他者に奉仕する社会的記憶複合体は集合体として第4デンシティからより高度なデンシティに移行する。それはラーの進化の歴史においてグループ自身に起きたことだった。このように地球外のさまざまな集合体は他者への奉仕を通して進化し、そこでユニティ意識が発展する。

このことから私たちは、人間に似た異星人（第11章で触れた）が人類に対して22種類の遺伝子実験を長期にわたって行なった動機を理解できる。実験は、人類の進化を熱心に援助することによって彼ら自身がプラス極へ——つまり他者への奉仕へ——向かう努力の一部だったのだ。他者に奉仕する異星人の各種の同盟——「惑星連合」や「アンドロメダ評議会」、「銀河連盟」あるいは「超連盟」（グッドによれば残りの異星人評議会で構成されている）——と「ラー」のようなグループが、人類の第3デンシティから第4デンシティへのスムーズな移行を手助けしている理由がこれだ。

「ハーベスト（収穫）」／「アセンション（上昇）」のプロセスは、遺伝子実験をしている異星人だけでなく多くの異星人文明に見守られている。グッドとゴンザレスによれば、2015年6月に行なわれた「超連盟」の会議には人間に似た異星人100グループの代表が参加した。[*8] 他者への奉仕を志向する異星人たちは自由意志を尊重しており、その考えのもとに支援を行なっている。第3デンシティから第4デンシティ、あるいは第4デンシティから第5デンシティなどの移行をしようとする人の数を最大限増やす支援を。

「ロー・オブ・ワン」は、「ハーベスト（収穫）」／「アセンション（上昇）」のプロセスを見守っている3つのグループについて述べている。

［1］高い次元の自己、スピリチュアル・ガイド：ここには、私たちとカルマ（因縁）でつながる私たちの祖先も含まれる。

［2］惑星連合：ここには前述した各種の異星人同盟――人間に似た異星人の超連盟やドラコニアン連邦同盟（ラーはこれを「オリオン・グループ／帝国」と呼んでいる）――が含まれる。

［3］守護者：第7およびそれ以上のデンシティ存在。ここには「星間同盟」やそのメンバー（グッドによれば第6〜第9デンシティ存在）が含まれる。

前述したように、マイナス極の方へ向かう存在も「ハーベスト（収穫）」／「アセンション（上昇）」へと進化の階段を昇ることができる。理由は――ラーによると――「他者への奉仕」と「自己への奉仕」は、「あらゆるものへの奉仕」あるいはユニティ意識としての第6デンシティで合流するからだ。

これは「星間同盟」が人間に似た異星人の超連盟ともドラコニアン連邦同盟とも直接的な関係を持とうとしないことの理由だろう。「星間同盟」はグッドとゴンザレスをこれらの異なる異星人同盟が参加する協議会への代表として出席させている。なぜならどちらの組織も1つの極だけを代表していて、2つの極の統合性を持たないからだ。

ラー・グループは、ドラコニアン連邦同盟（オリオン・グループ）のような「自己への奉仕」存在はより大きな極性を生み出すことによって高度な目的の役に立っているとみなす。「ハーベスト（収穫）」／「アセンション（上昇）」する存在が増えるという直接的な結果をもたらすからだ。極性が強まることによって魂はその思考や行動において、より「自己への奉仕」的、あるいはより「他者への奉仕」的な行為へと向かうのだ。進化が可能な存在にとっての最大の危険は、主要なサイクルの終わりにそのような行為をしないことであり、「ハーベスト（収穫）」／「アセンション（上昇）」しないことだ。それをしないことで同じサイクルにとどまり（各サイクルは2万5000年）、魂の進化のプロセスが遅れるのである。

第4デンシティに上昇した人々のほとんどは「他者への奉仕」志向であり、その数は「自己への奉仕」を志向する人々よりもはるかに多い。しかしラー・グループの1981年の予言は、人類の大多数は「ハーベスト（収穫）」／「アセンション（上昇）」はしないだろうと言う。上昇しない人々は地球の大変動（死）や他の世界へ連れ出そうとする異星人グループの介入によって他の第3デンシティに行く。これによって「ハーベスト（収穫）」／「アセンション（上昇）」後の地球は第4デンシティ――他者への奉仕――惑星になる。

現在の地球の状態――第3デンシティにあって「自己への奉仕」に傾いている――を考えれば、プラス、マイナスどちらの極への道にも同じような困難さがある。ラーは、人間の誘拐や取引に関わってきたオリオン・グループ（ドラコニアン連邦同盟）は、他者への奉仕としての「ハーベスト（収穫）」／「アセンション（上昇）」をする人間の数を最小限にとどめ、「自己への奉仕」としての

「ハーベスト（収穫）」／「アセンション（上昇）」をする人間の数を最大化する意図を持っていたと言う。

守護者たちの地球隔離と見えない惑星および「星間同盟」との関連性

ラーは地球に施されている隔離についても述べている。隔離の中で、「ハーベスト（収穫）」／「アセンション（上昇）」の際に個人が「他者への奉仕」か「自己への奉仕」を選ぶ機会についてのバランスが達成されているという。隔離がなければ地球は「自己への奉仕」異星人によって容易に征服されており、個人が「他者への奉仕」の道を選ぶ機会は限られていた可能性がある。この隔離は7万5000年前に「守護者」が施したとされ、「惑星連合」の意思決定機関である「土星評議会」によって管理されている。ラーは「土星評議会」のメンバーについて次のように述べる。

この評議会のメンバーは、惑星連合とあなたたちの内面の波動（バイブレーション）レベル——これはあなたたちの第3デンシティに責任を負っている——の代表だ。（中略）通常議会に出席するのは、そのときのバランスによって変わるが9つである。この評議会を支える存在が24あり、依頼に応じて奉仕する。これらの存在は忠実に事態を見守り、「守護者たち」と呼ばれてきた。[*9]

ラーによれば隔離は穴だらけの状態が続いている。

この惑星を守るためにあらゆる努力が払われている。しかし守護者たちのネットワークは、他のどんなレベルのパトロール・パターンもそうであるように、さまざまな存在が通り抜けるのを完全には防ぐことができない。もし愛／光のもとに要請があれば「ロー・オブ・ワン」は黙認を受けるだろう。もし要請がなければネットは通過されるだろう。*10

これは、穴が増えすぎた地球のそれまでの隔離を「星間同盟」が増やすか強化し、そしてまた太陽系に広い隔離を課したことを示している。「土星評議会」内の「守護者たち」と「星間同盟」の関係は明らかではない。「星間同盟」が取った行動は、彼らがより高い銀河／次元の権威――これは「土星評議会」も認識している――と一致するよう行動していることを示している。

グッドによれば木星サイズの巨大な複数の天体がこの太陽系に初めて現れたのは1980年代だったが、しばらくは覆い隠されて休眠状態にあった。しかしこれらの大天体は2011年に「星間同盟」が現れたのちに活動を開始した。活動を始めたこれらの天体は、太陽系および太陽の周りに周波数の壁を形成する。第11章でこれらの天体の主要な役割をいくつか述べたが、その1つは宇宙エネルギー（別名「銀河スーパーウェーブ」）が太陽系や地球に及ぶ量を規制し、人類がそれをうまく調整して大きな変化に備えられるようにすることだった。
２０１５年7月23日、グッドは木星サイズのこれらの天体は本来の役割を完了したので私たちの太陽系を去ろうとしていると明らかにした。

「天体群」はその役割を終えようとしており、流入エネルギー量の調整は減退しつつあるように見えます。それによってエネルギーが太陽系内にどんどん入り込み、太陽や惑星や**人類**は直接影響を受けて容易に起動モードに入るでしょう。どこかの時点で「天体群」は消え去り、私たちは第4あるいは第5デンシティに移行した文明とみなされることになります。むろん、この**最後のイベント**によって私たちが最終的に自立する前に、いくつか**他のイベント**も起きるでしょう。[*11]

流入する宇宙エネルギーによって起動される変化の中には、高度なテクノロジーや秘密宇宙計画や地球外生命に関する情報開示――グッドはこれを「全面開示イベント」と呼ぶ――も含まれる。情報の全面開示のあとに「**最後のイベント**」が起こり、それがラー・グループの言う「ハーベスト（収穫）」／「アセンション（上昇）」ということになる。

ＳＳＰ（秘密宇宙計画）同盟の目標は「全面開示イベント」

グッドは、「秘密宇宙計画同盟」の目標は大量の文書公開も含む「全面開示イベント」だと言う。その規模は企業メディア――人道に対する犯罪の暴露からエリートを守るために情報を曲げ、開示を制限するだろう――の能力を圧倒するだろう。[*12] ２０１５年６月５日から９日にかけてグッドは異なるグループや同盟間の３つの会議に出席した。地球外からの訪問者や高度なテクノロジーを利用する秘密宇宙計画の真実をどの程度開示すべきかに関する会議である。[*13] 彼が「２００人委員会」と呼ぶエリートその他との６月９日の会議では、「抑制的開示」が提案された。

彼らは、自分たちがこれまでしてきたことはすべて何代にもわたるマインドコントロールと威嚇によるものだった、と述べました。そのうえで彼らは、すべての人に公平な新しい金融システムを複数の同盟と共に立ち上げ、また自分たちが生涯にわたって告発されかねない犯罪と出来事を表に出さない「抑制的開示」を開始したい、とも言いました。（中略）一部の情報とテクノロジーだけを公開し、残りの大部分は50年後に公開することにしたらどうかと彼らは提案しました。[*14]

この「抑制的な開示」の提案は、グッドが協働している「秘密宇宙計画同盟」が計画している情報開示プランへの懸念と疑問を生んだ。これに対してグッドは6月15日に次のように回答している。

全面開示イベントでは、誰もがアクセスできるミラーサイトで文書・音声・画像ファイルの大量のデータダンプが行なわれるでしょう。そうなると企業メディアは崩壊するでしょうし、年中無休のテレビやラジオが教育キャンペーンを始めるでしょう。すべてのチャンネルや局を使うわけではないので人々が閉口するようなことはないでしょう。また人々はストレスを感じたら「無視する」こともできるでしょう。*15

グッドは次に、2015年11月に200人委員会が提案したような「部分的」あるいは「抑制的」開示イベントを行なえば何が起こるかを説明する。

もしある人、あるいはあるグループが、エイリアンが地球を訪れていることや高度なテクノロジーの一部を公にしたとしても、「新しい金融システム」をつぶすようなテクノロジーや、これまで「人間のエリート」と「地球外」あるいは「古代離脱文明グループ」が犯してきた人道に対する罪を明かさなければ、真実のすべてが告げられたことにはなりません。

部分的な開示では、権力を保持し、自分たちの犯罪を公にしようとしないグループによって話の内容がコントロールされるでしょう。大多数の人々はそれだけでもやはり衝撃を受け、しばらくはそれで頭が一杯になるでしょうが、これもまたごまかしだと気づく人はほとんどいないのではないでしょうか。*16

グッドは、開示をめぐる対立についての質問への答えの中で「全面開示イベント」と「部分開示」がどう違うかをより詳しく語っている。

質問：現在イルミナティ／カバルとソーラーウォーデン／「星間同盟」の間ではどれだけの情報を開示すべきか、また主要なテーマをどうすべきかに関して対立は起きているのですか？

グッド：ええ。**全面**開示が行なわれれば、それと同時に膨大な数の人道に対する罪が明らかになり、多くの人はしばらくの間ショック状態に置かれるでしょう。何十年も前に今の金融システムを終わらせていたはずの高度なテクノロジーを「エリート」たちが隠し、その間に彼らが行なっていた犯罪的な事実のほうが、エイリアンが存在するという事実より衝撃的なのです。

もしイルミナティ／カバルが開示をコントロールできれば、自分たちが良く見えるように開示の内容も解釈もコントロールするでしょう。彼らは、自分たちが行なっていたことすべてが公になった場合には地球を去る計画を立てていました。今ここに至って彼らは互いに協力し、できるだけ早く自分に都合のいい取引をしようとしています。私たちの真の歴史が開示され、抑えつけられていたテクノロジーや異星人の存在が明らかになったときに人々が何を要求するか、彼らには分かっているのです。

彼らはこの情報の内容や開示法をコントロールするためにあらゆることをする**必要があります**。これは多くの人が理解しているよりはるかに複雑な状況です。徹底的な情報開示が行なわれれば世界中が「厳しい処罰」を求めるでしょう。[*17]

グッドによれば、秘密宇宙計画同盟は惑星間企業複合体に対する戦犯法廷で使うセンシティブなデータを集め続けてきた。一方2015年6月4日、アメリカの政府職員400万人の個人ファイルが何者かによってハッキングされたことが公表された。[*18] 7月9日になって、ハッキングされた人数は2100万近くに増えた。[*19] 機密に関わる人間への人物調査で得られた個人のバックグラウンド情報が、このハッキングで大量に漏れた。
ハッキングの対象には人事管理局（ＯＰＭ）も含まれていた。ここは、政府機関や軍で働きたい人々が国家機密をゆだね得る人間だと証明してもらう証明書発行のための秘密ファイルを保持している。漏れた書類の中には政府や軍と契約を行なう企業の社員のものも含まれていた。

ＯＰＭが公表したところによると、ＯＰＭは「現在と過去、そして将来に予定される」政府職員その他の個人情報が入ったシステムが破られたと「かなりの確信をもって」結論づけた。[*20]

『ワシントン・ポスト』はこのハッキングで漏れた情報の種類を次のように書いている。

バックグラウンド調査データベース――ＳＦ－86データ――には以下のようなセンシティブな個人情報が含まれていた。これまでの経済的状況、投資記録、子どもや親族の名前、これまでに行なった海外旅行、外国人との接触・連絡、過去の居住地、隣人や親しい友人の名前。[*21]

グッドは２０１５年６月５日～９日に出席した秘密宇宙計画の情報開示を含む３つの会議に関す

るリポートの中で、ハッキングについての質問にこう答えている。

質問：6月5日の会議についてのリポートの中であなたは、戦争犯罪の将来の裁判に向けて「地球基礎同盟」（アースベイスト・アライアンス）［第11章参照］が「西側政府職員データベース」にある個人データを大量にハッキングしていると言っています。「地球基礎同盟」を構成しているのはどんな人々なのか、また400万人の政府職員のファイルが2014年12月にハッキングされたという6月4日の発表の事実はこの「地球同盟」が行なったことなのかどうか、詳しく述べていただけませんか。

グッド：この情報は一連のハッキングと内部工作で得られたものです。情報のほとんどは入手したての最新の秘密情報だと言われていました。あなたが言ったそのタイムフレームにアメリカで大量のハッキングがあったと私が聞いたのは会議が終わったその日でした。それは間違いなく彼らが入手したデータの一部だと思います。しかし、最近彼らはアメリカとEUの両方からもっと大量のデータを手に入れたのではないかと私は感じています。*22

以前にグッドは、第14章で述べた「銀河奴隷取引」に関わる人間たちによって大規模な犯罪が行なわれていると語っている。惑星間企業複合体（ICC）――火星やその他の太陽系惑星で銀河奴隷取引や強制労働に直接たずさわっている――からの離脱者が多数いるとグッドは言う。[*23] その離脱者たちは強制労働下にある人々の状況を明かし、予定されている戦犯法廷で証言するつもりでいるという。ここで強調しておくべきは、6月4日に公表されたハッキングで入手されたデータベースの一部はICCの幹部のファイルのようだということだ。

グッドは、政府職員の個人ファイルへのハッキングで得られた情報が、離脱者/証人の証言を受けて行なわれる将来の戦犯法廷の証拠の一部になるだろうと語る。

これは普段と違う会議でした。出席者がいつもと違っていたのです。**離脱者**から「地球同盟評議会」に提供された情報と、彼らが証言する内容の発表がありました。そのあと「地球同盟」が、西側政府(アメリカとEU)へのハッキングとスパイ行為によって得たばかりの大量の情報を発表しました。アメリカとEUに関するそのプレゼンテーションが終わると、「地球同盟」と「離脱者/証人」たちは彼らの次の活動に案内されました。[*24]

グッドによると、「秘密宇宙計画同盟評議会」は別の秘密宇宙計画で起きた「人道に対する罪」でイルミナティ/カバルを裁く際に使うデータを積極的に捜していた。

グッドによれば、イルミナティ/カバルの代表者は2015年6月の会議で、もし秘密宇宙計画同盟が「全面開示活動」と戦犯法廷計画をとりやめるなら2015年11月までに制限的な情報開示を行なう、と提案した。グッドによると、このイルミナティ/カバルの提案に対してティアー-エアの対応は次のようなものだった。

私は「ティアー-エア」と短い会話を交わしました。私がいつも通り報告を始めようとすると彼が手を挙げてそれを遮り、私たちが「全面開示」と呼んでいることの多くはどれかのグループが決められるようなことではないと言いました。この情報を「我々」が伝えれば、それだけ多くの人々を覚醒させ、人々の集合意識の中に入っていく。覚醒していく人々とその集合意識/共同創造能力が、いつこのイベントが起きればいいかを決定するだろう、と。さらに彼は、私たちが今行なっていることを続け、信頼されるソースを通してどんどん情報を流し続けるべきだと言いました。すでに覚醒した人々や覚醒しつつある人々にこの情報が早く伝われば伝わるほど、集合意識の力――私たちはまだこれを十分には理解していませんが――によって開示の時が早まる、と彼は言いました。*25

グッドが言う「全面開示イベント」によって、人類は、宇宙にいるのは自分たちだけではないと知り、そのことで人間社会は大きく変わるだろう。秘密宇宙計画についての情報がすべて開示されるなら、何十億もの人々がひそかに行なわれた重大な犯罪行為に対処しつつ、深い魂の探索へと向かうことだろう。イルミナティ/カバルによる「部分的開示」――地球外生命の発見に関する公式

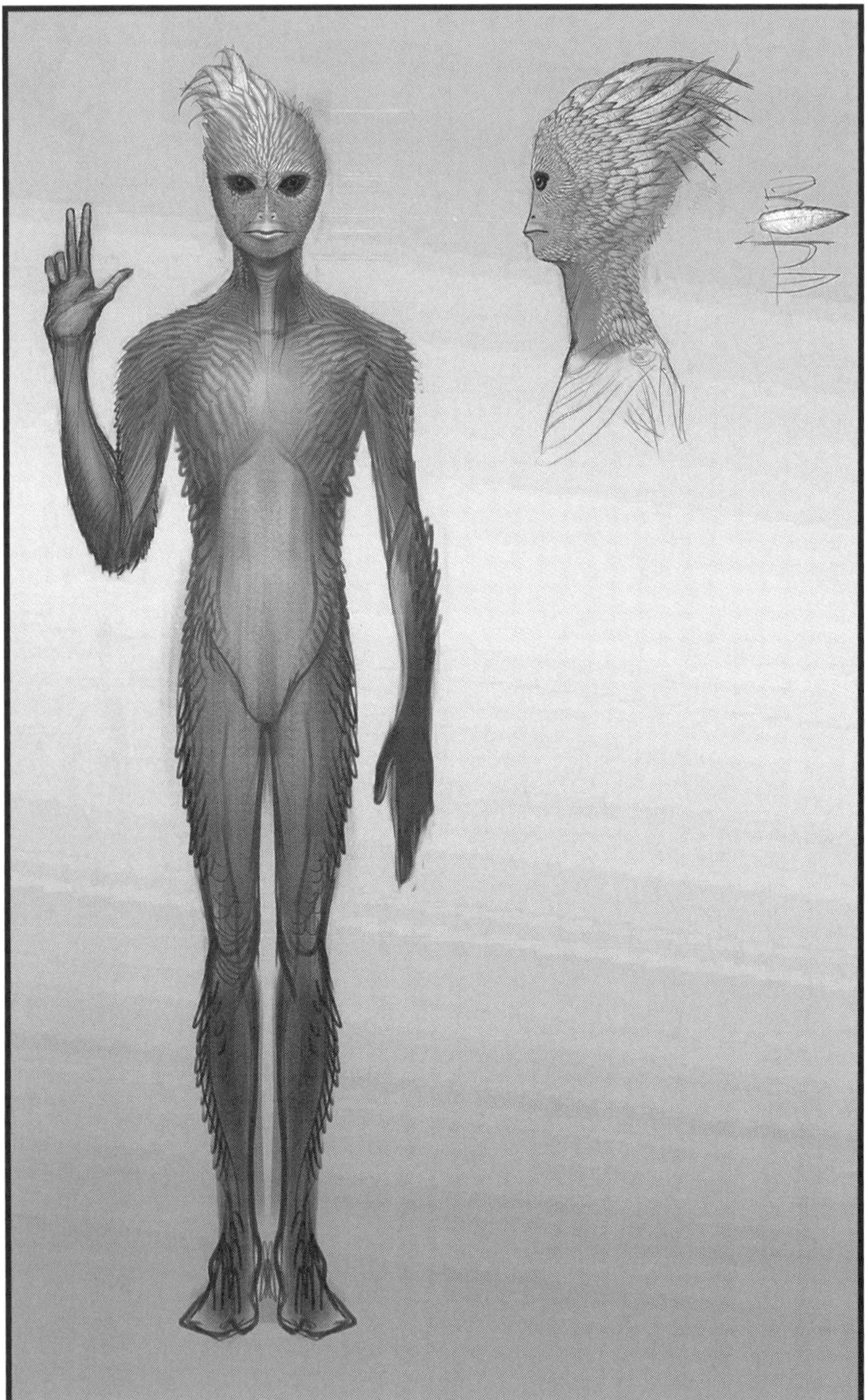

図32　ラー・ティアー-エア　　出所：ガイアム TV

発表などの――であっても、それは人類に大きな影響を与えるに違いない。また部分的な開示のあとに全面開示イベントが起きる可能性もある。だが、全面的であれ部分的であれ、「開示イベント」は、「ロー・オブ・ワン」が言う「ハーベスト（収穫）」／「アセンション（上昇）」と共に起きる最終イベントの序曲でしかない。

イベント／アセンション（上昇）

ラー・グループは、「ハーベスト（収穫）」／「アセンション（上昇）」が起きるのはルカートのチャネリングからおよそ30年後と**見積もった**が、それは2011年～14年ということになる。これは「星間同盟」の出現および木星サイズの天体の活動――宇宙エネルギーを和らげ、太陽系に隔離を施した――の開始と時を同じくする。「星間同盟」が言う「イベント」とラー・グループの言う「ハーベスト（収穫）」／「アセンション（上昇）」イベントは同じもののように思われる。

グッドは情報開示とアセンション（上昇）イベントが起きる日には言及していないが、これらがいつ、どのように起きるかを人類の集合意識が選ぶと語る。前述したようにグッドは2015年7月23日に、これらの天体はその役割を完了しつつあり、太陽系に入り込む宇宙エネルギーの緩衝装置の働きを減らしつつあると述べた。その結果、宇宙エネルギーは私たちの太陽および地球上のすべての生命に存分に影響力を及ぼせるようになる。

グッドは宇宙エネルギーが個々の人間に及ぼす影響についてこう述べる。

このエネルギー変化はこの領域の惑星・恒星だけでなく、ある波動（バイブレーション）レベルのもとに置かれているすべての生命体に直接的な影響を与えます。これは生命体の振る舞いを極端にスウィングさせる可能性があります。波動（バイブレーション）が低い（すなわち「マイナス志向」の）存在は逆戻りの傾向を強め、現在の彼らの極へ向かう振る舞いをさらに強めるでしょう。一方、波動（バイブレーション）が高い（すなわち「プラス／愛志向」の）存在はその傾向をいっそう強めるでしょう。どちらの極へ向かっているにしろ、生命体はこのプロセスをすでに通過した存在の何らかの導きを必要とするでしょう。それが、エネルギーの変化にマッチするよう自分の波動（バイブレーション）を高め続けるか、それとも低い波動（バイブレーション）と自滅的な現在の状態にとどまるかを決める助けになるのです。[*26]

グッドが言う極性の強まりは、地球上および太陽系内の人間と異星人両方に当てはまる。ブルー・エイビアンと「星間同盟」は、「生命体の振る舞いが極端にスウィングする」ことで起きる危険を人類が切り抜けるための援助をしてきた。例えばグッドによると、「星間同盟」は秘密宇宙計画（ＳＳＰ）同盟に対してイルミナティ／カバルと武力による争いをするのをやめ、代わりに全面開示イベントに力を入れるよう促した。このために「星間同盟」は秘密宇宙計画同盟に高度なテクノロジーを提供し、またイルミナティ／カバルへの対処法としてSSP同盟が「大衆の力」を重視する全面開示計画を立てるのを支援した。

SSP同盟評議会の指導部のうち賢明なメンバーは（好戦的なメンバーと異なり）究極の答えは大衆自身が見出すという点で「星間同盟」の考えと一致しています。人々はかなりの程度目覚めつつありますが、今もマインドコントロールや偽情報から抜けきっていないため、イルミナティ／カバル勢力と論争するほどにはなっていません。私たちがひとたび、人類の真の歴史や私たちの社会的・遺伝子的発達に干渉したグループのリスト、「エリート」や古代離脱文明の一部や各種のETグループによる人道に対するおぞましい罪を完全に明らかにすることができれば、人々を立ち上がらせ、「バビロニアン・マネー・マジック・スレイブ（奴隷）・システム」を終わらせることができるでしょう。トラウマになりそうな過去の事実の開示を受けて（人々は自分たち自身で）今挙げたグループすべてを、地球外の建設的グループの助けのもとに裁きにかけるでしょう。その開示は（多くの人は「Fear Porn」と呼ぶでしょうがそれでもやはり全面開示の一部です）大いに必要とされる「根源的で強力な記憶」を人類に呼び起こすでしょう。その記憶は、操作を受けて人類が何度も繰り返してきた歴史のサイクルを、以後は繰り返さないよう私たちを助けてくれるでしょう。このこと（全面開示）は、これまで操作を受けてきた人類に、初めて自らの足で立つことへ備えさせる意味も持ちます。[*27]

人類が一連のイベントを成功させて最終的にアセンション（上昇）イベントに到達する可能性があるという話には心を引かれる。ラー・グループは、第3デンシティの文明（地球のような）が全体として第4デンシティの文明に進化するのはきわめてまれだと言う。

あなたを悩ませ、それゆえに探求と奉仕のチャンスを与える多くの事柄が存在するだろう。しかし可能性の渦についてじっくり考えるこの時点では、1つの入れ物が常にあってそこには平和や愛、光、喜びが湛えられていることに注意を向けるのがいい。この渦はとても小さいかもしれないが、それに背を向けることは、現在ある無限の可能性を忘れることである。あなたの惑星は、強く優れた霊感のもとでの調和の極性へ向かうことができるか？　もちろんできる。それは「あり得る」のではない。それは「常に可能」なのだ。[*28]

1981年――ラー・グループが「強く優れた霊感のもとでの調和の極性へ向かう様子はない」と述べたとき――世界は再び冷戦の緊張下に置かれた。1月20日にタカ派のロナルド・レーガンが大統領に就任したのだ。彼は戦略防衛構想（「スターウォーズ」計画）をぶちあげて新型中距離核ミサイルを含むアメリカの核兵器の保有量を――特にヨーロッパで――拡大した。多くの人々は、レーガンのこの「力による平和」政策は破壊的な核戦争を引き起こし、地球を破局に導く愚かしいものだと心底思った。

だが1985年の後半、レーガンはソ連の新しい指導者ミハイル・ゴルバチョフに「仮定上の」エイリアンの脅威に対抗するための協力を提案した。地球規模の協力を進めるためにレーガンが提示したアメは、アメリカの秘密宇宙計画の高度な宇宙テクノロジーをソ連に提供する、というものだった。第7章で述べたように、これはついには――グッドが明かすところでは――国連宇宙計画を開始するためのアメリカやソ連その他の主要国間の秘密協定となった。この秘密協定が冷戦を終結に導くカギになった。ラー・グループによると、世界の指導者たちは「強く優れた霊感のもとでの調和の極性へ向かう」というあり得ないような決定を行なったのだった。実際それは冷戦時代を生き抜いた人々すべてにとって霊感を与えられたときであり、ゴードン・マイケル・スカリオン［1980年代に霊的な覚醒をしたとされ、各種の予言を行なっている］らが1990年代を通じて予告していたような地球の破壊的な変化を人類が経験しないで済んだ理由でもあった。[*29]

冷戦の終結とそれがもたらした地球規模の協力によって、人類は予言されていたもう1つの困難の時期を乗り越えることができた。エドガー・ケーシーは「ハルマゲドンの戦い」が1999年に起きると予言していた。[*30] ノストラダムスもまた「恐怖の大王」が1999年に戻ってくると予言した。[*31] どちらの予言もほぼ的中した。2001年9月11日のニューヨーク世界貿易センターへの攻撃は「恐怖の大王」の帰還を表している。また2001年10月の有志連合によるアフガニスタン攻撃、それに続く2003年のアメリカによるイラク攻撃はケーシーが予言した「ハルマゲドンの戦い」を表している。しかしこれらの出来事の世界への破壊的影響力を軽減したのが、冷戦の終わりに確立されたグローバルな協力関係だ。重要なのは「銀河国際連合」秘密宇宙計画が、前ユーゴスラビア（1991～2001年）、イラク（2003年～）、シリア（2011年～）、ウクライナ（2015年～）の戦争に起因する緊張にもかかわらず多国間の持続的な協力を確かなものにしていたことだ。

冷戦終結による人類の急速な覚醒と地球の破壊的変化の阻止が地球規模での「ハーベスト（収穫）」／「アセンション（上昇）」を引き起こし、人々のほとんどを第4デンシティ社会へ移行させた可能性が非常に高い。1981年のラー・グループの言葉によれば、この集合的なアセンション（上昇）・イベントには以前考えられたよりもはるかに多くの人が参加できるだろう。一方、全面開示イベントとそれの余波が、SSP同盟が夢に見た「スタートレック型文明」の始まりになるだろうとグッドは言う。[*32]

人類が第4～第5デンシティ「スタートレック型文明」に移行するのを促す高度なテクノロジーの開示に加え、意識のパワーを使うことによる重要な進化のステップもあるだろう。テレパシーやテレキネシス（念動）、さらにはテレポーテーションのような高められた能力は将来の第4～第5デンシティ社会では意識しなくても自然に発達すると思われる。地球が高度な「スタートレック型文明」になるだけでなく、人類は時空を超えて移動する超能力や進化した意識を使う「ジェダイの騎士」団を所有するだろう。全面開示が完了した第4〜第5デンシティの地球社会は、間違いなく銀河コミュニティーの正会員として迎え入れられる。

この変革プロセスを促進するために個人には何ができるだろう。「ロー・オブ・ワン」は、人間同士を離反させ、人を自然環境から遠ざける「歪み」〔自由意志による選択〕を認識すべきだと言う。

人は自由意志の最初の歪みから出発し、知的エネルギーの中心の理解へ進む。知的エネルギーは、知性を、すなわち頭／体／魂の特定の複合体を、それ自身の環境――自然と呼ぶものと人工と呼ぶものの両方――の中で創り出した。避けるべきは、愛／光のエネルギーの中心の歪み、言ってみればこの特定の天体すなわちデンシティの「理法」の歪みを考慮しないことである。これには自然環境の必要性、他者自身の頭／体／魂の複合体の必要性への理解の欠如も含まれる。[*33]

したがって、自然環境の必要性と他者の必要性を認識することが、戦争や貧困、病気などを生み出す「歪み」を除去するための第1のステップである。次のステップは、自然環境か「高次の自己」につながることで私たち自身が個人的に進化することだ。

ゆえに２つのシンプルな指令がある。自然の中に表れている知的エネルギーに気づくこと、そして共有される自己の中に表れている知的エネルギーに気づくことだ。それが社会的複合体によって適切だと考えられたときは。（中略）また、あなたは自分の中に非常に多様で捉えがたい歪みがあるのに気づくかもしれない。自己と他者に関係する歪みだ。自由意志に関係する歪みではなく。調和的な関係に関する歪み、他者が最も利益をこうむるような他者への奉仕に関する歪みだ。[*34]

自然環境に感謝し敬意を払いながら過ごすこと、森や田園、海、無数の生命体を通して表れている「知的エネルギー」とつながりながら過ごすことがデンシティ・レベルを上昇するには決定的に重要なのだ。同時に、他者に奉仕するためにアーティストや講演者、発明家、作家、科学者等として、自分の独自の能力を表現することが、個人がアセンション（上昇）・プロセスをたどる近道だ。前途に待ち受ける素晴らしい全面開示とアセンション（上昇）・イベントに個人が建設的に参加することを可能にするブルー・エイビアンの「メッセージ」をグッドがこう説明している。

ブルー・エイビアンの「メッセージ」

ブルー・エイビアンはこう言っています。日々「他者への奉仕」性を強めること。より

「愛情深く」なること。「波動（バイブレーション）と意識のレベル」を上げ、「自分自身と他者を許す（ことによってカルマ（業）を手放す）」こと。これが地球の波動を変え、「人類の共有意識」を変え、「1度に1人の人間を変える」だろう（たとえその1人が自分自身だとしても）。彼らは、体を神殿のように扱え、と言います。また他者が変わるのを手助けするために「高次の波動食」に切り替えよ、と言います。こう言うと多くの人には「ヒッピーの〝愛と平和〟メッセージ」のように聞こえるかもしれませんが両者の間に違いはありません。「ブルー・エイビアンのメッセージ」で述べられている「道」は楽なものではありません。しかしこれらのテクノロジーが「抑圧」されているとしても、1人1人が自分自身でこれらの変化を成し遂げるならどんな世界になるか、想像してみてください。[*35]

このメッセージは、許しと「ヒッピーの愛と平和」メッセージを強調しているが賢明な助言だ。近年の歴史は、ある社会的・政治的秩序から別のそれに大きく移行した社会——例えば南アフリカのアパルトヘイトの終結時のような——では、適切なバランスが——真実と公正をめぐる相反する社会的・法的規範と許しや慈愛の間の適切なバランスが——紛争後の社会建設に必要であることを示している。この適切なバランスを見出すことが、全面開示からアセンション（上昇）・イベントに移行するのを大きく助けてくれるだろう。

図33　全面開示とアセンション（上昇）・イベントのための社会規範

本書はコーリー・グッドの驚くべき話を中心に探索を行なってきた。そして彼の言葉が、入手可能な文書・記録や他の証言者の言葉と矛盾しないことを示した。グッドらの証言の信頼性を検証するにはさらなる探索が必要だ。しかし彼らの証言は、何十年にもわたって隠され続けてきた秘密宇宙計画と異星人の活動をめぐる複雑なジグソーパズルを完成させるのにきわめて重要である。これまでグッドによって明かされた情報は、これから起きることの最初の波に過ぎない。証言者が増えて文書・記録がさらに多く現れれば、偽情報の霧に隠された真実がしだいに明らかになっていくだろう。秘密宇宙計画や異星人同盟の詳細を明かす証言者たちの勇気ある行動を通して初めて、私たちは価値ある新たな意味を人生に見出すことができるのだ。

2015年12月、1冊の自叙伝が出版された。当時92歳の著者ウィリアム・トムキンズは、第二次世界大戦中ナチスドイツの秘密計画に潜入するアメリカ海軍のスパイ計画に参加していた。その自叙伝『Selected by Extraterrestrials: My life in the top secret world of UFOs, think-tanks and Nordic secretaries（異星人に選ばれて：極秘UFO、シンクタンク、「ノルディック」人秘書たちの中での私の人生）』でトムキンズは海軍のスパイたちの報告について書いている。その報告によると、ナチスは高度な航空機の原型を建造し、その一部は反重力原理を使って惑星間を移動することも可能だった。アメリカ海軍のスパイたちの任務はナチスの高度な航空機計画の中に入り込み、自分が目にしたことを報告することだったと彼は述べる。それらの情報はアメリカ国内の企業、特に海軍と契約を結んでいる企業に伝えられ、それら企業は各種の反重力機を設計・製造した。その中には長さ2㎞に及ぶ宇宙母艦も複数あった。

トムキンズは2001年に、戦時の経験を書くことが認められるかどうか確かめるために1人の海軍将官にアプローチした。

２００１年の初め、私はワシントンＤＣとサンディエゴにヒュー・ウェブスター海軍大将を訪ねた。私たちは進行中の私の本――異星人の地球への脅威に関する本――について５時間話し合いをした。大将が文章の一部と資料を読んだあとで私はこう尋ねた。「このうち本に含めていいのはどの程度でしょう?」すると彼は「すべて含めてください。これはわが国にとって非常に重要なことだ。知っていることを残らず書いたほうがいい」と言った。[*1]

トムキンズの話は、彼が9歳のときに父親がカリフォルニアのロングビーチにある海軍のドックに連れていってくれたときのことから始まる。そこでは定期的にドックに入る駆逐艦や巡洋艦や空母が一般にも公開されていた。以後彼はたびたびドックを訪れることになる。当時は大砲やレーダーの配置が機密扱いだったので写真を撮ることが禁じられていた。

ものごとを正確に記憶する能力を持つトムキンズは注意深く艦船を見て回り、そのあとすぐにその設計を再現することができた。8年後、彼は自分が見た艦船を細部まで正確に再現した模型を多数製作し、父親がハリウッドのデパートで販売し始めた。大砲の配置やそのサイズなど極秘情報が分かる商品が売られていることを知った海軍は、１９４１年、トムキンズと父親の取り調べを行ない、彼らの模型を回収した。しかしこのとき海軍情報部はトムキンズの非凡な才能に強い興味を持った。

1941年3月26日、サンタモニカの『イブニング・アウトルック』紙は、海軍の艦長でサンディエゴの第11管区司令官だったG・C・ギアリングにトムキンズ（当時17歳）が模型の一部を見せている写真と記事を掲載した。

『イブニング・アウトルック』紙の記事には、トムキンズの能力について語るC・A・ブレークリー海軍少将の次のような言葉が出ている。

船の模型を部下の将官たちといくつか調べたが、実に興味深くかつ楽しくもあった。その優れた工芸技術で君は軍艦の細部まで組み立てられる優秀な学生であることを証明してみせた。しかし何より素晴らしいのは、1人1人のアメリカ人の心に第一線の防衛の重要性を教えてくれたことだ。

複雑な軍艦の設計を正確に記憶し再現できるトムキンズの能力は驚くべきもので、最終的には海軍の最高幹部の注意を引くまでになった。そこには当時の海軍長官ジェームズ・フォレスタルと海軍少将リコ・ボッタもいた。ボッタはサンディエゴのノースアイランドの海軍飛行場を拠点にした秘密諜報計画の責任者でもあった、とトムキンズは言う。

トムキンズによればボッタ少将はトムキンズを4年間（1942～46年）自分の個人スタッフと

EVENING OUTLOOK, SANTA MONICA, CALIFORNIA

Youth Models Ships Of American Fleet

Naval Officers Praise His Work

Carving of units of the U. S. fleet from balsa wood, started three years ago by 17-year-old William M. Tompkins, has created a furor among naval officers.

Young Tompkins, who resided at 833 21st st. for six years and attended school in Santa Monica, now lives at 3224 Ellington Drive, Hollywood. The family moved from Santa Monica three years ago, but there still are relatives here.

HAS 51 SHIPS

In all he has 51 ships, each made on a scale of 1 inch to 50 feet and ranging from 18½ inches for the aircraft carrier Lexington to 1½ inches for shore boats. The Lexington iif this miniature fleet carries 28 perfectly modeled fighting planes on its deck.

Tompkins exhibited his fleet to navy officers in San Diego. Capt. H. C. Gearing, commandant of the 11th Naval District, was so impressed by the fidelity to detail that he arranged to borrow them for display at the Naval Training Station in San Diego.

The "fleet" is made up of four battleships, the New York, Idaho, Oklahoma and West Virginia; the airplane carrier, 11 destroyers and many light and heavy cruisers, submarines, tenders, repair ships and other units that go to make up the country's first line of defense.

MINIATURE FIGHTING SHIPS modeled by 17-year-old William M. Tomkins, formerly of Santa Monica, have aroused the interest and admiration of naval officers. Photo shows the youth displaying his fleet to Capt. H. C. Gearing, commandant of the 11th Naval District, San Diego.

図34　ギアリング艦長に船の模型を見せているトムキンズを紹介する『イブニング・アウトルック』の紙面

して用い、そのあとすぐにある秘密諜報計画の指導的地位に据えた。そのときの使命記述書の内容はフォレスタル長官が直接決定したものだったとトムキンズは言う。

この使命記述書の一部はこうである。「実験研究施設、他の政府機関、教育科学施設、製造企業、研究技師の活動の継続的調査を行なうこと。自らの主導のもとに、あるいは海軍航空部隊の部局の依頼を受け、調査プロジェクトの輪郭を明らかにできるよう特定の手段あるいは技術を研究すること」[*2]

ボッタ少将と艦長が1人か2人出席し、そこで海軍の諜報員たちがナチスドイツで観察したことを報告する会議に出席したとトムキンズは書いている。トムキンズによると、秘密計画には海軍の大尉階級の諜報員が29人いた。全員ドイツ系で、そのために彼らは容易にナチスに潜入できた。

トムキンズの仕事は、諜報員の言葉から——あるいは彼らが手に入れた資料から——航空機の複雑な設計を再現し、それを海軍と契約している複数の企業に渡すことだった。それらの企業はナチスがヨーロッパや南アメリカ、南極の施設で生産している反重力航空機の設計、再現、テストを進めた。

海軍の諜報員はさらに、ナチスドイツで——そしてのちにはアメリカで——進められた秘密宇宙計画についても報告している。トムキンズによれば、ドイツでは第二次大戦前から大戦中まで2つの空飛ぶ円盤計画が進められているという極秘報告もあった。1つ目は1933年のナチス権力奪取以前に始まった民間人による計画で、もう1つはナチスSSが進めた計画である。民間人による計画は「ノルディック」異星人グループに触発されたもので、異星人たちは若いドイツ人女性の霊媒を通してコミュニケーションを行なった。2つ目の計画は、ヒトラーと秘密協定を結んだ「レプティリアン」と呼ばれる異星人グループの援助を得ていた。

ドイツにいた海軍の諜報員たちは「地球外」の者たちがヒトラーに与えた諸々のものを発見した。UFO、反重力推進力、ビーム兵器、長命、娘たちが自ら進んで体を提供するマインドコントロール計画。レプティリアンたちはこういうおもちゃが詰まった箱をナチスに与える代わり、ヒトラーが残りの人類を奴隷にするという取引をSSとの間に結んだ。[*3]

トムキンズはのちに行なわれたインタビューで、レプティリアンはナチスの各種の航空宇宙計画で専門的な助言を与える役割を果たしたと語っている。[*4]

ナチスは1939年に南極にある大きな洞窟3つをレプティリアンから与えられ、ドイツの秘密宇宙計画の大部分を南極に移した、とトムキンズは断言する。ドイツの敗色が濃厚になった1942年までにナチスはトップレベルの科学者とエンジニア、そして最重要のリソースを、巨大な積み荷輸送の可能な潜水艦に積んで南極に運んだ。

トムキンズは、ドイツがその宇宙計画で大きな成功を達成し、一方で失敗も犯したことを知った。特に注目すべきは1945年4月末に行なわれた最初の火星への宇宙飛行だ。宇宙船には3人の日本人を含む30人の乗員が乗り込んでいた。しかしこの素晴らしい事業は、火星の表面に宇宙船が激突して全員が死亡するという結果に終わった。

トムキンズは海軍の諜報員たちが盗んだドイツの宇宙船の設計を再現し、その設計図を極秘の施設に渡した。それらの中にはダグラス社、ロッキード社、カリフォルニア工科大学、マサチューセッツ工科大学その他の多くの施設が含まれている。トムキンズによれば、1942年から46年にかけて彼がこれらの宇宙航空施設を訪れた回数は約1200回に及んだ。

第二次大戦後トムキンズは複数の宇宙航空企業で働いたのち、1950年にダグラス社のエンジニアリング部門で製図者の仕事に就いた。戦時中に海軍情報部で示したトムキンズの非凡なスキルはダグラス社内の秘密シンクタンク「アドバンスト・デザイン」の注意を引いた。そこでは反重力推進システムの研究が行なわれていた。

1951年にトムキンズは「アドバンスト・デザイン」に加わる。そこで彼は、海軍情報部がナチスから集めた情報と彼自身の能力を使って各種の反重力宇宙機の設計に専念するよう命じられた。「アドバンスト・デザイン」の2人の上司について彼はこう書いている。

私はウルフガング・クレンペラー博士とエルマー・ホイートンの直属の部下だった。ホイートンはエンジニアリング部門の長だったが、もう1つの顔も持っていた。ミサイル及び宇宙システム秘密計画全体の責任者だったのだ。社員の99・9パーセントは知らなかったが、彼は地球外からの脅威を調査する超最高機密のシンクタンクの責任者だった。そのシンクタンクは「アドバンスト・デザイン」とも呼ばれていた。[*5]

さらにトムキンズは海軍が「アドバンスト・デザイン」に設計を依頼するときの秘密のやり方についても述べている。

我々が依頼を受けずに宇宙船の提案を行なうと、それを受け取った海軍は探査用宇宙船の提案要請を1つだけよこした。実を言うと我々は正式なRFP（提案依頼書）さえもらわなかった。提案を依頼する書類は「アドバンスト・デザイン」のドアの下から差し込まれていて、封筒の表には「関係者宛て」としか書かれていなかった。[*6]

トムキンズは将来の宇宙戦部隊のための任務要素を研究することから仕事を始めた。やがて彼は、将来予想される海軍の宇宙任務の必要を満たす宇宙船の設計を提供できるようになった。

トムキンズは与えられた任務要素を基に、キロメートル単位の宇宙船群で構成する海軍宇宙戦部隊の輪郭を作り上げた。

私は標準的な海軍宇宙戦部隊の全量を画定した。２・５㎞の宇宙船母艦1、旗艦となる宇宙船２、宇宙重巡洋艦３〜４、１㎞の宇宙駆逐艦４〜５、２㎞の急降下用宇宙強襲艇２、２㎞の宇宙兵站艦２、２㎞の宇宙兵員輸送艦２である。[*7]

トムキンズは著書の中でダグラス社のシンクタンクで完成された宇宙船２機の設計図について説明し、その記録資料も挙げている。

トムキンズはそのあと、海軍の秘密の宇宙巡洋艦や宇宙母艦を建造していたＴＲＷ社［アメリカの宇宙機器や自動車部品メーカー］やゼネラル・ダイナミックス社［アメリカの防衛関連メーカー］等の航空宇宙企業で働いた。１９６０年代初めに宇宙母艦の最初の設計が完成したあと、体系的かつ詳細なプランを完成して公式の建造が始まるまで約10年かかった。そして１９７０年代に建造が始まり、１９８４年に「ソーラーウォーデン」という名の極秘宇宙計画のもと、最初の宇宙母艦が配備された。[*8] トムキンズによると１９８０年代および90年代には宇宙母艦を持つ部隊が８個あった。[*9]

ウィリアム・トムキンズの証言の信憑性

その注目すべき主張を裏づけるためにトムキンズは著書の中にいくつか資料を掲載している。その中に、3個までの荷物と共にサンディエゴ海軍航空基地への出入りを許可する2枚の証明書がある。その荷物には、トムキンズが企業を選ぶために配置した海軍の諜報員からの秘密データとされるものが入っていた。

トムキンズによれば、この許可証のサインは海軍航空基地による秘密作戦の司令官ボッタ少将のものだ。ボッタのサインは情報公開法で閲覧可能な国立公文書館の資料で確認できる。[*10] 資料の1つにはボッタが海軍少佐だった1934年の本人の写真が載っている。その資料には彼の明瞭なサインが添えられてあり、トムキンズが示す許可証のサインと比べることができる。次に挙げる写真で見る限り、サインはどれも同一人物のもののように思われる。

許可証のサインが本当にボッタのものであると確認されれば、トムキンズへの任務命令書にある「海軍機の研究および情報の普及担当者」をしていたという彼の主張を裏づける証拠資料となる。

トムキンズが持ち運んでいた荷物に関して言えば、1945年9月に正式に発行された「使命記

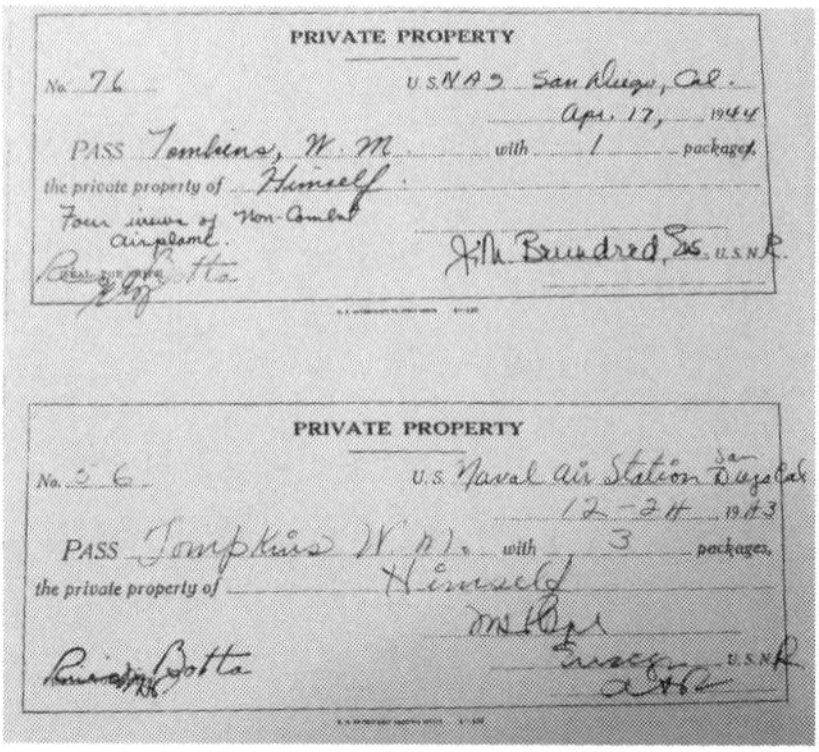
PRIVATE PROPERTY

No. 76　U.S.N.A.S. San Diego, Cal.
Apr. 17, 1944
PASS Tompkins, W. M. with 1 packages
the private property of Himself
Four views of Non-Combat airplane.
J.M. Bundred U.S.N.R.

PRIVATE PROPERTY

No. 56　U.S. Naval Air Station San Diego Cal
12-24 1943
PASS Tompkins W. M. with 3 packages,
the private property of Himself
U.S.N.R.

Passes for travel from Naval Air Station with briefing packages
Source: William Tompkins, *Selected by Extraterrestrials*, p. 68

図35　荷物と共に海軍航空基地に出入りすることを認める基地発行の許可証
出典：ウィリアム・トムキンズ著『Selected by Extraterrestrials（異星人に選ばれて）』68ページ

述書」のコピーが答えを提供する。

　彼の「使命記述書」は、彼の「海軍機の研究および情報普及担当者」としての仕事が公認されていたことを裏づける。これは、トムキンズが持ち運んでいた荷物が高度な航空機の設計図に関する海軍の情報資料――ナチスドイツで開発されたものの資料も含め――を含んでいることの説得力のある証拠だ。

　海軍の情報部や航空宇宙産業で長く働いている間にトムキンズは膨大な資料を集めたが、それらの資料が彼の証言やバックグラウンドを実証してくれる。自叙伝『Selected by Extraterrestrials（異星人に選ばれて）』はその一部を明らかにしており、近く刊行予定の著書でさらに多くが明らかにされるだろう。*11

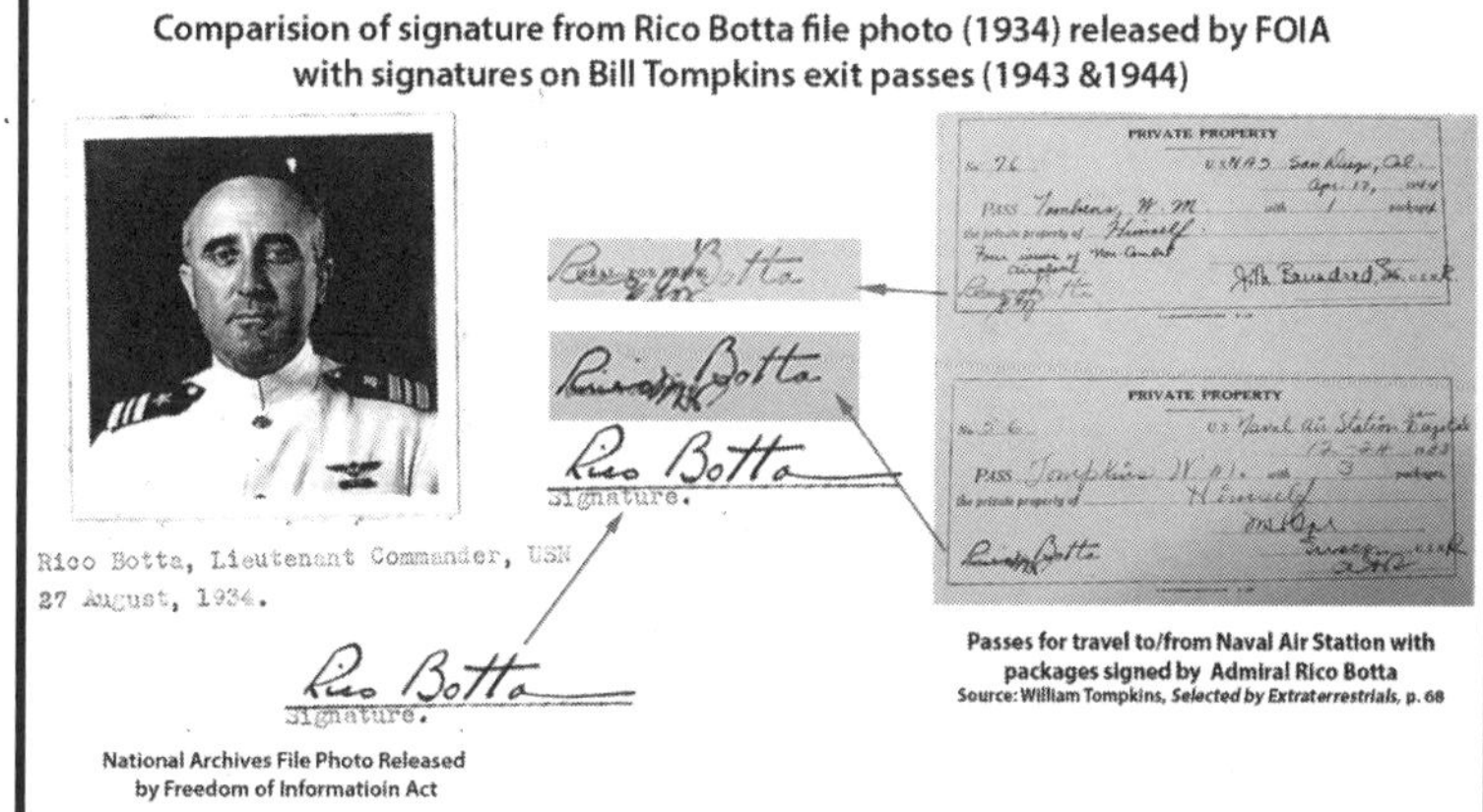
Comparision of signature from Rico Botta file photo (1934) released by FOIA
with signatures on Bill Tompkins exit passes (1943 &1944)
Rico Botta, Lieutenant Commander, USN
27 August, 1934.
Signature.
National Archives File Photo Released
by Freedom of Informatioin Act
PRIVATE PROPERTY
Passes for travel to/from Naval Air Station with
packages signed by Admiral Rico Botta
Source: William Tompkins, Selected by Extraterrestrials, p. 68

図36　リコ・ボッタのファイル――情報公開法に基づいて公開された――にある写真（1934）に添えたサインと、トムキンズの許可証（1943＆1944）のサインの比較

（左下）
情報公開法で公開された国立公文書館の資料写真

（右下）
リコ・ボッタ少将の署名入りの海軍航空基地の荷物携帯出入り許可証
出典：ウィリアム・トムキンズ著『Selected by Extraterrestrials（異星人に選ばれて）』68ページ

IN REPLY REFER TO NO

U.S. NAVAL AIR STATION
SAN DIEGO 35, CALIFORNIA

26 September 1945.

STATEMENT OF MISSION, TASKS AND OBJECTIVES

DISSEMINATOR OF AIRCRAFT RESEARCH AND INFORMATION

Shop 160 - Planning Division

WILLIAM M. THOMPKINS, USNR - 680-52-78

MISSION:- Under the direction of the Production Superintendent. In addition to reporting directly to the Production Superintendent, the Disseminator of Aircraft Research and Information shall also report to the Planning Division Superintendent and to the Chief Engineer to coordinate, compile and maintain a continuous survey of research and information relative to special equipment necessary in the repair and overhaul, experimental tests, and developmental work of aircraft, aircraft engines and their accessories.

Tompkins Mission Order as Disseminator of Naval Aircraft Research & Information
Source: William Tompkins, *Selected by Extraterrestrials,* p. 314

図37　トムキンズに対する「海軍機の研究および情報の普及担当者」としての任務命令書
出典：ウィリアム・トムキンズ著『Selected by Extraterrestrials（異星人に選ばれて）』314ページ

1951年から63年までダグラス社内の「アドバンスト・デザイン」で働いている間、彼には魅力的な2人の「ノルディック」異星人の女性秘書がいた。2人はテレパシーを使ってトムキンズを高度な宇宙船の設計に導き、それがひそかに海軍で建造されたとトムキンズは言う。ダグラスでの2人の「ノルディック」人秘書との経験は、海軍が自身の宇宙計画を進めるために1950年代初めに友好的な異星人グループと秘密の協定を結んでいたことを示唆する。それがやがて、「レプティリアン」の援助を受ける南極でのナチスの宇宙計画と対抗するようになる。

トムキンズが語ることは途方もない話に思えるが、主要な部分はこの本の監修を行なったロバート・ウッド博士によって検証されている。博士は2009年にトムキンズの証言を調査し始めた。極めて重要なのは、ウッド博士が43年間にわたってダグラス社（のちにマクドネル・ダグラス社）に勤めていてトムキンズと勤務時期が重なったこともあるという事実だ――もっとも2人は2009年まで会ったことはないのだが。ダグラス社でウッド博士が行なった仕事の1つは、UFOの目撃報告を研究し、航空宇宙産業が空飛ぶ円盤を設計することの成否を検討することだった。博士がこの仕事を命じられたのは複数の幹部に会ったのちのことだった。

業務の進行状況を数人の幹部に報告したあと、彼らの1人が個人的に私に話しかけてきて、今の仕事以外にある興味深いことをする気はないかと尋ねた。「信じていただけないかもしれませんが、私はUFOに関する書物を50冊ほど読んできました。そして私がたどり着いた結論は、ＵＦＯは確かに異星人の乗り物だということです」と私は言った。唯一の問題は、それらがどのように作動するのか、ライバルであるロッキード社より先にそれを知ることができるのかだった。しばらく沈黙が続いたあと、別の幹部が言った。「その問題を検討するにはどの程度コストがかかるだろう？」。こうして我々のプロジェクトが始まった。ＵＦＯがどのように作動するのか調べるための地味なプロジェクトが。[*12]

ウッド博士はトムキンズが挙げたダグラス社の主要なエンジニアや科学者、プロジェクトの名前を――特にエルマー・ホイートンやクレンペラー博士の名前を――知っていた。博士はトムキンズの詳細な証言に強く心を引かれ、彼の自叙伝の監修者になって彼を手助けすることを決めた。

トムキンズの自叙伝は秘密宇宙計画の証言者の言葉を確証する

トムキンズの証言を軽く見ることはできない。彼の言葉は、本書が詳述してきた複数の証言者が言う「秘密宇宙計画」の主要部分を裏づけるのだ。とりわけコーリー・グッドの証言にずっしりとした重みを加える。

グッドによれば、１９８７年から２００７年にかけて勤務した秘密宇宙計画で彼は「スマート・グラスパッド」を与えられ、それで秘密宇宙計画の歴史を学んだ。このスマート・グラスパッドには、のちに彼が証言した秘密情報が含まれたいた。その情報は、1945年までナチスドイツで仕事をしていた海軍の諜報員たちからトムキンズが聞いた情報ときわめて似通っている。

グッドの証言の中でも重要なのは、ナチスドイツには2つの空飛ぶ円盤計画があったということだ。1つ目はマリア・オルシクが主導した民間の計画。この若い女性には際立った心霊能力があり、アルデバランから来たと称するエイリアンとコミュニケーションができた。その結果ブリル協会が中心となって初の空飛ぶ円盤が作られた。トムキンズもまた、ドイツでの宇宙計画の1つは女性の霊媒が異星人とコミュニケートしながら行なった民間人の計画だったと述べている。トムキンズはこのグループのリーダーの名はマリア・オルシクだとはっきり語っている。*13

グッドもトムキンズも、2つ目の宇宙計画はレプティリアンが積極的に援助するナチスSSによるものだったと言う。さらに2人の証言に共通するのは、ドイツは第二次大戦前から大戦中にかけてその宇宙計画の最も高度なリソースを南極と南アメリカへ移動させたということである。

トムキンズの本はまた、月と火星へのミッションは1940年代初期から半ばにかけてドイツの秘密宇宙計画が成功させたとするグッドの証言も裏づける。加えてトムキンズもまたグッドと同じように、「ハイジャンプ作戦」は南極にあるナチスの基地を突きとめて破壊するための軍事遠征だったが失敗に終わったと述べる。

2015年12月に『Selected by Extraterrestrials（異星人に選ばれて）』を出版したあと、トムキンズはロバート・ウッド博士から私のこの著書を受け取った。その後の電話での会話でトムキンズは、私のこの本に書かれていることの多く――大部分コーリー・グッドの証言に基づいている――は正確だと語った。

トムキンズの語ることとは、ダグラス社および他の航空宇宙企業で海軍の機密計画のために働いた人物による稀有な証言だ。彼の証言が、かつてやはりダグラス社で働いたロバート・ウッド博士の援助を引き出したという事実はきわめて意味深い。トムキンズがその著書で提供した資料は、ドイツの秘密結社とナチスが大戦前から終戦まで反重力テクノロジーによる極秘の計画を行なっているとした諜報員の情報を基に海軍が実際に秘密宇宙計画を進めていたことの確たる証拠となる。

2017年2月2日

マイケル・E・サラ博士

＊4　Interview with the author on February 25, 2016. To be published in ExoNews.TV
＊5　William Tompkins, Selected by Extraterrestrials, 48.
＊6　William Tompkins, Selected by Extraterrestrials, 68.
＊7　William Tompkins, Selected by Extraterrestrials, 80.
＊8　Interview with the author on February 25, 2016.
＊9　Interview with the author on February 25, 2016.
＊10　私に代わって国立公文書館に手紙を書き、リコ・ボッタ少将のファイルを入手してくれたデューク・ブリックハウス・J・Dに感謝する。
＊11　2016年2月25日、私はトムキンズの何十年にもわたる航空産業での経験を確証する彼所有の4つの資料箱を調査した。
＊12　Rense.com, "Dr. Robert Wood-Aerospace Engineer Veteran Blows The Whistle On UFOs," http://rense.com/general96/woodsvet.html (Accessed 3/18/16).
＊13　Interview with the author on January 16, 2016.

workersand-others-from-cyber-threats/ (accessed 8/4/15).
＊21 〝Chinese Hack of Government Network Compromises Security Clearance Files,〟 Washington Post, http://tinyurl.com/pchshuw (accessed (accessed 7/21/15).
＊22 〝Questions for Corey Goode on June Secret Space Program Meetings,〟 http://exopolitics.org/secret-space-program-conferences-discuss-full-disclosure-humanitys-future/ (accessed 7/21/15).
＊23 〝Questions for Corey Goode on Mars, Moon and Nazi Space Program〟 http://exopolitics.org/corporate-bases-on-mars-and-nazi-infiltration-of-us-secret-space-program/ (accessed 7/27/15).
＊24 〝Questions for Corey Goode on June Secret Space Program Meetings,〟 http://exopolitics.org/secret-space-program-conferences-discuss-full-disclosure-humanitys-future/ (accessed 7/21/15).
＊25 〝Human Elite Attempt to Negotiate Cessation of SSP Alliance Disclosure in Latest Conference,〟 http://spherebeingalliance.com/blog/human-elite-attempt-to-negotiate-cessation-ofssp-alliance-disclosure-in-latest-conference.html (accessed 7/27/15).
＊26 〝Extraterrestrial alliance helps secret space program overcome opposition to full disclosure,〟 http://exopolitics.org/extraterrestrial-alliance-helps-secret-space-program-overcome-oppositionto-full-disclosure/ (accessed 7/21/15).
＊27 〝Questions for Corey Goode on SSP Conflicts and Human Slave Trade-May 29/30, 2015,〟 http://exopolitics.org/secret-space-war-halts-as-extraterrestrial-disclosure-plans-moveforward/ (accessed 7/21/15).
＊28 〝The Law of One, Book III, Session 65, August 8, 1981,〟 http://www.llresearch.org/transcripts/issues/1981/1981_0808_book_3.aspx (accessed 7/25/15).
＊29 〝Scallion, Gordon Michael,〟 Encyclopedia,com, http://www.encyclopedia.com/doc/1G2-3403804001.html (accessed 8/12/15).
＊30 See 〝The Edgar Cayce Predictions,〟 http://www.alamongordo.com/the-edgar-caycepredictions/ (accessed 8/12/15).
＊31 See 〝King of Terror: 1999〟 http://www.dreamscape.com/morgana/1999.htm (accessed 8/12/15).
＊32 〝The Law of One, Book III, Session 65, August 8, 1981,〟 http://www.llresearch.org/transcripts/issues/1981/1981_0808_book_3.aspx (accessed 7/25/15).
＊33 〝The Law of One, Book I, Session 18,〟 http://www.llresearch.org/transcripts/issues/1981/1981_0204_book_1.aspx (accessed 8/9/15).
＊34 〝The Law of One, Book I, Session 18,〟 http://www.llresearch.org/transcripts/issues/1981/1981_0204_book_1.aspx (accessed 8/9/15).
＊35 〝Introduction,〟 http://spherebeingalliance.com/introduction (accessed 7/25/15).

あとがき　原註

＊1 William Tompkins, Selected by Extraterrestrials: My life in the top secret world of UFOs., think-tanks and Nordic secretaries (Createspace, 2015). Backcover.
＊2 〝A Lesson in Naval History in 1:600 Scale,〟 Craftmanship Museum, http://craftsmanshipmuseum.com/Tompkins.htm
＊3 William Tompkins, Selected by Extraterrestrials, 70-71.

7/25/15).

第15章　原註

＊1　FAQs, Q48, http://spherebeingalliance.com/faqs (accessed 7/25/15).
＊2　FAQs, Q48, http://spherebeingalliance.com/faqs (accessed 7/25/15).
＊3　FAQs, Q48, http://spherebeingalliance.com/faqs (accessed 7/25/15).
＊4　Synopsis, "Law of One," http://www.lawofone.info/synopsis-prev.php (accessed 7/25/15).
＊5　Synopsis, "Law of One," http://www.lawofone.info/synopsis-prev.php (accessed 7/25/15).
＊6　Paul LaViolette, Decoding the Message of the Pulsars: Intelligent Communication from the Galaxy (Bear & Company, 2006).
＊7　Synopsis, "Law of One," http://www.lawofone.info/synopsis-prev.php (accessed 7/25/15).
＊8　"The Lt. Col. Gonzales SSP Council Delegation Briefings Part 2," http://spherebeingalliance.com/blog/the-lt-col-gonzales-ssp-council-delegation-briefings-part-2.html (accessed 7/25/15).
＊9　"The Law of One Session 7, January 25, 1981," http://www.lawofone.info/results.php?s=7 (accessed 8/12/15).
＊10　"The Law of One Session 12, January 28, 1981," http://www.lawofone.info/results.php?s=12 (accessed 8/12/15).
＊11　"Blue Avian Image & Information About Upcoming Updates," http://spherebeingalliance.com/blog/a-week-ahead-of-video-shooting-for-gaimtv.html (accessed 7/25/15).
＊12　"Questions for Corey/GoodETxSG-4/4/2015," http://exopolitics.org/secret-spaceprograms-more-complex-than-previously-revealed/ (accessed 7/25/15).
＊13　"Questions for Corey/GoodETxSG-4/4/2015," http://exopolitics.org/secret-spaceprograms-more-complex-than-previously-revealed/ (accessed 7/25/15).
＊14　Global Elites offer to begin Limited Disclosure of Extraterrestrial Life Technology in Nov 2015 http://exopolitics.org/global-elites-to-begin-limited-disclosure-of-extraterrestrial-lifetechnology-in-nov-2015/ (accessed 7/21/15).
＊15　FAQs, SphereBeingAlliance.com, http://spherebeingalliance.com/faqs/461-hi-corey-youcommented-on-dr-sallas-page-that-anything-less-than-full-disclosure (accessed 7/21/15).
＊16　FAQs, SphereBeingAlliance.com, http://spherebeingalliance.com/faqs/461-hi-corey-youcommented-on-dr-sallas-page-that-anything-less-than-full-disclosure (accessed 7/21/15).
＊17　"Extraterrestrial alliance helps secret space program overcome opposition to full disclosure," http://exopolitics.org/extraterrestrial-alliance-helps-secret-space-program-overcome-oppositionto-full-disclosure/ (accessed 7/21/15).
＊18　"Chinese Hack of Government Network Compromises Security Clearance Files, Washington Post, http://www.washingtonpost.com/world/national-security/chinese-hack-of-government-networkcompromises-security-clearance-files/2015/06/12/9f91f146-1135-11e5-9726-49d6fa26a8c6_story.html (accessed (accessed 7/21/15).
＊19　"OPM hack: 21 million people's personal information stolen, federal agency says," The Guardian, http://www.theguardian.com/technology/2015/jul/09/opm-hack-21-million-personalinformation-stolen (accessed 8/4/15).
＊20　"OPM Announces Steps to Protect Federal Workers and Others From Cyber Threats," https://www.opm.gov/news/releases/2015/07/opm-announces-steps-to-protect-federal-

＊15 〝Extraterrestrial Liberty III-Dissent, Revolution and Liberty in Space〞 : http://www.bisspace.com/2014/10/07/13692/extraterrestrial-liberty-iii-dissent-revolution-and-libertyin-space (accessed 7/25/15).

＊16 Richard Hollingham, 〝How to Overthrow a Martian Dictatorship,〞 http://www.bbc.com/future/story/20150619-how-to-overthrow-a-martian-dictatorship (accessed 7/25/15).

＊17 Richard Hollingham, 〝How to Overthrow a Martian Dictatorship,〞 http://www.bbc.com/future/story/20150619-how-to-overthrow-a-martian-dictatorship (accessed 7/25/15).

＊18 Richard Hollingham, 〝How to Overthrow a Martian Dictatorship,〞 http://www.bbc.com/future/story/20150619-how-to-overthrow-a-martian-dictatorship (accessed 7/25/15).

＊19 Corey Goode, 〝Joint SSP, Sphere Alliance & ICC Leadership Conference & Tour of Mars Colony on 6.20.2015,〞 http://spherebeingalliance.com/blog/joint-ssp-sphere-alliance-iccleadership-conference-tour-of-mars-colony-on-6-20.html (accessed 7/25/15).

＊20 Corey Goode, 〝Joint SSP, Sphere Alliance & ICC Leadership Conference & Tour of Mars Colony on 6.20.2015,〞 http://spherebeingalliance.com/blog/joint-ssp-sphere-alliance-iccleadership-conference-tour-of-mars-colony-on-6-20.html (accessed 7/25/15).

＊21 Corey Goode, 〝Joint SSP, Sphere Alliance & ICC Leadership Conference & Tour of Mars Colony on 6.20.2015,〞 http://spherebeingalliance.com/blog/joint-ssp-sphere-alliance-iccleadership-conference-tour-of-mars-colony-on-6-20.html (accessed 7/25/15).

＊22 〝H.R.1508-Space Resource Exploration and Utilization Act of 2015,〞 https://www.opencongress.org/bill/hr1508-114/actions_votes (accessed 7/25/15).

＊23 Corey Goode, 〝Joint SSP, Sphere Alliance & ICC Leadership Conference & Tour of Mars Colony on 6.20.2015,〞 http://spherebeingalliance.com/blog/joint-ssp-sphere-alliance-iccleadership-conference-tour-of-mars-colony-on-6-20.html (accessed 7/25/15).

＊24 〝H.R.1508-Space Resource Exploration and Utilization Act of 2015,〞 https://www.opencongress.org/bill/hr1508-114/actions_votes (accessed 7/25/15).

＊25 〝Asteroid Property Rights Legislation Introduced in Congress,〞 http://www.parabolicarc.com/2015/05/10/asteroid-property-rights-legislation-introducedcongress/ (accessed 7/25/15).

＊26 〝Text of the Space Resource Exploration and Utilization Act of 2015,〞 https://www.govtrack.us/congress/bills/114/hr1508/text (accessed 7/25/15).

＊27 〝SpaceX Billionaire Elon Musk Wants A Martian Colony Of 80,000 People,〞 http://www.forbes.com/sites/alexknapp/2012/11/27/spacex-billionaire-elon-musk-wantsa-martian-colony-of-80000-people/ (accessed 7/25/15).

＊28 〝Text of the Space Resource Exploration and Utilization Act of 2015,〞 https://www.govtrack.us/congress/bills/114/hr1508/text (accessed 7/25/15).

＊29 〝Text of the Space Resource Exploration and Utilization Act of 2015,〞 https://www.govtrack.us/congress/bills/114/hr1508/text (accessed 7/25/15).

＊30 〝Text of the Space Resource Exploration and Utilization Act of 2015,〞 https://www.govtrack.us/congress/bills/114/hr1508/text (accessed 7/25/15).

＊31 〝Questions for Corey Goode on SSP Conflicts and Human Slave Trade,〞 http://exopolitics.org/galactic-human-slave-trade-ai-threat-to-end-with-full-disclosure-ofet-life/ (accessed 7/25/15).

＊32 〝Questions for Corey Goode on SSP Conflicts and Human Slave Trade,〞 http://exopolitics.org/galactic-human-slave-trade-ai-threat-to-end-with-full-disclosure-ofet-life/ (accessed 7/25/15).

＊33 〝Questions for Corey Goode on SSP Conflicts and Human Slave Trade,〞 http://exopolitics.org/galactic-human-slave-trade-ai-threat-to-end-with-full-disclosure-ofet-life/ (accessed

Protect Solar System," http://tinyurl.com/o6wlqz2 (accessed 8/2/15).
See "Disclosure Project Executive Summary," http://siriusdisclosure.com/wp-content/uploads/2012/12/ExecutiveSummary-LRdocs.pdf (accessed 8/2/15).

第14章　原註

＊1 Albert Speer, Infiltration: How Heinrich Himmler Schemed to Build an SS Industrial Empire (Ishi Press, 2010) 302.
＊2 Albert Speer, Infiltration: How Heinrich Himmler Schemed to Build an SS Industrial Empire, 302.
＊3 "Questions for Corey Goode on Mars, Moon and Nazi Space Program-May 14, 2015," http://exopolitics.org/corporate-bases-on-mars-and-nazi-infiltration-of-us-secret-spaceprogram/ (accessed 7/26/15) (accessed 7/25/15).
＊4 Corey Goode, "Joint SSP, Sphere Alliance & ICC Leadership Conference & Tour of Mars Colony on 6.20.2015," http://spherebeingalliance.com/blog/joint-ssp-sphere-alliance-iccleadership-conference-tour-of-mars-colony-on-6-20.html (accessed 7/25/15).
＊5 Corey Goode, "Joint SSP, Sphere Alliance & ICC Leadership Conference & Tour of Mars Colony on 6.20.2015," http://spherebeingalliance.com/blog/joint-ssp-sphere-alliance-iccleadership-conference-tour-of-mars-colony-on-6-20.html (accessed 7/25/15).
＊6 Corey Goode, "Joint SSP, Sphere Alliance & ICC Leadership Conference & Tour of Mars Colony on 6.20.2015," http://spherebeingalliance.com/blog/joint-ssp-sphere-alliance-iccleadership-conference-tour-of-mars-colony-on-6-20.html (accessed 7/25/15).
＊7 Corey Goode, "Joint SSP, Sphere Alliance & ICC Leadership Conference & Tour of Mars Colony on 6.20.2015," http://spherebeingalliance.com/blog/joint-ssp-sphere-alliance-iccleadership-conference-tour-of-mars-colony-on-6-20.html (accessed 7/25/15).
＊8 Corey Goode, "Joint SSP, Sphere Alliance & ICC Leadership Conference & Tour of Mars Colony on 6.20.2015," http://spherebeingalliance.com/blog/joint-ssp-sphere-alliance-iccleadership-conference-tour-of-mars-colony-on-6-20.html (accessed 7/25/15).
＊9 Corey Goode, "Joint SSP, Sphere Alliance & ICC Leadership Conference & Tour of Mars Colony on 6.20.2015," http://spherebeingalliance.com/blog/joint-ssp-sphere-alliance-iccleadership-conference-tour-of-mars-colony-on-6-20.html (accessed 7/25/15).
＊10 Corey Goode, "Joint SSP, Sphere Alliance & ICC Leadership Conference & Tour of Mars Colony on 6.20.2015," http://spherebeingalliance.com/blog/joint-ssp-sphere-alliance-iccleadership-conference-tour-of-mars-colony-on-6-20.html (accessed 7/25/15).
＊11 Corey Goode, "Joint SSP, Sphere Alliance & ICC Leadership Conference & Tour of Mars Colony on 6.20.2015," http://spherebeingalliance.com/blog/joint-ssp-sphere-alliance-iccleadership-conference-tour-of-mars-colony-on-6-20.html (accessed 7/25/15).
＊12 Corey Goode, "Joint SSP, Sphere Alliance & ICC Leadership Conference & Tour of Mars Colony on 6.20.2015," http://spherebeingalliance.com/blog/joint-ssp-sphere-alliance-iccleadership-conference-tour-of-mars-colony-on-6-20.html (accessed 7/25/15).
＊13 Richard Hollingham, "How to Overthrow a Martian Dictatorship," http://www.bbc.com/future/story/20150619-how-to-overthrow-a-martian-dictatorship (accessed 7/25/15).
＊14 Richard Hollingham, "How to Overthrow a Martian Dictatorship," http://www.bbc.com/future/story/20150619-how-to-overthrow-a-martian-dictatorship (accessed 7/25/15).

tv-super-soldiers-operation-moon-shadow/ (accessed 7/23/15).

＊30 〝Mars whistleblower reveals more of his covert military service,〞 http://exopolitics.org/mars-whistleblower-reveals-more-of-his-covert-military-service/ (accessed 7/23/15).

＊31 〝Interview With Michael and Stephanie Relfe of the Mars Records,〞 http://evelorgen.com/wp/articles/military-abduction-milabs-and-reptilians/interview-withmichael-and-stephanie-relfe-of-the-mars-records/ (accessed 7/23/15).

＊32 Michael and Stephanie Relfe, The Mars Record, vol 1(2000) 72. http://www.themarsrecords.com/wp/ (accessed 7/23/15).

＊33 The Mars Records (Vol 1, p. 113)

＊34 〝Mars Defense Force: Defending Human Colonies-Interview Transcript Pt 2,〞 http://exopolitics.org/mars-defense-force-defending-human-colonies-interview-transcript-pt-2-2/ (accessed 7/23/15).

＊35 For transcript of an interview where Randy Cramer discusses his brief naval service, see 〝Whistleblower Randy Cramer Tells About Secret Military Operations on Mars,〞 http://evelorgen.com/wp/news/whistleblower-randy-cramer-tells-about-secret-military-operations-on-mars/ (accessed 7/24/15).

＊36 On August 10, 2015, I requested Michael Relfe to share his DD-214 military discharge papers for inclusion into this book, but he declined out of identity theft concerns.

＊37 〝Interview with a Milab Supersoldier Recovered from Military and Reptilian/Drac Control,〞 http://evelorgen.com/wp/articles/military-abduction-milabs-and-reptilians/interview-with-a-milab-supersoldier-recovered-from-military-and-reptilian-drac-control/0/ (accessed 7/24/15).

＊38 〝Interview with a Milab Supersoldier Recovered from Military and Reptilian/Drac Control,〞 http://evelorgen.com/wp/articles/military-abduction-milabs-and-reptilians/interview-with-a-milab-supersoldier-recovered-from-military-and-reptilian-drac-control/0/ (accessed 7/24/15).

＊39 Author's interview with Randy Cramer on July 10, 2015.

＊40 Michael and Stephanie Relfe, The Mars Record, vol 1(2000) 2-27. http://www.themarsrecords.com/wp/ (accessed 8/2/15).

＊41 〝Are USMC Capt. Randy Cramer's ss Mars Defense Force memories his own?〞 http://newsinsideout.com/2015/05/are-usmc-capt-randy-cramers-ss-mars-defense-force-memories-his-own/ (accessed 7/24/15).

＊42 Interview conducted by Michael Salla on July 1, 2015.

＊43 〝Mars whistleblower reveals more of his covert military service,〞 http://exopolitics.org/mars-whistleblower-reveals-more-of-his-covert-military-service/ (accessed 7/24/15).

＊44 〝ECC Times: Q&A Public Release Vol. 1.〞 http://tinyurl.com/pxdd5fq (accessed 7/24/15).

＊45 See 〝Communication system and method including brain wave analysis and/or use of brain activity,〞 Patent # 6011991 A https://www.google.com/patents/US6011991 (accessed 7/24/15).

＊46 〝Captain Kaye-Audio & Skype Interviews,〞 https://www.youtube.com/playlist?list=PLX3lwnG0Hv8ZJ_4kJt_TtGIHyQzur1u72 (accessed 8/2/15)

＊47 〝GoodETxSG Part I-Secret Space Program, ET Federation Delegation & MILAB Participant,〞 https://youtu.be/6f_L5lmKCb4 (accessed 8/2/15).

＊48 〝Captain Kaye Whistleblower on Secret Space Projects & Earth Defence Force,〞 Project Avalon, http://tinyurl.com/nsvp5c5 (accessed 8/2/15).

＊49 〝U.S. Has 8 Cigar Shaped UFOs In Space Fleet Used For 〝Solar Warden,〞 Program To Protect Solar System,〞 http://tinyurl.com/nvqe7ee (accessed 8/2/15).

＊50 〝U.S. Has 8 Cigar Shaped UFOs In Space Fleet Used For 〝Solar Warden,〞 Program To

＊10 "Interview With Michael and Stephanie Relfe of the Mars Records," http://evelorgen.com/wp/articles/military-abduction-milabs-and-reptilians/interview-with-michael-and-stephanie-relfe-of-the-mars-records/ (accessed 7/23/15).

＊11 "Interview With Michael and Stephanie Relfe of the Mars Records," http://evelorgen.com/wp/articles/military-abduction-milabs-and-reptilians/interview-with-michael-and-stephanie-relfe-of-the-mars-records/ (accessed 7/23/15).

＊12 "Get Tomorrow's Anti-Aging Therapy — Available Today Outside the U.S." http://hplusmagazine.com/2015/03/26/get-tomorrows-anti-aging-therapy-available-today-outside-the-u-s/ (accessed 8/2/15).

＊13 Michael and Stephanie Relfe, The Mars Records, vol 1(2000) 258. http://www.themarsrecords.com/wp/ (accessed 7/23/15).

＊14 Michael and Stephanie Relfe, The Mars Record, vol 1(2000) 258. http://www.themarsrecords.com/wp/ (accessed 7/23/15).

＊15 Michael and Stephanie Relfe, The Mars Record, vol 1(2000) 262. http://www.themarsrecords.com/wp/ (accessed 7/23/15).

＊16 Michael and Stephanie Relfe, The Mars Record, vol 1(2000) 259. http://www.themarsrecords.com/wp/ (accessed 7/23/15).

＊17 "Interview With Michael and Stephanie Relfe of the Mars Records," http://evelorgen.com/wp/articles/military-abduction-milabs-and-reptilians/interview-with-michael-and-stephanie-relfe-of-the-mars-records/ (accessed 7/23/15).

＊18 "The Mars Records Interview," http://www.surfingtheapocalypse.com/mars_records.html (accessed 7/23/15).

＊19 "Interview with Al Bielek," http://www.bibliotecapleyades.net/montauk/esp_montauk_7a.htm (accessed 7/24/15).

＊20 "Whistleblower claims he served 17 years at secret Mars military base," http://exopolitics.org/whistleblowers-claims-he-served-17-years-at-secret-mars-military-base/ (accessed 7/23/15).

＊21 "Whistleblower claims he served 17 years at secret Mars military base," http://exopolitics.org/whistleblowers-claims-he-served-17-years-at-secret-mars-military-base/ (accessed 7/23/15).

＊22 "Mars Defense Force: Defending Human Colonies-Interview Transcript Pt 2," http://exopolitics.org/mars-defense-force-defending-human-colonies-interview-transcript-pt-2-2/ (accessed 7/23/15).

＊23 "Mars Defense Force: Defending Human Colonies-Interview Transcript," http://exopolitics.org/mars-defense-force-defending-human-colonies-interview-transcript/ (accessed 7/23/15).

＊24 "Audio-Earth Defense Force: Secret Space Fleet-Full Interview," https://youtu.be/oWLZwD4qq2c?t=5m43s (accessed 8/2/15).

＊25 "Audio-Earth Defense Force: Secret Space Fleet-Full Interview," https://youtu.be/oWLZwD4qq2c?t=10m23s (accessed 8/2/15).

＊26 "Audio-Earth Defense Force: Secret Space Fleet-Full Interview," https://youtu.be/oWLZwD4qq2c?t=7m36s (accessed 8/2/15).

＊27 "Audio-Earth Defense Force: Secret Space Fleet-Full Interview," https://youtu.be/oWLZwD4qq2c?t=29m17s (accessed 8/2/15).

＊28 "Audio-Earth Defense Force: Secret Space Fleet-Full Interview," https://youtu.be/oWLZwD4qq2c?t=11m22s (accessed 8/2/15).

＊29 "ExoNews TV: Super Soldiers & Operation Moon Shadow," http://exopolitics.org/exonews-

esp_luna_46.htm (accessed 6/30/15).

*11 〝Half a Century of … The German Moon Base,〟 http://www.bibliotecapleyades.net/luna/esp_luna_46.htm (accessed 6/30/15).

*12 Interview with Corey Goode, May 19, 2014 〝Corporate bases on Mars and Nazi infiltration of US Secret Space Program,〟 http://exopolitics.org/corporate-bases-on-mars-and-nazi-infiltration-of-us-secret-space-program/ (accessed 6/30/15).

*13 In chapter twelve, I will compare Cramer's claims with Michael Relfe to assess how genuine their respective claims are of having served on Mars as part of a secret space program.

*14 〝Mars Defense Force: Defending Human Colonies-Interview Transcript,〟 http://exopolitics.org/mars-defense-force-defending-human-colonies-interview-transcript/ (accessed 7/23/15).

*15 〝Mars Defense Force: Defending Human Colonies-Interview Transcript,〟 http://exopolitics.org/mars-defense-force-defending-human-colonies-interview-transcript/ (accessed 7/23/15).

*16 〝Mars Defense Force: Defending Human Colonies-Interview Transcript,〟 http://exopolitics.org/mars-defense-force-defending-human-colonies-interview-transcript/ (accessed 7/23/15).

*17 〝Mars Defense Force: Defending Human Colonies-Interview Transcript,〟 http://exopolitics.org/mars-defense-force-defending-human-colonies-interview-transcript/ (accessed 7/23/15).

*18 〝Multiple Moon bases & U.S. Military Space Shuttles as cover programs,〟 http://exopolitics.org/multiple-moon-bases-u-s-military-space-shuttles-as-cover-programs/ (accessed 7/23/15).

*19 〝Multiple Moon bases & U.S. Military Space Shuttles as cover programs,〟 http://exopolitics.org/multiple-moon-bases-u-s-military-space-shuttles-as-cover-programs/ (accessed 7/23/15).

第13章　原註

*1 Michael and Stephanie Relfe, The Mars Records, vol 1(2000) 114. http://www.themarsrecords.com/wp/

*2 〝Interview With Michael and Stephanie Relfe of the Mars Records,″ http://evelorgen.com/wp/articles/military-abduction-milabs-and-reptilians/interview-with-michael-and-stephanie-relfe-of-the-mars-records/ (accessed 7/23/15).

*3 Michael and Stephanie Relfe, The Mars Records, vol 1(2000) 104. http://www.themarsrecords.com/wp/ (accessed 7/23/15).

*4 Michael and Stephanie Relfe, The Mars Records, vol 1(2000) 85. http://www.themarsrecords.com/wp/ (accessed 7/23/15).

*5 Michael and Stephanie Relfe, The Mars Records, vol 1(2000) 110-11. http://www.themarsrecords.com/wp/ (accessed 7/23/15).

*6 〝Interview With Michael and Stephanie Relfe of the Mars Records,″ http://evelorgen.com/wp/articles/military-abduction-milabs-and-reptilians/interview-with-michael-and-stephanie-relfe-of-the-mars-records/(accessed 7/23/15).

*7 The Mars Records Interview, http://www.surfingtheapocalypse.com/mars_records.html (accessed 7/23/15).

*8 〝The Mars Records Interview,″ http://www.surfingtheapocalypse.com/mars_records.htm (accessed 7/23/15).

*9 Michael and Stephanie Relfe, The Mars Records, vol 1(2000) 258. http://www.themarsrecords.com/wp (accessed 7/23/15).

exopolitics.org/second-eyewitness-report-of-secret-space-meetings-discussing-alien-disclosure/ (accessed 7/21/15).

＊33 〝Second Eyewitness Report of Secret Space Meetings discussing Alien Disclosure,〞 http://exopolitics.org/second-eyewitness-report-of-secret-space-meetings-discussing-alien-disclosure/ (accessed 7/21/15).

＊34 〝Whistleblower reveals multiple secret space programs concerned about new alien visitors〞 http://exopolitics.org/whistleblower-reveals-multiple-secret-space-programs-concerned-about-new-alien-visitors/ (accessed 7/21/15).

＊35 See 〝Secret Space War halts as Extraterrestrial Disclosure Plans move forward,〞 http://exopolitics.org/secret-space-war-halts-as-extraterrestrial-disclosure-plans-moveforward/ (accessed 7/21/15).

＊36 See 〝Secret Space War halts as Extraterrestrial Disclosure Plans move forward,〞 http://exopolitics.org/secret-space-war-halts-as-extraterrestrial-disclosure-plans-move-forward/ (accessed 7/21/15).

＊37 See 〝Secret Space War halts as Extraterrestrial Disclosure Plans move forward,〞 http://exopolitics.org/secret-space-war-halts-as-extraterrestrial-disclosure-plans-move-forward/ (accessed 7/21/15).

＊38 See 〝Secret Space War halts as Extraterrestrial Disclosure Plans move forward,〞 http://exopolitics.org/secret-space-war-halts-as-extraterrestrial-disclosure-plans-move-forward/ (accessed 7/21/15).

＊39 See 〝Secret Space War halts as Extraterrestrial Disclosure Plans move forward,〞 http://exopolitics.org/secret-space-war-halts-as-extraterrestrial-disclosure-plans-move-forward/ (accessed 7/21/15).

＊40 See 〝Secret Space War halts as Extraterrestrial Disclosure Plans move forward,〞 http://exopolitics.org/secret-space-war-halts-as-extraterrestrial-disclosure-plans-move-forward/ (accessed 7/21/15).

＊41 〝With Its French NSA Leak, WikiLeaks Is Back,〞 Wired, http://www.wired.com/2015/06/french-nsa-leak-wikileaks-back/ (accessed 8/10/15).

第12章　原註

＊１ 『トップシークレット』ティモシー・グッド著、森平慶司訳、二見書房、1990年

＊２ Maurice Chatelain, Our Cosmic Ancestors (Light Technology Publishing, 1988) 25.

＊３ Maurice Chatelain, http://ronrecord.com/astronauts/mchatelain.html (accessed 7/23/15).

＊４ Maurice Chatelain, http://ronrecord.com/astronauts/mchatelain.html (accessed 7/23/15).

＊５ Timothy Good, Above Top Secret, 384.

＊６ Timothy Good, Above Top Secret, 186.

＊７ Quotes for Buzz Aldrin, http://www.imdb.com/character/ch0040032/quotes (accessed 7/23/15).

＊８ 〝Half a Century of … The German Moon Base,〞 http://www.bibliotecapleyades.net/luna/esp_luna_46.htm (accessed 6/30/15).

＊９ 〝Half a Century of … The German Moon Base,〞 http://www.bibliotecapleyades.net/luna/esp_luna_46.htm (accessed 6/30/15).

＊10 〝Half a Century of … The German Moon Base,〞 http://www.bibliotecapleyades.net/luna/

overcome-opposition-to-full-disclosure/ (accessed 7/21/15).

*15 〝Extraterrestrial alliance helps secret space program overcome opposition to full disclosure,〞 http://exopolitics.org/extraterrestrial-alliance-helps-secret-space-program-overcome-opposition-to-full-disclosure/ (accessed 7/21/15).

*16 〝FAQs,〞 Sphere Being Alliance, http://spherebeingalliance.com/faqs (accessed 7/21/15).

*17 〝FAQs,〞 Sphere Being Alliance, http://spherebeingalliance.com/faqs (accessed 7/21/15).

*18 〝Extraterrestrial alliance helps secret space program overcome opposition to full disclosure,〞 http://exopolitics.org/extraterrestrial-alliance-helps-secret-space-program-overcome-opposition-to-full-disclosure/ (accessed 7/21/15).

*19 〝Extraterrestrial alliance helps secret space program overcome opposition to full disclosure,〞 http://exopolitics.org/extraterrestrial-alliance-helps-secret-space-program-overcome-opposition-to-full-disclosure/ (accessed 7/21/15).

*20 Alex Collier, Defending Sacred Ground (1998) 76. http://thesonsofthelawofone.com/TheLawofOneLibrary/Defending.Sacred.Ground/files/basic-html/page76.html

*21 Alex Collier, 〝An Andromedan Perspective on Galactic History, Part II,〞 Exopolitics Journal, vol 2, no.3 (2008) http://www.exopoliticsjournal.com/vol-2/vol-2-3-Collier.htm (accessed 7/21/15).

*22 See 〝Secret Space War halts as Extraterrestrial Disclosure Plans move forward,〞 http://exopolitics.org/secret-space-war-halts-as-extraterrestrial-disclosure-plans-move-forward/ (accessed 7/21/15).

*23 〝The Lt. Col. Gonzales SSP Council Delegation Briefings Part 1,〞 http://spherebeingalliance.com/blog/the-lt-col-gonzales-ssp-council-delegation-briefings-part-1.html (accessed 7/21/15).

*24 〝The Lt. Col. Gonzales SSP Council Delegation Briefings Part 1,〞 http://spherebeingalliance.com/blog/the-lt-col-gonzales-ssp-council-delegation-briefings-part-1.html (accessed 7/21/15).

*25 〝The Lt. Col. Gonzales SSP Council Delegation Briefings Part 1,〞 http://spherebeingalliance.com/blog/the-lt-col-gonzales-ssp-council-delegation-briefings-part-1.html (accessed 7/21/15).

*26 〝The Lt. Col. Gonzales SSP Council Delegation Briefings Part 1,〞 http://spherebeingalliance.com/blog/the-lt-col-gonzales-ssp-council-delegation-briefings-part-1.html (accessed 7/21/15).

*27 〝Questions for Corey Goode on SSP Conflicts and Human Slave Trade,〞 http://exopolitics.org/galactic-human-slave-trade-ai-threat-to-end-with-full-disclosure-of-et-life/ (accessed 8/10/15).

*28 〝The Lt. Col. Gonzales SSP Council Delegation Briefings Part 2,〞 http://spherebeingalliance.com/blog/the-lt-col-gonzales-ssp-council-delegation-briefings-part-2.html (accessed 7/21/15).

*29 〝Frequently Asked Questions,〞 Q44. http://spherebeingalliance.com/faqs (accessed 7/21/15).

*30 Alex Collier, 〝An Andromedan Perspective on Galactic History,〞 Exopolitics Journal, vol 2, no.2 (2008) http://www.exopoliticsjournal.com/vol-2/vol-2-2-Collier.pdf (accessed 7/21/15).

*31 〝Secret Space Program Conferences discuss full disclosure & humanity's future〞 http://exopolitics.org/secret-space-program-conferences-discuss-full-disclosure-humanitys-future/ (accessed 7/21/15).

*32 〝Second Eyewitness Report of Secret Space Meetings discussing Alien Disclosure,〞 http://

＊21 〝Questions for Corey/GoodETxSG-April 12, 2015〟 http://exopolitics.org/ancient-space-programs-human-extraterrestrial-alliance-meetings/ (accessed 7/13/15).
＊22 〝Questions for Corey/GoodETxSG-April 12, 2015〟 http://exopolitics.org/ancient-space-programs-human-extraterrestrial-alliance-meetings/ (accessed 7/13/15).
＊23 〝Questions for Corey/GoodETxSG-April 12, 2015〟 http://exopolitics.org/ancient-space-programs-human-extraterrestrial-alliance-meetings/ (accessed 7/13/15).
＊24 FAQs, Sphere Being Alliance,http://spherebeingalliance.com/faqs (accessed 7/13/15).
＊25 FAQs, Sphere Being Alliance,http://spherebeingalliance.com/faqs (accessed 7/13/15).

第11章　原註

＊1 Michael Salla, Galactic Diplomacy: Getting to Yes with ET (Exopolitics Institute, 2009).
＊2 Michael Salla, Galactic Diplomacy: Getting to Yes with ET, chs 4 and 5.
＊3 Michael Salla, Galactic Diplomacy: Getting to Yes with ET, ch 6.
＊4 〝Whistleblower reveals multiple secret space programs concerned about new alien visitors〟 http://exopolitics.org/whistleblower-reveals-multiple-secret-space-programs-concerned-about-new-alien-visitors/ (accessed 7/21/15).
＊5 Type IV extraterrestrials are described as celestials in Galactic Diplomacy: Getting to Yes with ET, chs 14 and 15.
＊6 〝Secret Space Program Conferences discuss full disclosure & humanity's future〟 http://exopolitics.org/secret-space-program-conferences-discuss-full-disclosure-humanitys-future/ (accessed 7/21/15).
＊7 〝Secret Space Program Conferences discuss full disclosure & humanity's future〟 http://exopolitics.org/secret-space-program-conferences-discuss-full-disclosure-humanitys-future/ (accessed 7/21/15).
＊8 〝The Lt. Col. Gonzales SSP Council Delegation Briefings Part 2,〟 http://spherebeingalliance.com/blog/the-lt-col-gonzales-ssp-council-delegation-briefings-part-2.html (accessed 7/21/15).
＊9 〝The Lt. Col. Gonzales SSP Council Delegation Briefings Part 2,〟 http://spherebeingalliance.com/blog/the-lt-col-gonzales-ssp-council-delegation-briefings-part-2.html (accessed 7/21/15).
＊10 〝The Lt. Col. Gonzales SSP Council Delegation Briefings Part 2,〟 http://spherebeingalliance.com/blog/the-lt-col-gonzales-ssp-council-delegation-briefing-spart-2.html (accessed 7/21/15).
＊11 〝Secret Space Program Conferences discuss full disclosure & humanity's future〟 http://exopolitics.org/secret-space-program-conferences-discuss-full-disclosure-humanitys-future/ (accessed 7/21/15).
＊12 〝Human Elite Attempt to Negotiate Cessation of SSP Alliance Disclosure in Latest Conference,〟 http://spherebeingalliance.com/blog/human-elite-attempt-to-negotiate-cessation-of-ssp-alliance-disclosure-in-latest-conference.html (accessed 7/21/15).
＊13 Wikipedia, 〝Kardashev Scale,〟 https://en.wikipedia.org/wiki/Kardashev_scale (accessed 7/21/15).
＊14 〝Extraterrestrial alliance helps secret space program overcome opposition to full disclosure,〟 http://exopolitics.org/extraterrestrial-alliance-helps-secret-space-program-

bibliotecapleyades.net/exopolitica/esp_exopolitics_ZZZH.htm (accessed 8/9/15).

＊39 See G. Cope Schellhorn, 〝Is Someone Killing Our UFO Investigators,〟 http://www.bibliotecapleyades.net/sociopolitica/sociopol_scientistkilling03.htm (accessed 8/3/15).

第10章　原註

＊1 Ancient Aliens, History Channel, http://www.history.com/shows/ancient-aliens/about (accessed 8/1/15).

＊2 Manetho,, Manetho, tr.,W.G. Waddell (Harvard University Press, 1940).

＊3 Thorkild Jacobsen, The Sumerian King List (University of Chicago Press, 1939) 71, 77.

＊4 『未来の記憶』エーリッヒ・フォン・デニケン著、松谷健二訳、角川書店、１９７４年、Zechariah Sitchin, The 12th Planet (1976).

＊5 Cited in David Hatcher Childress, Technology of the Gods: The Incredible Sciences of the Ancients (Adventures Unlimited Press, 2001) 12.

＊6 See 〝The Abydos Helicopter & Secrets of the Golden Section,″ http://vejprty.com/abyhelic.htm (accessed 7/8/15).

＊7 〝Did Ancient Egyptians use Aircraft in Battle?″ http://www.ufodigest.com/egyptplanes.html (accessed 7/8/15).

＊8 David Hatcher Childress, Technology of the Gods: The Incredible Sciences of the Ancients, 12.

＊9 David Hatcher Childress, Technology of the Gods: The Incredible Sciences of the Ancients, 147.

＊10 David Hatcher Childress, Technology of the Gods: The Incredible Sciences of the Ancients, 155.

＊11 Charles William Johnson, 〝Pakal, The Maya Astronaut: A Study Of Ancient Space Travel,″ http://earthmatrix.com/serie26/pakal.htm (accessed 7/13/15).

＊12 Wikipedia, 〝Calakmul,″ https://en.wikipedia.org/wiki/Calakmul (accessed 7/13/15).

＊13 Gary Vey, 〝Ancient Mayan Artefacts: or Another Hoax,″ http://www.viewzone.com/mexstatues.html (accessed 7/13/15).

＊14 Dutt, Manatha Nath (translator), Ramayana, Elysium Press, 1892, 1910. Cited in Wikipedia, https://en.wikipedia.org/wiki/Vimana#cite_note-3 (accessed 7/13/15).

＊15 The Samarangana Sutradhara , chapter 1, 95-100. Cited by Come Carpentier, 〝Indian Cosmology Revisited in the Light of Current Facts,″ http://www.exopoliticsjournal.com/vol-3/vol-3-4-Carpentier.htm (accessed 7/16/15).

＊16 David Hatcher Childress, Technology of the Gods: The Incredible Sciences of the Ancients, 277.

＊17 〝Questions for Corey/GoodETxSG-April 12, 2015″ http://exopolitics.org/ancient-space-programs-human-extraterrestrial-alliance-meetings/ (accessed 7/13/15).

＊18 〝Questions for Corey/GoodETxSG-April 12, 2015″ http://exopolitics.org/ancient-space-programs-human-extraterrestrial-alliance-meetings/ (accessed 7/13/15).

＊19 〝Questions for Corey/GoodETxSG-April 12, 2015″ http://exopolitics.org/ancient-space-programs-human-extraterrestrial-alliance-meetings/ (accessed 7/13/15).

＊20 〝Questions for Corey/GoodETxSG-April 12, 2015″ http://exopolitics.org/ancient-space-programs-human-extraterrestrial-alliance-meetings/ (accessed 7/13/15).

＊17 Cited online at: http://www.keelynet.com/gravity/carr3.htm. Biographical information on Wayne Aho is available at: http://www.answers.com/topic/wayne-sulo-aho (accessed 8/3/15).
＊18 Cited from Project Camelot interviews with Ralph Ring: http://tinyurl.com/nf54j8n (accessed 7/15/15).
＊19 Du Soir, 〝The Saucer that didn't Fly.〟 Cited at: http://www.keelynet.com/gravity/carr3.htm (accessed 8/3/15).
＊20 Cited in Otis T. Carr, Plaintiff In Error, V. State Of Oklahoma, Defendant In Error. Case No. A-12907. January 11, 1961.
＊21 Ring first met with Bill Ryan and Kerry Cassidy in March 2006.
＊22 Ralph Ring, conference presentation at the International UFO Congress, Laughlin, Nevada, 2007.
＊23 Cited from Project Camelot interviews with Ralph Ring: http://tinyurl.com/nf54j8n (accessed 7/15/15).
＊24 Cited from Project Camelot interviews with Ralph Ring: http://tinyurl.com/nf54j8n (accessed 7/15/15).
＊25 Cited from Project Camelot interviews with Ralph Ring: http://tinyurl.com/nf54j8n (accessed 7/15/15).
＊26 The citation from Project Camelot refers to 15 minutes, in a private conversation with Ralph Ring on March 25, 2007, he corrected this to 15 seconds: Ralph Ring: http://tinyurl.com/nf54j8n (accessed 7/15/15) .
＊27 See Vadim Telitsin, Nikola Tesla and the Secrets of The Philadelphia Experiment (Yauza-Eksmo Press, 2009).
＊28 Cited from Project Camelot interviews with Ralph Ring: http://tinyurl.com/nf54j8n (accessed 7/15/15).
＊29 Ralph Ring, conference presentation at the International UFO Congress, Laughlin, Nevada, 2007.
＊30 Photos available online at: http://projectcamelot.org/ralph_ring.html (accessed 8/3/15).
＊31 Cited from Project Camelot interviews with Ralph Ring: http://tinyurl.com/nf54j8n (accessed 7/15/15).
＊32 Ring's first conference presentation was at the International UFO Congress at Laughlin, Nevada in March 2007. This was followed by a similar presentation at the Earth Transformation Conference at Kona, Hawaii in May 2007.
＊33 More information on Project Camelot available at: http://projectcamelotportal.com/ (accessed 8/3/15).
＊34 Cited from Project Camelot interviews with Ralph Ring: http://tinyurl.com/nf54j8n (accessed 7/15/15).
＊35 Ralph Ring spoke at the May 11-13, 2007 Earth Transformation Conference. Details available online at: http://earthtransformation.com/speakers-2007.htm (accessed 8/3/15).
＊36 『火星のモニュメント―NASAがひた隠す太古文明の痕跡』リチャード・C. ホーグランド著、並木伸一郎・宇佐和通訳、学研、2003年、Fred Steckling, We Discovered Alien Bases on the Moon (G.A.F. International, 1990).
＊37 See Michael Salla, Exopolitics: Political Implications of the Extraterrestrial Presence (Dandelion Books, 2004); and Steven Greer, Disclosure: Military and Government Witnesses reveal the Greatest Secrets in Modern History (Crossing Point Press, Inc., 2001).
＊38 Cited in Michael Lindeman, 〝Colonel Philip Corso Interview,〟 http://www.

(accessed 8/10/15).

＊25 〝Bilderberg Meetings,〟 http://www.bilderbergmeetings.org/meeting_2015.html (accessed 8/10/15).

第9章　原註

＊1 This is a revised version of chapter seven in Michael Salla, Exposing U.S. Government Policies on Extraterrestrial Life (Exopolitics Institute, 2009). Ralph Ring's testimony first emerged through Bill Ryan and Kerry Cassidy from Project Camelot who made available his interview in video format, and supplied a number of his documents online. More info at: http://www.projectcamelot.org/ralph_ring.html (accessed 8/1/15).

＊2 See Renato Vesco and David Hatcher Childress, Man-Made UFOs 1944-1994 (AUP Publishers Network, 2003) 361-65.

＊3 David Hatcher Childress, 〝Tesla and Marconi,〟 http://www.bibliotecapleyades.net/tesla/esp_tesla_18.htm (accessed 8/9/15).

＊4 Questions for Corey/GoodETxSG-4/4/2015,〟 http://exopolitics.org/secret-space-programs-more-complex-than-previously-revealed/ (accessed 8/1/15).

＊5 The principle of stored electrical energy producing anti-gravity effects was patented by the inventor Thomas Townsend Brown and has been subsequently called the Biefeld-Brown Effect. See Thomas Valone, Electrogravitics II: Validating Reports on a New Propulsion Methodology (Integrity Research Institute, 2005).

＊6 Nikola Tesla, interviewed in The New York Herald Tribune, October 15, 1911.

＊7 See 1957 Interview with Long John Nebow where Carr describes how he began creating models of his ideas: http://tinyurl.com/na8nnse (accessed 8/3/15).

＊8 US Patent # 2,912,244, Amusement Device (November 10, 1959).

＊9 Transcript of Radio Interview: "Long John" Nebel & Otis Carr, et al. (WOR Radio, NY, 1959). Available online at: http://www.rexresearch.com/carr/1carr.htm (accessed 8/3/15).

＊10 Cited at: http://www.keelynet.com/gravity/carr4.htm (accessed 8/3/15).

＊11 The mainstream scientific view that the speed of light presents and insurmountable obstacle to the physical presence of extraterrestrial visitors has been increasingly challenged by new theories concerning faster than light speed travel. See James Deardorff, et al., 〝Inflation-Theory Implications for Extraterrestrial Visitation,〟 Journal of the British Interplanetary Society, 58 (2005): 43-50. Available online at: http://www.ufoevidence.org/news/article204.htm (accessed 8/3/15).

＊12 Cited from 1957 Interview with Long John Nebow, available at: http://www.keelynet.com/gravity/carr4.htm (accessed 8/3/15).

＊13 Original source: Gravity Machine? FATE magazine (May 1958) p. 17. Online copy available at: http://www.keelynet.com/gravity/carr1.txt (accessed 8/3/15).

＊14 W. E. Du Soir, 〝The Saucer that didn't Fly,〟 FATE magazine, (August 1959) p. 32. Cited online at: http://www.keelynet.com/gravity/carr3.htm (accessed 8/3/15).

＊15 Du Soir, 〝The Saucer that didn't Fly.〟 Cited at: http://www.keelynet.com/gravity/carr3.htm (accessed 8/3/15).

＊16 Du Soir, 〝The Saucer that didn't Fly.〟 Cited at: http://www.keelynet.com/gravity/carr3.htm (accessed 8/3/15).

2013).

＊5 〝Report of the Commission on Protecting and Reducing Government Secrecy,〞 https://www.fas.org/sgp/library/moynihan/chap2.pdf (accessed December, 2013).

＊6 Tim Cook, Blank Check: The Pentagon's Black Budget(Grand Central Publishing, 1990).

＊7 See Michael Salla, 〝The Black Budget Report: An Investigation into the CIA's ˋBlack Budget ˋand the Second Manhattan Project,〞 http://exopolitics.org/Report-Black-Budget.htm (accessed 8/1/15).

＊8 『UFOテクノロジー隠蔽工作』スティーブン・グリア著、前田樹子訳、めるくまーる、2008年

＊9 〝Testimony of CIA assassin recruited from Navy SEALs goes online with documents〞 http://tinyurl.com/pbkqa5x (accessed 8/1/15).

＊10 See Michael Salla, 〝False Flag Operations, 9-11 and the Exopolitical Perspective,〞 http://exopolitics.org/Study-Paper-12.htm (accessed 7/18/15).

＊11 〝Rumsfeld says $2.3 Trillion never lost, just untracked,〞 http://www.infowars.com/rumsfeld-says-2-3-trillion-never-lost-just-untracked/ (accessed 8/1/15).

＊12 Judy Woods, Where Did the Towers Go? Evidence of Directed Free-energy Technology on 9/11 (The New Investigation, 2010).

＊13 〝Jade Helm 15, heavily scrutinized military exercise, to open without media access,〞 Washington Post, https://www.washingtonpost.com/news/checkpoint/wp/2015/07/08/jade-helm-15-heavily-scrutinized-military-exercise-to-open-without-media-access/ (accessed 8/10/15).

＊14 Biographical information about DJ is available at: http://www.level9news.com/about.html (accessed 8/11/15).

＊15 〝Generals: ˋHuman Domain ˋ Will Dictate Future Wars,〞 http://www.dodbuzz.com/2013/05/14/generals-human-domain-will-dictate-future-wars/ (accessed 8/10/15).

＊16 〝The JADE In Jade Helm 15 Is An AI SOFTWARE Program,〞 http://scoopfeed.net/2015/05/18/the-jade-in-jade-helm-15-is-an-ai-software-program/ (accessed 8/10/15).

＊17 〝Don't let AI take our jobs (or kill us): Stephen Hawking and Elon Musk sign open letter warning of a robot uprising,〞 Daily Mail, http://tinyurl.com/pxhwc3o (accessed 8/10/15).

＊18 〝Stephen Hawking warns artificial intelligence could end mankind,〞 http://www.bbc.com/news/technology-30290540 (accessed 8/10/15).

＊19 J.D. provided links to various industry papers relating A.I. to the Jade Helm exercizes, https://www.youtube.com/watch?v=FiKBPmq37Yo&feature=youtu.be (accessed 8/10/15).

＊20 〝Questions for Corey Goode on SSP Conflicts and Human Slave Trade,〞 http://exopolitics.org/galactic-human-slave-trade-ai-threat-to-end-with-full-disclosure-of-et-life/ (accessed 8/10/15).

＊21 〝Questions for Corey Goode on SSP Conflicts and Human Slave Trade,〞 http://exopolitics.org/galactic-human-slave-trade-ai-threat-to-end-with-full-disclosure-of-et-life/ (accessed 8/10/15).

＊22 〝Zuckerberg reveals Facebook's AI, VR and Internet.org plans,〞 http://www.engadget.com/2015/07/01/zuckerberg-facebook-qna/ (accessed 7/18/15).

＊23 〝The rise of artificial intelligence suggests humans will be hybrids by 2030,〞 http://www.bnn.ca/News/2015/6/7/The-rise-of-artificial-intelligence-humans-will-behybrids-by-2030.aspx (accessed 7/18/15).

＊24 〝Ray Kurzweil: Human brains could be connected to the cloud by 2030,〞 IBTimes, http://www.ibtimes.co.uk/ray-kurzweil-human-brains-could-be-connected-cloud-by-2030-1504403

第7章　原註

＊1　Ronald Reagan, The Reagan Diaries (Harper Perennial, 2099) 334.

＊2　〝Transcript Of Classified Tape Recording Made At Camp David, Maryland: During A Presidential Briefing,〟 http://www.bibliotecapleyades.net/sociopolitica/serpo/information27a.htm (accessed 8/8/15). For related article, see Steve Hammons, 〝Alleged Briefing to President Reagan on UFOs,〟 http://www.bibliotecapleyades.net/exopolitica/exopolitics_reagan01.htm (accessed 8/6/15).

＊3　Ronald Reagan, 〝Remarks to the Students and Faculty at Fallston High School in Fallston, Maryland,〟 http://www.reagan.utexas.edu/archives/speeches/1984/120485a.htm (accessed 8/6/15).

＊4　A. Hovni, 〝The Shocking Truth: Ronald Reagan's Obsession With An Alien Invasion,〟 http://www.ufoevidence.org/documents/doc1523.htm (accessed 8/6/15).

＊5　Ronald Reagan, 〝Address to the 42d Session of the United Nations General Assembly in New York, New York,〟 http://www.reagan.utexas.edu/archives/speeches/1987/092187b.htm (accessed 8/5/15).

＊6　〝Ronald Reagan: The Alien Thread,〟 http://www.bibliotecapleyades.net/exopolitica/exopolitics_reagan03.htm (accessed 8/5/15).

＊7　'Often Wondered' About Outer Space Invaders: Reagan,〟 Los Angeles Times, http://articles.latimes.com/1988-05-04/news/mn-2223_1_outer-space/ (accessed 8/6/15).

＊8　〝Questions for Corey Goode about Temporal Drives, Galactic League of Nations Secret Space Program and recent controversy-8/4/15,〟 http://exopolitics.org/reagan-speech-about-alien-threat-linked-to-secret-un-interstellar-space-fleet/ (accessed 8/5/15).

＊9　〝Questions for Corey/GoodETxSG-4/4/2015,〟 http://exopolitics.org/secret-space-programs-more-complex-than-previously-revealed (accessed 7/15/15).

＊10　〝Questions for Corey/GoodETxSG-4/4/2015,〟 http://exopolitics.org/secret-space-programs-more-complex-than-previously-revealed (accessed 7/15/15).

＊11　〝Questions for Corey/GoodETxSG-4/4/2015,〟 http://exopolitics.org/secret-space-programs-more-complex-than-previously-revealed (accessed 7/15/15).

＊12　〝Questions for Corey Goode about Temporal Drives, Galactic League of Nations Secret Space Program and recent controversy-8/4/15,〟 http://exopolitics.org/reagan-speech-about-alien-threat-linked-to-secret-un-interstellar-space-fleet/(accessed 8/5/15).

第8章　原註

＊1　〝National Industrial Security Program Operating Manual:〟 DoD 5220.22-M-Sup. 1, February 1995. 1-1-2: https://www.fas.org/sgp/library/nispom_sup.pdf (accessed December, 2013).

＊2　Ibid. 3-1-2 & A-4: https://www.fas.org/sgp/library/nispom_sup.pdf (accessed December, 2013).

＊3　〝Report of the Commission on Protecting and Reducing Government Secrecy,〟 (Senate Document. 105-2-Dec 3, 1997), 26: http://www.gpo.gov/fdsys/pkg/GPO-CDOC-105sdoc2/pdf/GPO-CDOC-105sdoc2-7.pdf (accessed December, 2013).

＊4　〝Special Access Program Supplement to the National Industrial Security,〟 (Draft 29 May 1992). 3-1-5: www.fas.org/sgp/library/nispom/sapsup-draft92.pdf (accessed December,

infiltration-of-us-secret-space-program/ (accessed 6/30/15).

＊6 Interview with Corey Goode, May 19, 2015 〝Corporate bases on Mars and Nazi infiltration of US Secret Space Program,〟 http://exopolitics.org/corporate-bases-on-mar-sand-nazi-infiltration-of-us-secret-space-program/ (accessed 6/30/15).

＊7 〝Indian Springs Project Keyed to Defense Plans,〟 Las Vegas Review-Jour, http://www.bibliotecapleyades.net/exopolitica/esp_exopolitics_ZZD.htm (accessed 8/1/15),

＊8 〝The Cost of Living Calculator,〟 http://www.aier.org/colcalc.html (accessed 8/1/15).

＊9 Agent's testimony available online at: http://youtu.be/GX0FaindPPo (accessed 8/8/15). For an article about the CIA agent's testimony, see: 〝Eisenhower threatened to invade Area 51 former US Congress members hear testimony,〟 http://exopolitics.org/eisenhower-threatened-to-invade-area-51-former-us-congress-members-hear-testimony/ (accessed on 7/14/15).

＊10 Video segment is available online at: http://youtu.be/GX0FaindPPo (accessed 8/8/15).

＊11 Agent's testimony available online at: http://youtu.be/GX0FaindPPo (accessed 8/8/15).

＊12 Agent's testimony available online at: http://youtu.be/GX0FaindPPo (accessed 8/8/15).

＊13 Agent's testimony available online at: http://youtu.be/GX0FaindPPo (accessed 8/8/15).

＊14 Agent's testimony available online at: http://youtu.be/GX0FaindPPo (accessed 8/8/15).

＊15 This pre-existing facility could have been the 1952 project announced in 〝Indian Springs Project Keyed to Defense Plans,〟 Las Vegas Review-Jour, http://www.bibliotecapleyades.net/exopolitica/esp_exopolitics_ZZD.htm (accessed 8/1/15).

＊16 Interview with Corey Goode, April 7, 2015 〝Secret space programs more complex than previously revealed,〟 http://exopolitics.org/secret-space-programs-more-complex-than-previously-revealed/ (accessed 6/30/15).

＊17 〝Eisenhower's Farewell Speech〟, available online at: http://mcadams.posc.mu.edu/ike.htm (accessed on 7/14/15).

＊18 See Michael Salla, Kennedy's Last Stand: Eisenhower, UFOs, MJ-12 & the JFK Assassination (Exopolitics Institute, 23013) 93-105.

＊19 See 〝Operations Review: The MJ-12 Project, by Allen W. Dulles, 5 November 1961〟 available online at: http://majesticdocuments.com/pdf/mj12opsreview-dulles-61.pdf (accessed 8/1/15),

＊20 See Michael Salla, Kennedy's Last Stand: Eisenhower, UFOs, MJ-12 & the JFK Assassination (Exopolitics Institute, 23013) 93-105.

＊21 See Michael Salla, Kennedy's Last Stand: Eisenhower, UFOs, MJ-12 & the JFK Assassination (Exopolitics Institute, 23013).

＊22 Peter W. Merlin, 〝Taking E.T. Home: Birth of a Modern Myth,〟 Sunlight: Shedding some light on UFOlogy and UFOs,Vol 5, No. 6 (2013) http://home.comcast.net/~tprinty/UFO/SUNlite5_6.pdf (accessed on 7/14/15).

＊23 Interview with Corey Goode, April 7, 2015 〝Secret space programs more complex than previously revealed,〟 http://exopolitics.org/secret-space-programs-more-complex-than-previously-revealed/ (accessed 6/30/15).

＊24 Interview with Corey Goode, April 7, 2015 〝Secret space programs more complex than previously revealed,〟 http://exopolitics.org/secret-space-programs-more-complex-than-previously-revealed/ (accessed 6/30/15).

＊33 〝Secret space programs more complex than previously revealed,〟 http://exopolitics.org/secret-space-programs-more-complex-than-previously-revealed/ (accessed: 7/8/15).
＊34 〝Secret space programs more complex than previously revealed,〟 http://exopolitics.org/secret-space-programs-more-complex-than-previously-revealed/ (accessed: 7/8/15).
＊35 〝Secret space programs more complex than previously revealed,〟 http://exopolitics.org/secret-space-programs-more-complex-than-previously-revealed/ (accessed: 7/8/15).
＊36 〝Secret space programs more complex than previously revealed,〟 http://exopolitics.org/secret-space-programs-more-complex-than-previously-revealed/ (accessed: 7/8/15).
＊37 〝Secret space programs more complex than previously revealed,〟 http://exopolitics.org/secret-space-programs-more-complex-than-previously-revealed/ (accessed: 7/8/15).
＊38 〝Secret space programs more complex than previously revealed,〟 http://exopolitics.org/secret-space-programs-more-complex-than-previously-revealed/ (accessed: 7/8/15).
＊39 〝Secret space programs more complex than previously revealed,〟 http://exopolitics.org/secret-space-programs-more-complex-than-previously-revealed/ (accessed: 7/8/15).
＊40 〝Secret space programs more complex than previously revealed,〟 http://exopolitics.org/secret-space-programs-more-complex-than-previously-revealed/ (accessed: 7/8/15).
＊41 〝Secret space programs more complex than previously revealed,〟 http://exopolitics.org/secret-space-programs-more-complex-than-previously-revealed/ (accessed: 7/8/15).
＊42 〝Secret space programs more complex than previously revealed,〟 http://exopolitics.org/secret-space-programs-more-complex-than-previously-revealed/ (accessed: 7/8/15).
＊43 〝Secret space programs more complex than previously revealed,〟 http://exopolitics.org/secret-space-programs-more-complex-than-previously-revealed/ (accessed: 7/8/15).
＊44 5 U.S. Code § 3331-Oath of office. https://www.law.cornell.edu/uscode/text/5/3331 (accessed: 7/10/15).
＊45 Available online at Majestic Documents, http://majesticdocuments.com/pdf/truman_forrestal.pdf (accessed: 8/1/15).
＊46 See Michael Salla, Kennedy's Last Stand: Eisenhower, UFOs, MJ-12 and JFK's Assassination (Exopolitics Institute, 2013).

第6章　原註

＊1 Peter W. Merlin, 〝Taking E.T. Home: Birth of a Modern Myth,〟 Sunlight: Shedding some light on UFOlogy and UFOs,Vol 5, No. 6 (2013) http://home.comcast.net/~tprinty/UFO/SUNlite5_6.pdf (accessed on 7/14/15).
＊2 Peter W. Merlin, 〝Taking E.T. Home: Birth of a Modern Myth,〟 Sunlight: Shedding some light on UFOlogy and UFOs,Vol 5, No. 6 (2013) http://home.comcast.net/~tprinty/UFO/SUNlite5_6.pdf (accessed on 7/14/15).
＊3 Rich gave a speech where it is claimed he made this comment. See http://www.unexplained-mysteries.com/forum/index.php?showtopic=63914 (accessed on 7/14/15).
＊4 Interview with Corey Goode, April 7, 2015 〝Secret space programs more complex than previously revealed,〟 http://exopolitics.org/secret-space-programs-more-complex-than-previously-revealed/ (accessed 6/30/15).
＊5 Interview with Corey Goode, May 19, 2015 〝Corporate bases on Mars and Nazi infiltration of US Secret Space Program,〟 http://exopolitics.org/corporate-bases-on-mar-sand-nazi-

flying%20discs%20of%20the%20Third%20Reich.htm (accessed 7/31/15).

＊12 See Rob Arndt, 〝Andromeda Device (1943-1945)〟 http://greyfalcon.us/restored/Secret%20flying%20discs%20of%20the%20Third%20Reich.htm (accessed 7/31/15).

＊13 See Rob Arndt, 〝Andromeda Device (1943-1945)〟 http://greyfalcon.us/restored/Secret%20flying%20discs%20of%20the%20Third%20Reich.htm (accessed 7/31/15).

＊14 See Rob Arndt, 〝Andromeda Device (1943-1945)〟 http://greyfalcon.us/restored/Secret%20flying%20discs%20of%20the%20Third%20Reich.htm (accessed 7/31/15).

＊15 〝The Fastest things in the world,〟 http://www.top10fastest.com/the-fastest-things-inthe-world/ (accessed 7/31/15).

＊16 Tachyonic Antitelephone, Wikipedia, https://en.wikipedia.org/wiki/Tachyonic_antitelephone (accessed 7/31/15).

＊17 〝Do tachyons exist?〟 http://math.ucr.edu/home/baez/physics/ParticleAndNuclear/tachyons.html (accessed 7/31/15).

＊18 〝Half a Century of the German Moon Base (1942-1992)〟 http://www.v-j-enterprises.com/moonger.html (accessed 7/31/15).

＊19 For a critique of Terziski, see 〝The Nazi UFO Mythos: An Investigation by Kevin McClure,〟 http://www.thelivingmoon.com/43ancients/20nazi_ufos/naziufo6.html (accessed 7/31/15).

＊20 〝Questions for Corey/GoodETxSG-4/4/2015,〟 http://exopolitics.org/secret-space-programs-more-complex-than-previously-revealed/ (accessed 7/31/15).

＊21 〝Questions for Corey Goode about Temporal Drives, Galactic League of Nations Secret Space Program and recent controversy,〟 http://exopolitics.org/reagan-speech-aboutalien-threat-linked-to-secret-un-interstellar-space-fleet/ (accessed 8/7/15).

＊22 〝Questions for Corey Goode about Temporal Drives, Galactic League of Nations Secret Space Program and recent controversy,〟 http://exopolitics.org/reagan-speech-aboutalien-threat-linked-to-secret-un-interstellar-space-fleet/ (accessed 8/7/15).

＊23 Tachyon, Wikipedia, https://en.wikipedia.org/wiki/Tachyon (accessed 8/1/15).

＊24 〝Questions for Corey Goode on Mars, Moon and Nazi Space Program-May 14, 2015,〟 http://exopolitics.org/corporate-bases-on-mars-and-nazi-infiltration-of-us-secret-spaceprogram/ (accessed 7/31/15).

＊25 Interview with Corey Goode, May 19, 2014 〝Corporate bases on Mars and Nazi infiltration of US Secret Space Program,〟 http://exopolitics.org/corporate-bases-on-marsand-nazi-infiltration-of-us-secret-space-program/ (accessed 6/30/15).

＊26 Jon Ronson, 〝Game Over,〟 The Guardian, http://www.theguardian.com/theguardian/2005/jul/09/weekend7.weekend2 (accessed 8/6/15).

＊27 Posted by Admin: Bren, 〝Re: TC-Disclosure,〟 http://tinyurl.com/ohttdtk (accessed 7/8/15).

＊28 〝A further update from 'Henry Deacon',〟 http://projectcamelot.org/livermore_physicist_3.html (accessed 7/8/15).

＊29 A further update from 'Henry Deacon',〟 http://projectcamelot.org/livermore_physicist_3.html The URL referred to was: http://www.navy.mil/navydata/ships/carriers/cv-list.asp (accessed 7/8/15).

＊30 Bill Ryan, 〝Re: Solar Warden,〟 http://tinyurl.com/nllvu7s (accessed 7/8/15).

＊31 Darren Perks, 〝Solar Warden-The Secret Space Program,〟 http://www.huffingtonpost.co.uk/darren-perks/solar-warden-the-secret-space-program_b_1659192.html (accessed 7/8/15).

＊32 〝Secret space programs more complex than previously revealed,〟 http://exopolitics.org/secret-space-programs-more-complex-than-previously-revealed/ (accessed: 7/8/15).

of US Secret Space Program,″ http://exopolitics.org/corporate-bases-on-mars-and-nazi-infiltration-of-us-secret-space-program/ (accessed 6/30/15).
＊50 Jim Marrs, The Rise of the Fourth Reich: The Secret Societies That Threaten to Take Over America (William Morrow Paperbacks; 2009).
＊51 Amazon.com review, http://www.amazon.com/Rise-Fourth-Reich-Societies-Threaten/dp/0061245593/ref=sr_1_1?ie=UTF8&qid=1436380917&sr=8-1&keywords=mars+forth+reich (accessed 7/8/15).
＊52 Interview with Corey Goode, May 19, 2014 〝Corporate bases on Mars and Nazi infiltration of US Secret Space Program,″ http://exopolitics.org/corporate-bases-on-mars-and-naziinfiltration-of-us-secret-space-program/ (accessed 6/30/15).
＊53 〝Questions for Corey/GoodETxSG-4/4/2015,″ http://exopolitics.org/secret-spaceprograms-more-complex-than-previously-revealed/ (accessed 6/30/15).
＊54 David Icke has written a number of books discussing this link, The Biggest Secret: The Book That Will Change the World (David Icke Books, 1999). See also, Ick, And the Truth Shall Set you Free, available online at: www.bibliotecapleyades.net/biggestsecret/andtruthfreebook/truthfree.htm (accessed 7/29/15)
＊55 Interview with Corey Goode, May 19, 2014 〝Corporate bases on Mars and Nazi infiltration of US Secret Space Program,″ http://exopolitics.org/corporate-bases-on-mars-and-nazi-infiltration-of-us-secret-space-program/ (accessed 6/30/15).

第5章　原註

＊1 〝Franklin D. Roosevelt Memo on Non-Terrestrial Science and Technology,″ http://majesticdocuments.com/pdf/fdr_22feb44.pdf (accessed: 7/30/15).
＊2 Documentary analysis was conducted by Dr. Robert Wood and Ryan Wood from the Majestic Documents. http://majesticdocuments.com/documents/pre1948.php (accessed: 7/30/15).
＊3 〝Franklin D. Roosevelt Memo on Non-Terrestrial Science and Technology,″ http://majesticdocuments.com/pdf/fdr_22feb44.pdf (accessed: 7/30/15).
＊4 Interview with Linda Moulton Howe, Earthfiles, http://www.earthfiles.com/news.php?ID=1503&category=Real+X-Files (accessed: 7/8/15).
＊5 Interview with Linda Moulton Howe, Earthfiles, http://www.earthfiles.com/news.php?ID=1503&category=Real+X-Files (accessed: 7/8/15).
＊6 Interview with Linda Moulton Howe, Earthfiles, http://www.earthfiles.com/news.php?ID=1503&category=Real+X-Files (accessed: 7/8/15).
＊7 Thomas J. Carey and Donald R. Schmitt, Inside the Real Area 51: The Secret History of Wright Patterson (New Page Books, 2013).
＊8 Interview with Linda Moulton Howe, Earth files http://www.earthfiles.com/news.php?ID=1503&category=Real+X-Files (accessed 4/4/15).
＊9 Interview with Linda Moulton Howe, Earth files http://www.earthfiles.com/news.php?ID=1503&category=Real+X-Files (accessed 4/4/15).
＊10 〝Cheney taken inside S-4 to view flying saucers & EBE bodies,″ http://tinyurl.com/qx8jqf3 (accessed 7/31/15).
＊11 See Rob Arndt, 〝Andromeda Device (1943-1945)″ http://greyfalcon.us/restored/Secret%20

＊31 Cited in 〝Admiral Byrd's 1939 Antartic And … The Mysterious Snow Cruiser,〞 http://www.bibliotecapleyades.net/tierra_hueca/esp_tierra_hueca_18.htm (accessed 8/7/15).
＊32 See 〝The Antarctic Enigma,〞 http://www.bibliotecapleyades.net/tierra_hueca/esp_tierra_hueca_6c.htm (accessed 8/7/15).
＊33 〝Third Reich-Operation UFO (Nazi Base In Antarctica) Complete Documentary〞 https://youtu.be/MwUpPwyyvLw (accessed 7/6/15)
＊34 Our Real 〝War of the Worlds,〞 http://www.newdawnmagazine.com/special-issues/new-dawn-special-issue-vol-6-no-5 (accessed 7/6/15).
＊35 Our Real 〝War of the Worlds,〞 http://www.newdawnmagazine.com/special-issues/new-dawn-special-issue-vol-6-no-5 (accessed 7/6/15).
＊36 Wikipedia, 〝List of torpedo boats of the United States Navy〞 https://en.wikipedia.org/wiki/List_of_torpedo_boats_of_the_United_States_Navy (accessed 8/7/15).
＊37 Wikipedia, 〝USS Maddox,〞 https://en.wikipedia.org/wiki/USS_Maddox
＊38 Our Real 〝War of the Worlds,〞 http://www.new-dawn-magazine.com/special-issues/new-dawnspecial-issue-vol-6-no-5 (accessed 7/6/15)
＊39 Quoted in an interview of Admiral Byrd by Lee van Atta, 〝On Board the Mount Olympus on the High Seas〞 El Mercurio, (Santiago, Chile, March 5, 1947). See 〝The Antarctic Enigma,〞 http://www.violations.dabsol.co.uk/ind2.htm
＊40 See Raymond W. Bernard, The hollow Earth : the greatest geographical discovery in history made by Admiral Richard E. Byrd in the mysterious land beyond the Poles--the true origin of the flying saucers (Bell Publishing Co.). For online discussion of ET sightings in Antarctica region, see 〝Antarctic Enigma,〞 http://www.bibliotecapleyades.net/tierra_hueca/esp_tierra_hueca_6c.htm (accessed 8/7/15).
＊41 Stein was interviewed by Linda Moulton Howe, Earthfiles, http://www.earthfiles.com/news.php?ID=1464&category=Real%20X-Files (accessed 9/24/14)
＊42 Quoted in an interview of Admiral Byrd by Lee van Atta, 〝On Board the Mount Olympus on the High Seas〞 El Mercurio, (Santiago, Chile, March 5, 1947). See 〝The Antarctic Enigma,〞 http://www.bibliotecapleyades.net/tierra_hueca/esp_tierra_hueca_6c.htm (accessed 8/7/15).
＊43 Interview with Corey Goode, May 19, 2014 〝Corporate bases on Mars and Nazi infiltration of US Secret Space Program,〞 http://exopolitics.org/corporate-bases-on-mars-and-nazi-infiltration-of-us-secret-space-program/ (accessed 6/30/15).
＊44 Interview with Corey Goode, May 19, 2014 〝Corporate bases on Mars and Nazi infiltration of US Secret Space Program,〞 http://exopolitics.org/corporate-bases-on-mars-and-nazi-infiltration-of-us-secret-space-program/ (accessed 6/30/15).
＊45 Clark McClelland, The Stargate Chronicles, ch. 28, http://tinyurl.com/np95tz4 (accessed 8/30/15).
＊46 Interview with Corey Goode, May 19, 2014 〝Corporate bases on Mars and Nazi infiltration of US Secret Space Program,〞 http://exopolitics.org/corporate-bases-on-mars-and-naziinfiltration-of-us-secret-space-program/ (accessed 6/30/15).
＊47 Clark McClelland, The Stargate Chronicles, ch. 28, http://tinyurl.com/np95tz4 (accessed 8/30/15).
＊48 Interview with Corey Goode, May 19, 2014, 〝Corporate bases on Mars and Nazi infiltration of US Secret Space Program,〞 http://exopolitics.org/corporate-bases-on-mars-and-nazi-infiltration-of-us-secret-space-program/ (accessed 6/30/15).
＊49 Interview with Corey Goode, May 19, 2014 〝Corporate bases on Mars and Nazi infiltration

the Third Reich," http://www.violations.dabsol.co.uk/secrets/secretspart1.htm (accessed 4/4/15).

＊12 Prelude to Leadership: The European Diary of John F. Kennedy: Summer 1945 (Regnery Publishing, 1997).

＊13 Michael Salla, Kennedy's Last Stand: UFOs, MJ-12, & JFK's Assassination (Exopolitics Institute, 2013).

＊14 For discussion of how senior Nazi began transferring funds and resources through South America, see Marrs, Alien Agenda, 107-113.

＊15 Interview with Corey Goode, May 19, 2014 "Corporate bases on Mars and Nazi infiltration of US Secret Space Program," http://exopolitics.org/corporate-bases-on-mars-and-nazi-infiltration-of-us-secret-space-program/ (accessed 6/30/15).

＊16 See the "Antarctic Enigma," http://www.bibliotecapleyades.net/tierra_hueca/esp_tierra_hueca_6c.htm (accessed 8/7/15).

＊17 Cited in "Admiral Byrd's 1939 Antartic And … The Mysterious Snow Cruiser," (accessed 8/7/15). http://www.bibliotecapleyades.net/tierra_hueca/esp_tierra_hueca_18.htm

＊18 "Antarctic Enigma," http://www.bibliotecapleyades.net/tierra_hueca/esp_tierra_hueca_6c.htm (accessed 8/7/15).

＊19 "Antarctic Enigma," http://www.bibliotecapleyades.net/tierra_hueca/esp_tierra_hueca_6c.htm (accessed 8/7/15).

＊20 Interview with Linda Moulton Howe, Earthfiles, http://www.earthfiles.com/news.php?ID=1464&category=Real%20X-Files (accessed 9/24/14)

＊21 For reference to Nazi expeditions to Antartica in the pre-war period, see "The Antarctic Enigma," http://www.bibliotecapleyades.net/tierra_hueca/esp_tierra_hueca_6c.htm (accessed 8/7/15).The possibility that the Nazis had 'discovered' underground bases in Antarctica suggests that the Thule Society had indeed been successful in establishing communications with an ancient subterranean race of humans from long dead surface civilizations.

＊22 In introduction to Renato Vesco and David Hatcher Childress, Man-Made UFOs 1944-1994: 50 Years of Suppression (AUP Publishers, 1994/2005).

＊23 Interview with Corey Goode, May 19, 2014 "Corporate bases on Mars and Nazi infiltration of US Secret Space Program," http://exopolitics.org/corporate-bases-on-mars-and-naziinfiltration-of-us-secret-space-program/ (accessed 6/30/15).

＊24 Peter Levanda, Unholy Alliance: A History of Nazi Involvement with the Occult (Continuum, 2003) 175.

＊25 Peter Levanda, Unholy Alliance: A History of Nazi Involvement with the Occult, 176.

＊26 Peter Levanda, Unholy Alliance: A History of Nazi Involvement with the Occult, 176.

＊27 For discussion of Nazi developed Saucers being witnessed during the post-World War period, see "Secrets of the Third Reich," http://www.violations.dabsol.co.uk/secrets/secretspart3.htm .

＊28 "The Antarctic Enigma," http://www.violations.dabsol.co.uk/ind2.htm For further references to Operation High Jump see, Branton, The Omega Files. Available online at http://www.thinkaboutit.com/Omega/files/omega3.htm (accessed 7/6/15).

＊29 "The Antarctic Enigma," http://www.bibliotecapleyades.net/tierra_hueca/esp_tierra_hueca_6c.htm (accessed 8/7/15).

＊30 John Livermore, "Goering's Hi Tech Mission: The German Antarctic Expedition 1938-9," http://johnlivermore.com/files/GERMAN%20ANTARCTIC%20EXPEDITION%201938.doc (accessed 8/7/15).

America (William Morrow, 2009) 55.
＊40 Clark McClelland, The Stargate Chronicles, ch. 15, http://tinyurl.com/ox66j9y (accessed 6/30/15).
＊41 Tom Agoston cited at http://bell.greyfalcon.us/Kammler.htm (accessed 7/29/15).
＊42 Bryan J. Dickerson, "The Liberation of Western Czechoslovakia 1945," http://www.militaryhistoryonline.com/wwii/articles/liberation1945.aspx
＊43 Agoston, Blunder! 16-20.
＊44 Agoston, Blunder! 83.
＊45 Earthfiles, http://www.earthfiles.com/news.php?ID=1503&category=Real+X-Files (accessed 4/4/15).
＊46 "Questions for Corey Goode on Mars, Moon and Nazi Space Program-May 14, 2015" http://exopolitics.org/corporate-bases-on-mars-and-nazi-infiltration-of-us-secret-space-program/ (accessed 6/30/15).

第4章　原註

＊1 Interview with Corey Goode, May 19, 2014 "Corporate bases on Mars and Nazi infiltration of US Secret Space Program," http://exopolitics.org/corporate-bases-on-mars-and-nazi-infiltration-of-us-secret-space-program/ (accessed 6/30/15).
＊2 "Interview with Al Bielek," http://www.bibliotecapleyades.net/montauk/esp_montauk_7a.htm (accessed 6/30/15).
＊3 "Interview with Al Bielek," http://www.bibliotecapleyades.net/montauk/esp_montauk_7a.htm (accessed 6/30/15).
＊4 『謎の白鳥座61番星』ロビン・コリンズ著、青木榮一訳、二見書房、1975年
Also quoted in "Secrets of the Third Reich," http://www.violations.dabsol.co.uk/secrets/secretspart3.htm (accessed 6/30/15).
＊5 Interviewed by Linda Moulton Howe, Earth Files, http://www.earthfiles.com/news.php?ID=1464&category=Real%20X-Files (accessed 6/6/15).
＊6 Interview with Corey Goode, May 19, 2014 "Corporate bases on Mars and Nazi infiltration of US Secret Space Program," http://exopolitics.org/corporate-bases-on-mars-and-nazi-infiltration-of-us-secret-space-program/ (accessed 6/30/15).
＊7 For extensive discussion of such an exodus to Antarctica and South America, see Joscelyn Godwin, Arktos: The Polar Myth in Science, Symbolism, and Nazi Survival; Jim Marrs, Alien Agenda, 107-13; and also see Branton, The Omega Files; Secret Nazi UFO Bases Revealed (Inner Light Publications, 2000). Available online at: http://www.think-about-it.com (accessed 6/30/15).
＊8 Richard K. Wilson and Sylvan Burns, Secret Treaty: The United States Government and Extraterrestrial Entities (N.A.R, 1989), cited from: http://www.thewatcherfiles.com/alien-treaty.htm (accessed 6/30/15).
＊9 Interviewed by Linda Moulton Howe, Earthfiles, http://www.earthfiles.com/news.php?ID=1464&category=Real%20X-Files (accessed 4/4/15).
＊10 Interviewed by Linda Moulton Howe, Earthfiles, http://www.earthfiles.com/news.php?ID=1464&category=Real%20X-Files (accessed 4/4/15).
＊11 For extensive discussion of the advanced technology left by Nazi Germany, see "Secrets of

php?ID=1503&category=Real+X-Files (accessed 4/4/15).
＊13 Peter Moon, The Black Sun: Montauk's Nazi-Tibetan Connection, 176.
＊14 Stein Interviewed by Linda Moulton Howe, Earthfiles, http://www.earthfiles.com/news.php?ID=1501&category=Real+X-Files (accessed 9/24/14).
＊15 Peter Moon, The Black Sun: Montauk's Nazi-Tibetan Connection, 182.
＊16 Peter Moon, The Black Sun: Montauk's Nazi-Tibetan Connection, 182.
＊17 Peter Moon, The Black Sun: Montauk's Nazi-Tibetan Connection, 172.
＊18 Interview with Corey Goode, May 19, 2014 〝Corporate bases on Mars and Nazi infiltration of US Secret Space Program,〟 http://exopolitics.org/corporate-bases-on-mars-and-nazi-infiltration-of-us-secret-space-program/ (accessed 6/30/15).
＊19 『第三帝国の神殿にて：ナチス軍需相の証言』アルベルト・シュペーア著、品田豊治訳、中央公論新社、2001年
＊20 Source: Maximillien De Lafayette, UFOs: Maria Orsic, The Woman Who Originated and Created Earth's First UFOs, Volume I.
＊21 Interview with Corey Goode, May 19, 2014 〝Corporate bases on Mars and Nazi infiltration of US Secret Space Program,〟 http://exopolitics.org/corporate-bases-on-marsand-nazi-infiltration-of-us-secret-space-program/ (accessed 6/30/15).
＊22 Wikipedia, 〝Foreign involvement in the Spanish Civil War,〟 https://en.wikipedia.org/wiki/Foreign_involvement_in_the_Spanish_Civil_War#Italy (accessed 7/2/15).
＊23 Alfredo Lissoni, 〝New Documents 'Will Revolutionize UFOlogy'! (UFO Cover-Up By Mussolini)〟 http://www.ufoevidence.org/documents/doc1885.htm (accessed 7/29/15).
＊24 〝Pact of Steel, Wikipedia, http://en.wikipedia.org/wiki/Pact_of_Steel (accessed 7/2/15).
＊25 Wikipedia Italy, 〝Giuseppe Belluzzo,〟 https://it.wikipedia.org/wiki/Giuseppe_Belluzzo
＊26 The Indiana Gazette from Indiana, Pennsylvania〟 (March 25, 1950) 4; http://www.newspapers.com/newspage/20852736/ (accessed 7/29/15).
＊27 〝Nazi UFOs,〟 Wikipedia, http://en.wikipedia.org/wiki/Nazi_UFOs (accessed 6/30/15).
＊28 Rob Arndt, 〝Rudolf Schriever Flugkreisel (1941-1945)〟 http://discaircraft.greyfalcon.us/Rudolf%20Schriever.htm (accessed 7/29/15).
＊29 Nick Cook, The Hunt for Zero Point, 46.
＊30 Nick Cook, The Hunt for Zero Point, 46.
＊31 CIA Document available at: http://greyfalcon.us/restored/myPictures/klein.jpg (accessed 7/29/15).
＊32 〝Hitler's Saucers and Secret Files,〟 http://mysteriousuniverse.org/2011/11/hilters-saucers-and-secret-files/1345994647000/ (accessed 7/29/15).
＊33 〝Unnamed Soldiers,〟 http://naziufomythos.greyfalcon.us/unnamedsoldiers.html (accessed 7/29/15)
＊34 『第三帝国の神殿にて：ナチス軍需相の証言』アルベルト・シュペーア著、品田豊治訳、中央公論新社、2001年
＊35 Albert Speer, Infiltration: How Heinrich Himmler Schemed to Build an SS Industrial Empire (MacMillan, 1981) 9.
＊36 『第三帝国の神殿にて：ナチス軍需相の証言』アルベルト・シュペーア著、品田豊治訳、中央公論新社、2001年
＊37 Tom Agoston, Blunder! How the U.S. Gave Away Nazi Supersecrets to Russia (Dodd, Mead & Company, 1985). 109.
＊38 Tom Agoston, Blunder! 103.
＊39 Jim Marrs, The Rise of 4th Reich: The Secret Societies That Threaten to Take Over

＊33 Interview with Corey Goode, May 19, 2014 〝Corporate bases on Mars and Nazi infiltration of US Secret Space Program,〟 http://exopolitics.org/corporate-bases-on-mars-and-nazi-infiltration-of-us-secret-space-program/ (accessed 6/30/15).
＊34 Interview with Corey Goode, May 19, 2014 〝Corporate bases on Mars and Nazi infiltration of US Secret Space Program,〟 http://exopolitics.org/corporate-bases-on-marsand-nazi-infiltration-of-us-secret-space-program/ (accessed 6/30/15).
＊35 Interview with Corey Goode, May 19, 2014 〝Corporate bases on Mars and Nazi infiltration of US Secret Space Program,〟 http://exopolitics.org/corporate-bases-on-marsand-nazi-infiltration-of-us-secret-space-program/ (accessed 6/30/15).
＊36 Interview with Corey Goode, May 19, 2014 〝Corporate bases on Mars and Nazi infiltration of US Secret Space Program,〟 http://exopolitics.org/corporate-bases-on-marsand-nazi-infiltration-of-us-secret-space-program/ (accessed 6/30/15).
＊37 Linda Moulton Howe, Earth Files, http://www.earthfiles.com/news.php?ID=1503&category=Real+X-Files (accessed 9/24/14).
＊38 Interview with Corey Goode, May 19, 2014 〝Corporate bases on Mars and Nazi infiltration of US Secret Space Program,〟 http://exopolitics.org/corporate-bases-on-marsand-nazi-infiltration-of-us-secret-space-program/ (accessed 6/30/15).

第3章　原註

＊1 These documents are available online at The Mussolini UFO files: http://web.tiscali.it/lareteufo/mussof1.htm (accessed 6/30/15).
＊2 Alfredo Lissoni, 〝Mussolini RS33 & The Maderno UFO Crash〟 http://uforesearchnetwork.proboards.com/thread/3139/ufo-filesitalian?page=1&scrollTo=10714 (accessed 6/30/15).
＊3 Alfredo Lissoni, 〝Mussolini RS33 & The Maderno UFO Crash〟 http://uforesearchnetwork.proboards.com/thread/3139/ufo-filesitalian?page=1&scrollTo=10714 (accessed 6/30/15).
＊4 Rob Arndt, 〝Mussolini FIAT Riva Del Garda Disc (1943-1945)〟 http://discaircraft.greyfalcon.us/MUSSOLINI%20FIAT%20RIVA%20DEL%20GARDA%20DISC.htm (accessed 6/30/15).
＊5 Rob Arndt, 〝Mussolini FIAT Riva Del Garda Disc (1943-1945)〟 http://discaircraft.greyfalcon.us/MUSSOLINI%20FIAT%20RIVA%20DEL%20GARDA%20DISC.htm (accessed 6/30/15).
＊6 Rob Arndt, 〝Mussolini FIAT Riva Del Garda Disc (1943-1945)〟 http://discaircraft.greyfalcon.us/MUSSOLINI%20FIAT%20RIVA%20DEL%20GARDA%20DISC.htm (accessed 6/30/15).
＊7 Alfredo Lissoni, 〝The Mussolini UFO files,〟 http://web.tiscali.it/lareteufo/mussof1.htm (accessed 6/30/15).
＊8 Alfredo Lissoni, 〝The Mussolini UFO files,〟 http://web.tiscali.it/lareteufo/mussof1.htm (accessed 6/30/15).
＊9 Roberto Pinotti interview in 〝Italy's Fascist UFO Files-Your Need to Know〟 https://www.youtube.com/watch?v=ZVpFW_Aecm8 (accessed 6/30/15).
＊10 Peter Moon, The Black Sun: Montauk's Nazi-Tibetan Connection (Skybooks, 1997) 175.
＊11 Peter Moon, The Black Sun: Montauk's Nazi-Tibetan Connection, 176.
＊12 Interview with Linda Moulton Howe, Earthfiles, http://www.earthfiles.com/news.

＊7　George Romero, The Rescue (Createspace, 2011) 357-58.
＊8　For further discussion see Richard Sauder, Hidden in Plain Sight: Beyond the X-Files (Keyhole Publishing, 2011). See also 〝Vorticular Madness Of The Dark Magicians,〟 https://truthtalk13.wordpress.com/category/operation-paperclip/ (accessed 8/11/15).
＊9　〝What is a Schumann Resonance?〟 http://image.gsfc.nasa.gov/poetry/ask/q768.html (accessed 7/29/15).
＊10　Dan Morris, in Steven Greer, Disclosure: Military and Government Witnesses Reveal the Greatest Secrets in Modern History (Crossing Point, 2001) 363.
＊11　Linda Moulton Howe, Earth Files, http://www.earthfiles.com/news.php?ID=1503&category=Real+X-Files (accessed 9/24/14).
＊12　For an article about the CIA agent's testimony, see: 〝Eisenhower threatened to invade Area 51 former US Congress members hear testimony,〟 http://exopolitics.org/eisenhowerthreatened-to-invade-area-51-former-us-congress-members-hear-testimony/ (accessed 8/8/15).
＊13　Linda Moulton Howe, Earth Files, http://www.earthfiles.com/news.php?ID=1501&category=Real+X-Files (accessed 9/24/14).
＊14　Interview with Corey Goode, May 19, 2014 〝Corporate bases on Mars and Nazi infiltration of US Secret Space Program,〟 http://exopolitics.org/corporate-bases-on-marsand-nazi-infiltration-of-us-secret-space-program/ (accessed 6/30/15).
＊15　For discussion of why Orsic would have kept her flying saucer program secret, see Maximillian Lafayette, Maria Orsic: The Woman Who Originated and Created Earth's First Flying Saucers, Vol 2 (Art, UFOs & Supernatural Magazine, 2013) 177-78.
＊16　Wikipedia, 〝Thule Society,〟 http://en.wikipedia.org/wiki/Thule_Society (accessed 6/6/15)
＊17　Wikipedia, 〝German Workers' Party,〟 http://en.wikipedia.org/wiki/German_Workers%27_Party (accessed 6/6/15).
＊18　Wikipedia, 〝Rudolf Hess,〟 http://en.wikipedia.org/wiki/Rudolf_Hess (accessed 6/6/15).
＊19　〝Ahnenerbe,〟 Wikipedia, https://en.wikipedia.org/wiki/Ahnenerbe (accessed 6/6/15).
＊20　Originally published as The Coming Race. Available online at: http://www.theosophical.ca/books/VrilThePoweroftheComingRace_EBulwer-Lytton.pdf (accessed 7/29/15).
＊21　Wikipedia, 〝Thule Society,〟 http://en.wikipedia.org/wiki/Theosophical_Society (accessed 6/6/15).
＊22　Wikipedia, 〝Vril,〟 http://en.wikipedia.org/wiki/Vril (accessed 6/5/15).
＊23　〝Maria Orsic〟 http://1stmuse.com/maria_orsitsch/ (accessed 6/6/15).
＊24　〝Maria Orsic〟 http://1stmuse.com/maria_orsitsch/ (accessed 6/6/15).
＊25　〝Maria Orsic〟 http://1stmuse.com/maria_orsitsch/ (accessed 6/6/15).
＊26　For a summary of these events, see Peter Moon, The Black Sun: Montauk's Nazi-Tibetan Connection (Skybooks, 1997) 172ff.
＊27　Rob Arndt suggests 1922 in Otherworld Flight Machine (1922-24) http://discaircraft.greyfalcon.us/JFM.htm (accessed 7/29/15).
＊28　Maria Orsic, The Woman who orginated and created Earth's Flying Saucers (Art, UFOs & Supernatural Magazine, 2013) Vol 2, 25.
＊29　『自然は脈動する―ヴィクトル・シャウベルガーの驚くべき洞察』アリック・バーソロミュー著、野口正雄訳、日本教文社、2008年
＊30　Peter Moon, The Black Sun: Montauk's Nazi-Tibetan Connection (Skybooks, 1997) 173.
＊31　Peter Moon, The Black Sun: Montauk's Nazi-Tibetan Connection, 175.
＊32　Peter Moon, The Black Sun: Montauk's Nazi-Tibetan Connection, 175.

＊50 〝Scramjet,〞 Wikipedia, https://en.wikipedia.org/wiki/Scramjet (accessed on 6/20/15).
＊51 〝Scramjet,〞 Wikipedia, https://en.wikipedia.org/wiki/Scramjet (accessed on 6/20/15).
＊52 Edgar Rothschild Fouche, 〝Secret Government Technology,〞 http://www.bibliotecapleyades.net/ciencia/ciencia_extraterrestrialtech08.htm (accessed on 6/12/15).
＊53 Edgar Rothschild Fouche, 〝Secret Government Technology,〞 http://www.bibliotecapleyades.net/ciencia/ciencia_extraterrestrialtech08.htm (accessed on 6/18/15).
＊54 Edgar Rothschild Fouche, 〝Secret Government Technology,〞 http://www.bibliotecapleyades.net/ciencia/ciencia_extraterrestrialtech08.htm (accessed on 6/18/15).
＊55 Edgar Rothschild Fouche, 〝Secret Government Technology,〞 http://www.bibliotecapleyades.net/ciencia/ciencia_extraterrestrialtech08.htm (accessed on 6/18/15).
＊56 Edgar Rothschild Fouche, 〝Secret Government Technology,〞 http://www.bibliotecapleyades.net/ciencia/ciencia_extraterrestrialtech08.htm (accessed on 6/18/15).
＊57 Edgar Rothschild Fouche, 〝Secret Government Technology,〞 http://www.bibliotecapleyades.net/ciencia/ciencia_extraterrestrialtech08.htm (accessed on 6/18/15).
＊58 〝Lazar's Story-Technical tidbits,〞 http://www.otherhand.org/home-page/area-51-andother-strange-places/bluefire-main/bluefire/the-bob-lazar-corner/the-word-of-bob/ (accessed on 6/20/15).
＊59 Sunday Express Newspaper Article, September 17, 1995. http://www.ufoevidence.org/documents/doc418.htm (accessed on 6/20/15).
＊60 Edgar Rothschild Fouche, 〝Secret Government Technology,〞 http://www.bibliotecapleyades.net/ciencia/ciencia_extraterrestrialtech08.htm (accessed on 6/18/15)
＊61 〝Fast or Slow,〞 http://explorerplanet.blogg.no/1418483151_fast_or_slow_part_3.html (accessed on 6/21/15).
＊62 Wikipedia, 〝G-Force,〞 https://en.wikipedia.org/wiki/G-force#Human_tolerance_of_g-force (accessed on 6/21/15).
＊63 〝Fast or Slow,〞 http://explorerplanet.blogg.no/1418483151_fast_or_slow_part_3.html (accessed on 6/21/15).
＊64 〝Questions for Corey/GoodETxSG-4/4/2015,〞 http://exopolitics.org/secretspace-programs-more-complex-than-previously-revealed/ (accessed 7/29/15).
＊65 〝Core Secrets: NSA Saboteurs in China and Germany,〞 https://firstlook.org/theintercept/2014/10/10/core-secrets/ (accessed 7/29/15).

第2章　原註

＊1 〝Memorandum for General Samford,〞 http://www.project1947.com/fig/1952a.htm (accessed 7/29/15).
＊2 Report by Kenneth Arnold, http://www.project1947.com/fig/ka.htm (accessed 7/29/15).
＊3 Report by Kenneth Arnold, http://www.project1947.com/fig/ka.htm (accessed 7/29/15).
＊4 Report by Kenneth Arnold, http://www.project1947.com/fig/ka.htm (accessed 7/29/15).
＊5 〝Mantell UFO incident,〞 Wikipedia, http://en.wikipedia.org/wiki/Mantell_UFO_incident (accessed 7/29/15).
＊6 Schumann's biographical information is extracted from Wikipedia, https://en.wikipedia.org/wiki/Winfried_Otto_Schumann (accessed 7/29/15). See also George Romero, The Rescue (Createspace, 2011) 357.

*26 LaViolette, Secrets of Antigravity Propulsion, 142-43.
*27 〝Anti-gravity and us,〞 http://www.smh.com.au/articles/2003/01/28/1043534050248.html (accessed on 6/12/15).
*28 〝Anti-gravity and us,〞 http://www.smh.com.au/articles/2003/01/28/1043534050248.html (accessed on 6/12/15).
*29 〝Anti-gravity and us,〞 http://www.smh.com.au/articles/2003/01/28/1043534050248.html (accessed on 6/12/15).
*30 Nick Cook, 〝Anti-gravity propulsion comes 'out of the closet',〞 http://www.ufoevidence.org/documents/doc1064.htm (accessed on 6/12/15)
*31 LaViolette, Secrets of Antigravity Propulsion, 164.
*32 〝Anti-gravity and us,〞 http://www.smh.com.au/articles/2003/01/28/1043534050248.html (accessed on 6/12/15).
*33 〝Anti-gravity and us,〞 http://www.smh.com.au/articles/2003/01/28/1043534050248.html (accessed on 6/12/15).
*34 〝Where Does Space Begin?〞 http://www.slate.com/articles/news_and_politics/explainer/2004/09/where_does_space_begin.html (accessed on 6/15/15).
*35 Private rocketship begins quest for $10 million X Prize, http://legacy.utsandiego.com/news/science/20040929-0811-ca-privatespaceship.html (accessed on 6/18/15)
*36 Cook, The Hunt for Zero Point, 14.
*37 Sweetman, Bill. "Secret Warplanes of Area 51." http://www.popsci.com/military-aviationspace/article/2006-10/top-secret-warplanes-area-51 (accessed on 6/18/15).
*38 〝Aurora Timeline,〞 http://tinyurl.com/oaf9s62 (accessed on 6/18/15).
*39 Robert B Durham, Declassified Black Projects (Lulu, 2015) 9.
*40 Jeffrey Richelson, 〝The Secret History of the U-2-and Area 51,〞 http://nsarchive.gwu.edu/NSAEBB/NSAEBB434/ (accessed on 7/29/15).
*41 S-4施設に最初に言及したのはボブ・ラザーで1989年のことだった。彼は短期間そこで働いたことがあり、ラスベガスのテレビ局KLASのインタビューでジョージ・ナップに彼が知るすべてのことを明かした。See 〝Bob Lazar not impressed with Area 51 declassification,〞 http://www.openminds.tv/bob-lazar-not-impressed-with-area-51-declassification-1115/23376 (accessed on 6/12/15)
*42 Edgar Fouche's book was published in 1998 as Alien Rapture: The Chosen (Galde Press). and was co-written with Brad Steiger.
*43 Edgar Rothschild Fouche, 〝Secret Government Technology,〞 http://www.bibliotecapleyades.net/ciencia/ciencia_extraterrestrialtech08.htm (accessed on 6/18/15).
*44 Edgar Rothschild Fouche, 〝Secret Government Technology,〞 http://www.bibliotecapleyades.net/ciencia/ciencia_extraterrestrialtech08.htm (accessed on 6/18/15).
*45 Edgar Rothschild Fouche, 〝Secret Government Technology,〞 http://www.bibliotecapleyades.net/ciencia/ciencia_extraterrestrialtech08.htm (accessed on 6/18/15).
*46 Edgar Rothschild Fouche, 〝Secret Government Technology,〞 http://www.bibliotecapleyades.net/ciencia/ciencia_extraterrestrialtech08.htm (accessed on 6/18/15).
*47 Edgar Rothschild Fouche, 〝Secret Government Technology,〞 http://www.bibliotecapleyades.net/ciencia/ciencia_extraterrestrialtech08.htm (accessed on 6/18/15)
*48 〝Study of an Air-Breathing Engine for Hypersonic Flight〞 http://upcommons.upc.edu/pfc/bitstream/2099.1/20295/1/Technical%20Report.pdf (accessed on 6/8/15)
*49 http://www.military.com/daily-news/2015/06/01/chief-scientist-air-force-working-on-new-hypersonic-air-vehicle.html (accessed on 6/8/15).

第1章　原註

＊1　Ronald Reagan, The Reagan Diaries (Harper Perennial, 2099) 334.
＊2　Wikipedia, http://en.wikipedia.org/wiki/Assembly_of_the_International_Space_Station (accessed on 6/10/15).
＊3　〝Questions for Corey Goode on Moon and Classified Military Space Programs-May 14, 2015,〟 http://exopolitics.org/multiple-moon-bases-u-s-military-space-shuttles-as-cover-programs/ (accessed on 7/29/15).
＊4　T.T. Brown, "How I Control Gravitation," Science & Invention (August 1929) / Psychic Observer 37(1) http://www.rexresearch.com/gravitor/gravitor.htm (accessed on 6/10/15).
＊5　T.T. Brown, "How I Control Gravitation," Science & Invention (August 1929) / Psychic Observer 37(1) http://www.rexresearch.com/gravitor/gravitor.htm (accessed on 6/10/15).
＊6　T.T. Brown, "How I Control Gravitation," Science & Invention (August 1929) / Psychic Observer 37(1) http://www.rexresearch.com/gravitor/gravitor.htm (accessed on 6/10/15).
＊7　Paul La Violette, Secrets of Antigravity Propulsion: Tesla, UFOs and Classified Aerospace Technology (Bear and Co., 2008) 9.
＊8　〝A Method of and an Apparatus or Machine for Producing Force or Motion.〟 http://www.checktheevidence.com/Disclosure/Web%20Pages/www.soteria.com/brown/docs/egravity/gravsap1.htm (accessed on 6/10/15).
＊9　〝A Method of and an Apparatus or Machine for Producing Force or Motion.〟 http://www.checktheevidence.com/Disclosure/Web%20Pages/www.soteria.com/brown/docs/egravity/gravsap1.htm (accessed on 6/10/15).
＊10　〝A Method of and an Apparatus or Machine for Producing Force or Motion.〟 http://www.checktheevidence.com/Disclosure/Web%20Pages/www.soteria.com/brown/docs/egravity/gravsap1.htm (accessed on 6/10/15).
＊11　〝A Method of and an Apparatus or Machine for Producing Force or Motion.〟 http://www.checktheevidence.com/Disclosure/Web%20Pages/www.soteria.com/brown/docs/egravity/gravsap1.htm (accessed on 6/10/15).
＊12　Paul La Violette, Secrets of Antigravity Propulsion: Tesla, UFOs and Classified Aerospace Technology (Bear and Co., 2008) 5.
＊13　Aviation Report 20 August 1954, http://www.cufon.org/cufon/elecgrav.htm (accessed on 6/10/15).
＊14　Aviation Report 24 August 1954, http://www.cufon.org/cufon/elecgrav.htm (accessed on 6/10/15).
＊15　Donald E. Keyhoe, The Flying Saucer Conspiracy (Henry Holt & Co., 1955) 251-52.
＊16　LaViolette, Secrets of Antigravity Propulsion, 72.
＊17　LaViolette, Secrets of Antigravity Propulsion, 65-81.
＊18　LaViolette, Secrets of Antigravity Propulsion, 54.
＊19　LaViolette, Secrets of Antigravity Propulsion, 55-56.
＊20　Cook, The Hunt for Zero Point, 12.
＊21　LaViolette, Secrets of Antigravity Propulsion, 113.
＊22　LaViolette, Secrets of Antigravity Propulsion, 111-12.
＊23　Cook, The Hunt for Zero Point, 35.
＊24　〝U.S. Air Force Fact Sheet,〟 http://www.af.mil/AboutUs/FactSheets/Display/tabid/224/Article/104482/b-2-spirit.aspx (accessed on 6/12/15).
＊25　LaViolette, Secrets of Antigravity Propulsion, 142.

著者について

マイケル・サラ博士は、国際政治学、紛争解決、アメリカの対外政策の世界的に知られた学者である。これまでに、ワシントンDCのアメリカン大学国際関係学部&グローバル平和センター（1996〜2004）、オーストラリアのキャンベラにあるオーストラリア国立大学政治学部（1994〜96）、ワシントンDCにあるジョージワシントン大学エリオット国際関係大学院（2002）で仕事をしてきた。オーストラリアのクイーンズランド大学の政治学博士号を所有している。アカデミックな分野での仕事の一方で、国際政治に関する書籍4冊の執筆や編集にもあたった。また東チモールやコソボ、マケドニア、スリランカでの研究やフィールドワークも行なっている。東チモール紛争時には現地の関係者を含む平和調停活動でアメリカ平和協会とフォード財団から補助金を受けた。

サラ博士の名は、「宇宙政治（エクソポリティクス）」――主要な地球外生命やその組織、互いの政治関係などに関する研究――のパイオニアとしてより知られている。2004年に「宇宙政治（エクソポリティクス）」についての初の著作を著したあと、2009年にも宇宙政治とアメリカの外交政策に関する著書を出版した。2013年には『Galactic Diplomacy（銀河外交）』、

『Kennedy's Last Stand（ケネディ最後の戦い）』を出版している。後者で博士は機密UFOとケネディ暗殺の関係を探求した。

博士は「宇宙政治協会」および『宇宙政治ジャーナル』の創設者であり、ハワイでの「地球変革会議」（2006〜2011）の共同主催者でもある。メーンウェブサイトは www.exopolitics.org。

監訳者あとがき

高島康司

　この本は、2015年9月に発刊されたDr.Michael Salla著、「Insiders Reveal Secret Space Programs & Extraterrestrial Alliances」の日本語訳である。著者のマイケル・サラ博士は、1958年生まれの59歳で、1983年にメルボルン大学を卒業し、その後クイーンズランド大学で行政学で博士号を取得した研究者である。オーストラリアの複数の大学で教鞭を執った後、1996年にアメリカに移り住み、ワシントンにあるアメリカン大学の准教授に就任した。国際紛争の調停が専門分野だった。1990年代には専門分野の研究誌に多くの論文を寄稿している。

　しかし2003年、ハワイのカラパナに移住してキャリアを根本的に転換した。いまは、UFOと地球外生物の存在を証明し、こうした知識を隠蔽しているアメリカの「影の政府」の陰謀を暴く活動に専念している。これらの活動の情報は、サラ博士の主催するサイト、「Exopolitics」で得ることができる。

Exopolitics
http://exopolitics.org/

こうしたいわゆるディスクロージャーの分野では、サラ博士は、内科医のスティーブン・グリア博士と同様、研究者としての専門教育を受けた数少ない専門家である。毎月、多くの講演会やセミナー、そしてネットラジオやテレビに出演し、この分野の最先端の情報の公開している。

一方、本書が詳しく解説しているコーリー・グッドは、2015年8月に突然と現れた内部告発者である。米最大手のスピリチュアル系ネットテレビ「GaiaTV」で、ニューエイジ系カルチャーのリーダー的な存在であるデイビッド・ウィルコックが主催する番組、「Cosmic Disclosure」にゲストとして登場した。コーリー・グッドは、米政府が隠し続けている影の組織、「秘密宇宙プログラム（Secret Space Program）」に属する宇宙艦隊、「ソーラー・ワーデン（Solar Warden）」のメンバーだったと称する人物である。この番組はいまでも続いており、具体的で詳細なコーリー・グッドの証言は、大変な衝撃をもたらしている。

1990年代の前半くらいから、アメリカではスティーブン・グリア博士が中心となり、政府にUFO関連の機密情報の開示を要求するディスクロージャーの運動が拡大している。米軍の秘密プロジェクトや「秘密宇宙プログラム」に所属していた人々が内部告発者となって証言し、こうした組織の実態がかなり明らかとなった。本書を一読すれば分かるが、そうしたなかでもコーリー・グッドの証言は突出している。秘密組織の全体像と隠された情報をここまで包括的に明らかにしたのは、コーリー・グッドだけである。

しかし、そのような突出した存在であるだけに、コーリー・グッドに対するディスクロージャー界の批判も多いのも事実だ。

アメリカにはディスクロージャー・コミュニティーと呼べるようなものが存在している。これは「秘密宇宙プログラム」と「影の政府」の存在を認め、それに関係していた人々を内部告発者として証言させ、これらの組織の実態と全体像を明らかにするプロジェクトだ。先駆けとなったスティーブン・グリア博士が主催する「ディスクロージャー・プロジェクト」や、著名な調査ジャーナリストのリンダ・モートン・ハウ、「GaiaTV」のディビッド・ウィルコック、「プロジェクト・キャメロット」を主催するケリー・キャシディー、「プロジェクト・アヴァロン」のビル・ライアンなどはこうした人々だ。その他無数の人々がかかわっている。彼らの努力で、すでに1000名を優に越える内部告発者が証言をしている。

コーリー・グッドの証言をめぐる論争は、こうした人々やグループの間で発生しているものである。だから、地球外生物の否認派と肯定派の論争ではないことに注意しなければならない。

コーリー・グッドに対する批判の論点は2つだ。グッドの証言は細かく具体的であるものの、それを証明する事実が存在しないということ、そしてグッドのアイデンティティーに対する疑念である。

グリア博士の疑念

最初にグッドの証言に対する疑念を表明したのは、かのスティーブン・グリア博士である。

グリア博士は、影の政府は実際に存在しており、反重力エンジンやそれを搭載したUFOも製造可能なテクノロジーをすでに保持しているという。さらに、現実とまったく同じリアルな体験を再現できる非常に高度な3Dホログラムの技術も持っている。影の政府はこうした技術を、すでに1950年代から持っていた。

そしてコーリー・グッドだが、すばらしい人物ではあるものの、彼の証言を真に受けるのは危険だという。それというのも、グッドは影の政府の犠牲者かもしれないというのだ。

影の政府にとって、現実とまったく同様なリアルな体験をバーチャルに作り出すことは、簡単なことだ。その程度のテクノロジーは持っている。被験者に特定のシナリオを実際に体験をさせることは決して難しくない。実際にこのテクノロジーは、神の声を聞いたり、神を見たりする超常的な宗教体験を作り出すために使用されている。だから、グッドから得られる情報の取り扱いには十分に注意しなければならない。彼の証言は、影の政府が作り出した仮想現実にしか過ぎないのではないかというのだ。

「ダーク・ジャーナリスト」のダニエル・リスト

さらに、もっとも激しくグッドを批判しているのは、「ダーク・ジャーナリスト」という有名なネットラジオを主催しているダニエル・リストだ。リストは、グッドの証言内容には客観的な根拠がないばかりではなく、彼はウソの情報を流してディスクロージャーを進める団体を攪乱し、情報公開を阻止するために影の政府が作り出したエージェントではないのかというのだ。

グッドのようなエージェントの行っている攪乱工作を暴き、それにだまされないようにしなければならないとしている。

コーリー・グッド側の反論

一方グッドだが、もちろんこうした批判にはまったく納得していない。グッドが出演している「GaiaTV」の製作者やマネージメントには、アメリカのスピリチュアル系の大御所が何人もかかわっているが、そうした大御所も含め「GaiaTV」全体がグッドを支援している状況だ。

そうした状況でグッドは、証言を裏付ける客観的な証拠がないという批判を受け入れ、ウィルコックを中心に多くの新たな証言者を発掘し、グッドのこれまでの証言が真実であったことを実証しようとしている。

転換点に立つグッド

では今後、このような動きはどのような方向に進むのだろうか？　もしグッドの証言者を集める努力が成功し、グッドのこれまでの証言の真実性を証明する客観的な事実が出てくると、きちんとした事実の報道に基づく信頼性の高いオルタナ・メディアも納得するに違いない。

いまグッドと「GaiaTV」は、この試練に耐えることができるかどうかが問われている。もし耐えることができるなら、「秘密宇宙プログラム」に関するグッドのこれまでの証言の真実性は増し、ネットを飛び出して、地上波を含めたあらゆる領域で改めて注目されることだろう。その結果、さらにディスクロージャーが進む可能性が出てくる。ちなみにグッドは最近の「GaiaTV」のインタビューで次のように述べている。

質問：
あなたが「GaiaTV」のインタビューに出演するようになった経緯を教えてほしい。

グッドの回答：
私はデイビッド・ウィルコックによって「GaiaTV」に紹介された。そのとき私は20時間にも及ぶ尋問のようなインタビューを経験した。よく知られた「GaiaTV」の著名なスタッフによるインタビューだった。私の答えの一貫性を審査するかのように、異なった文脈で何度も同じ質問をされた。私の答えが一貫していることが分かってくると、彼らの表情は疑いから驚きへと変化した。私はこの審査に合格したようで、「GaiaTV」への出演を許された。

質問：

なぜあなたは、内部告発者として表に出ることにしたのか？

グッドの回答：

私は多くの証言者の証言を聞いてきた。彼らはみな真実を語っていると思うが、どうしても証言は部分的なものにとどまっていた。私はそれを見ていて、やはり全体像を語らなければならないと思い、表に出ることにした。こうした証言者のなかでも、やはりダグラス社の極秘プログラムに参加していたウィリアム・トンプキンズの存在は大きい。彼の証言は私の経験と重複している。

ウィルコックのコメント：

私もはじめてグッドに出会ったときは驚いた。これまで私は多くの内部告発者を発掘しインタビューしてきたので、私は秘密宇宙プログラムについてそれなりに知っていたと思っていた。だがグッドの証言ははるかに包括的で、自分が知っていることが部分的に過ぎないことを思い知った。

これからどうなるのか注目すべきだろう。

マイケル・E・サラ　Michael E. Salla Ph.D.
本書498ページ「著者について」の項参照のこと。

高島康司　たかしま やすし
子供時代を日米両国で過ごす。早稲田大学卒業。在学中、アメリカ・シカゴ近郊のノックス大学に公費留学。帰国後、教育産業のコンサルティング、異文化コミュニケーションの企業研修などのかたわら、語学書、ビジネス書などを多数著している。世界情勢や経済に関する情報分析には定評があり、情報・教育コンサルタントとしても活躍している。ブログ「ヤスの備忘録2.0　歴史と予知、哲学のあいだ」から情報を発信している。『考える力をつける知的論理トレーニング』『１週間で実践論理的会話トレーニング』(明日香出版社)、『こんな時はマルクスに聞け』(道出版)、『通じる英語　笑われる英語』(講談社)、『未来予測コルマンインデックスで見えた　日本と経済はこうなる』『コルマンインデックス後私たちの運命を決める近未来サイクル』(徳間書店)、『「支配―被支配の従来型経済システム」の完全放棄で日本はこう変わる』『超サバイバルキット』『支配者たちの超シナリオ』『「資本主義2.0」と「イミーバ」で見た衝撃の未来』(ヒカルランド）ほか著書多数。

ヤスの備忘録2.0　歴史と予知、哲学のあいだ
http://ytaka2011.blog105.fc2.com/
未来を見る！「ヤスの備忘録」連動メルマガ
http://www.mag2.com/m/P0007731.html
ヤスの英語
http://www.yasunoeigo.com/

＊本作品は、2017年12月にヒカルランドより刊行された
『想定超突破の未来がやって来た！』の新装版です。

【秘密宇宙プログラム：SSP】のすべて
「銀河の宇宙存在たち」と「古代の文明離脱者たち」による人類救出大作戦

第一刷　2023年9月30日

著者　Dr.マイケル・E・サラ

監訳／解説　高島康司

発行人　石井健資

発行所　株式会社ヒカルランド
〒162-0821　東京都新宿区津久戸町3-11　TH1ビル6F
電話　03-6265-0852　ファックス　03-6265-0853
http://www.hikaruland.co.jp　info@hikaruland.co.jp

振替　00180-8-496587

本文・カバー・製本　中央精版印刷株式会社

DTP　株式会社キャップス

編集担当　TakeCO

ISBN978-4-86742-294-6

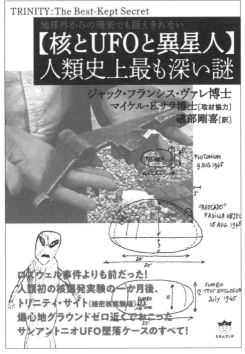